自 然 文 库
N a t u r e
S e r i e s

Rainbow Dust:

Three Centuries of Butterfly Delight

彩虹尘埃
与那些蝴蝶相遇

〔英〕彼得·马伦 著

罗心宇 译

商务印书馆
The Commercial Press

2019年·北京

英国的蝴蝶

（详细介绍可参见本书附录）

1. 欧洲粉蝶（♀）　　2. 欧洲粉蝶（♂）　　3. 菜粉蝶（♂）
4. 荨麻蛱蝶

1. 白钩蛱蝶   2. 硫黄粉蝶   3. 暗脉菜粉蝶
4. 琉璃灰蝶（♀）   5. 红襟粉蝶（♀）   6. 红襟粉蝶（♂）

1. 琉璃灰蝶（♂）

2. 草地灵眼蝶（♀）

3. 草地灵眼蝶（♂）

4. 提托诺斯火眼蝶（♀）

5. 提托诺斯火眼蝶（♂）

6. 阿芬眼蝶

1. 潘非珍眼蝶   2. 林地带眼蝶   3. 有斑豹弄蝶

4. 埃塞克斯豹弄蝶   5. 小赭弄蝶（♀）   6. 小赭弄蝶（♂）

1. 普通蓝眼灰蝶   2. 红灰蝶   3. 小红蛱蝶

4. 红点豆粉蝶   5. 珠弄蝶（♀）   6. 珠弄蝶（♂）

1.阿多尼斯蓝眼灰蝶（♀）　　　　2.枯灰蝶　　　　　　　3.银蓝眼灰蝶
4.阿多尼斯蓝眼灰蝶（♂）　　　　5.红边小灰蝶　　　　　6.北红边小灰蝶

1. 大理石白眼蝶　　　　　　　　　2. 卡灰蝶　　　　　　　　　　　　3. 栎翠灰蝶（♀）
4. 栎翠灰蝶（♂）　　　　　　　　5. 离纹洒灰蝶　　　　　　　　　　6. 线灰蝶（♀）

1.线灰蝶（♂）　　　　　2.银斑豹蛱蝶　　　　　3.绿豹蛱蝶
4.隐线蛱蝶　　　　　　　5.美希眼蝶（♀）　　　　6.美希眼蝶（♂）

1. 赭眼蝶   2. 豆灰蝶   3. 金凤蝶

4. 紫闪蛱蝶   5. 锦葵花弄蝶   6. 珠缘宝蛱蝶

1. 塞勒涅宝蛱蝶   2. 浓褐豹蛱蝶   3. 金堇蛱蝶
4. 庆网蛱蝶   5. 黄蜜蛱蝶   6. 刺李洒灰蝶

1. 苏格兰红眼蝶
2. 山地红眼蝶
3. 皇后珍眼蝶（♀）
4. 皇后珍眼蝶（♂）
5. 小粉蝶（♀）
6. 小粉蝶（♂）

1.勃艮第红斑蚬蝶   2.银点弄蝶   3.阿克特翁豹弄蝶
4.银弄蝶   5.嘎霾灰蝶   6.大龟纹蛱蝶

1. 橙灰蝶（♀） 2. 橙灰蝶（♂） 3. 酷眼灰蝶

4. 绢粉蝶 5. 珠蛱蝶 6. 黄缘蛱蝶

1.亮灰蝶   2.短尾枯灰蝶（♀）   3.短尾枯灰蝶（♂）
4.云粉蝶   5.淡黄豆粉蝶   6.博格豆粉蝶

1. 君主斑蝶　　　　　　　　　2. 朱蛱蝶　　　　　　　　3. 孔雀蛱蝶
4. 将军红蛱蝶

献给艾玛和克莱尔·加内特

想让一个孩子保持她与生俱来的求知欲，那么她至少需要一个大人，能够陪伴与分享，与她一起重新发掘我们所生活的世界中的那些快乐、兴奋和神秘。

——蕾切尔·卡森，《万物皆奇迹》

关于插图的说明

每章开篇处的蝴蝶图像是从詹姆斯·佩蒂弗（James Petiver）的《英国蝴蝶图鉴》（*Papilionum Britanniae Icones*, 1717）和爱德华·纽曼（Edward Newman）的《图解英国蝴蝶自然志》（*An Illustrated Natural History of British Butterflies*, 1871）中摘选而来。

目 录

彩虹尘埃：与那些蝴蝶相遇

前言　小红蛱蝶

所有人关于蝴蝶的记忆都是阳光明媚的，脑海中明亮的画面为寒冬暗夜增添了一抹颜色。

——BB（德尼斯·沃特金斯–皮奇福德），

《一场博物学家与运动员的漫谈》（1979）

　　我的朋友罗斯玛丽是位农场主的女儿。那年她六岁我五岁，到了在大园子里跑马撒欢儿的年纪。我们骑着吱嘎吱嘎的三轮车四处乱晃，轮番推着对方荡那个大秋千，还用草坪上的喷灌器玩儿"谁先躲谁软蛋"的游戏。天气很热，地面上翻滚的热气、晒得滚烫的橘红色墙砖，还有金银花的幽香，这些我都记不太清了。但是有那么一刻——前后不超过一分钟——却像一个定格画面一样，从此烙在我的脑子里。我逮住一只蝴蝶——就这么点儿事儿——一只褐白相间的蝴蝶。这事儿我之所以能记住，要我说，一部分也是因为它让我明白了自己原来是个近视眼。当时我没有告诉任何人，这个秘密我打算能藏多久就藏多久，同时我也渐渐习惯了用短焦距去看这个世界。近视的朋友们都明白，这就像一个东西从你鼻子底下闯进了你的视野。它朝你靠过来，起先是照常的模糊一片，接着突然一下闯进你的对焦区域，显出它的形状、它的真容、它清晰的轮廓。过了大概一秒钟，这只蝴蝶从一阵无形的影子变成了柔软的、浅黄色的一团。随后它停落下来，平展翅膀贴着滚烫的砖墙，变成了一只小红蛱蝶。它拥有肉赭色的翅膀，上面缀着橙黑相间的漂亮格子，像是透过荆棘灌丛瞥了一眼夕阳。它前翅黑色的尖端上有一圈白色的斑点，像是少许的雪在石板上慢慢融化——我立刻就知道了它是什么。那个时候，我就与大自然亲密接触。我曾在约克郡凉飕飕的海滩上捡贝壳和墨角藻，漆成白色的厨房窗台上还放着一罐蝌蚪，希望哪天它们能变成青蛙。但在这之前，我从没对蝴蝶太过关注，主要是因为我看不清它们。我喜欢这只蝴蝶，而且，就像别的五岁孩子一样，我的第一反应就是试图抓住它。

　　小孩子学东西不费劲儿。小时候学东西快是人类基因里刻着的。我渴求知识，不是为了像我们住在山洞里的祖先那样在危险的世界中生存下来，而是单纯地为了知识本身。我开始发现大自然是一个令人兴奋的去处，充满了奇迹和震撼。20 世纪 50 年代，琳琅满目的商品开始帮助我这样的男孩子获取知识：火柴盒和麦片盒上面印着有趣的内容，茶包里面都会附赠野生动物的小卡片。即使在《旅途的艰难》(*Tough of the Track*）和《罗伊·瑞斯》（*Roy of the Rovers*）这样的漫画里，也常常会夹杂着一些关于动物或者行星的内容。也许我不经意间记下的蝴蝶名字就来自这些地方，或者可能来自过生日的时候收到的叫作《知识乐园》（*The Wonderland of Knowledge*）或者《男孩冒险之书》（*The Adventure Book for Boys*）之类的大部头科普书。

五岁孩子的手都是潮乎乎的，比脚丫子还笨。当那只蝴蝶从我的手指间溜出去，逃之夭夭后，我留意到它的一些颜色留在了我汗津津的手掌上，像是粉笔画的痕迹。我举起手对着太阳，看着这些小颗粒闪闪发光——橙的、黄的，还有黑的，在夏日斑驳闪烁的树影里。"快看！"我嚷道，罗斯玛丽骑着三轮车冲过来瞧着，"它们像变色水晶贴一样！"当时流行一种可以变换图案的画片，做成水晶贴，可以像文身一样贴在胳膊上。"不！"她不同意，"比变色水晶贴要脏。这是蝴蝶掉的灰，天使的灰！"我用手指把这些小鳞片揉在一起，各种颜色混成一团泥糊糊。我的指尖上仍有几个亮点在闪烁。"彩虹掉的灰，"我最后说道，"这么叫才对嘛——彩虹尘埃。"

我现在明白了，那是一个"纳博科夫时刻"。在我五岁那年经历过的所有鸡毛蒜皮的小事儿当中——从假山上摔下来啊，往我的米老鼠小桶里装满约克郡海滩凉冰冰的沙子啊，因为学校伙食难吃而哭鼻子啊——即使其他的记忆都黯淡了，这一件仍然明亮如初。弗拉基米尔·纳博科夫（Vladimir Nabokov）是出生在俄国的伟大小说家、《洛丽塔》的作者，他对蝴蝶也是爱得要命。之所以叫纳博科夫时刻，是因为只有他能把这种感受用语言描绘出来，而我们多数人只能感受而已：一个孩童生命中第一次感受大自然伟大力量的时刻，感官不说半句谎言。它铭刻着你第一场心怀激荡的经历，大自然的颜色、味道和声音似乎印在了你的身体里，不只印在脑海里，更深深地印在了你的骨髓里。纳博科夫管这叫心醉神迷，但心醉神迷的背后还有一些难以名状的东西："那是片刻的真空"。纳博科夫认为，"一切我之所爱奔流而入，与天空大地合而为一之感。"当这样的事发生的时候，你会觉得这是天赐之缘。纳博科夫把这种感觉描述为"对这件事情背后的冥冥之力的无限感激——感激人类命运的主宰，或是成全一个凡人之幸的温柔的鬼魂"。随便你管它叫什么吧，翅膀上印着我的大拇指指纹的那只小红蛱蝶代表了我年轻生命中一些重要的事物。它象征着我作为一个博物学家的生涯开始了。

对于眼睛严重近视，又不愿对父母说的小彼得而言，能玩懂的花鸟鱼虫得是那些我能用手抓住，或是用果酱瓶能装住的：被潮水冲到泥滩上的贝壳、玉米田边摘的一束花，还有从来没能长成青蛙的圈养蝌蚪。不像那些在我这双破眼睛模糊一团的视野中啁啾和飞舞的鸟儿，花朵和贝壳可不会飞走。但是我能看见昆虫，只要它们在原地多待一会儿，我就有时间靠到足够近。不久我就领悟了追踪蝴蝶的诀窍：脚步要轻，注意影子的方位，一刻也不能把我的目光从那些长着看不见的"眼睛"的丝绒翅膀上移开。知道自己来去无踪，我的心里还是有点儿暗爽的。

长大点儿之后，我就开始采集和饲养蝴蝶，最开始是在英国，后来在欧洲大陆。那个年头，采蝴蝶只是小男孩儿的一种玩乐，要么自己采，要么和父兄一起采，再或者和村子里的小伙伴一起。这和拿着小网兜、果酱瓶潜到池塘里寻宝，或者爬树掏鸟窝，是同一个年龄段的玩意儿。终于我对其他的爱好都厌倦了：我的小化学家套装、我的铁路模型、艾尔菲斯[1]的飞机和战舰，还有搭了一半的麦卡诺[2]起重机。但是蝴蝶对我的影响绝对更加深远，因为它们是唯一陪伴我进入青春期的爱好。终于我成了为采集而采集的人，但是我对活物的世界仍然抱有一种莫名的情感。它来自于我的求知欲、兴奋感和强烈的好奇心，还有观察其他生命形式带来的单纯的快乐。采集蝴蝶同样也滋生了较为负面的情绪：比如说贪婪，还有杀死如此可爱又无辜的生命带来的内疚感。当我被困在寄宿学校的大门里时，我还很嫉妒蝴蝶的自由自在、放浪形骸。这时我想起安徒生的一篇童话里蝴蝶说的话："光活着是不够的，必须要有阳光、自由和一点花朵。"

其他昆虫似乎就没有这种情感冲击力了。对于痴迷蝴蝶的人来说，蝴蝶影响情绪的方式异常强烈，可能和画作或者音乐或者一本好书的道理差不多。我估计许多人能读懂我的话，但又和我一样难于用言语表达。你用真实的激情去回应某样事物，但是自己却真的不知道为什么。它会成为你的一部分，成为你生活方式的一部分。我探索自然历史是通过蝴蝶，而不是通过学校的课程甚至是书本。它是由我自己这双变形的近视眼观察得来的。

我小的时候，市场上关于蝴蝶的书比较少——而且多数都是对几十年前的书的重复。现在得有几十种了，从实事求是的户外指南，到帕特里克·巴克汉姆（Patrick Barkham）探寻所有国产蝴蝶的那段动人心

---

1. Airfix，英国玩具品牌，以生产玩具兵和兵器模型而闻名。——译者注
2. Meccano，英国玩具品牌，以生产火车、工程机械等的拼装模型而闻名。——译者注

魄的征途——《蝴蝶小岛》(*The Butterfly Isles*)。不过多数关于蝴蝶的文献都具有科研性质：都是基于事实的，不管是研究蝴蝶的生命周期还是行为，或者关于它们如何维持生命以便将基因传到下一代——这是每只蝴蝶存在的唯一理由。

我不打算重复这些事实，而是想从一个截然不同的角度去看待蝴蝶：蝴蝶对人类自身的影响，以及它们影响我们思维、激发我们灵感的方式；换言之，找个手头最好的词儿——它们对文化的冲击。三百多年来，英国的蝴蝶被人类所收藏、饲养、描绘、思考、抒写、惊叹和记录，还有近些年来的保护，而且通常是用罕见的专注与激情，还有非凡的技术加以保护。这样的投入从哪里来？即使是来自一个小男孩简陋的蝴蝶收藏，也能融汇到"蝴蝶很特别"这一普世的情感当中——因为这几排钉得歪歪扭扭、破烂不堪的标本中倾注了小男孩很多心血。蝴蝶哪里来的力量让我们感动，让我们给它们取下许多诗意的英语和拉丁语名字，还让我们把它们放在书里、生日贺卡里，或是墙上的挂画里，陪伴我们，它们有什么秘密？

这本书是讲述我个人与英国蝴蝶的"精神世界"，并且试着让读者感受它们经久不衰的魅力的一次尝试。它始于我想要建立一套蝴蝶收藏的一波三折的努力；终于自然保护主义者们想要将蝴蝶从一个已变得不再适合野生动物生存的世界中拯救出来的共同诉求；夹在其间的是一场旅行，一次沿着蝴蝶为人类思维划出的道路的行走：关于影像与艺术，关于迷信和开化，以及我们与乡野和大自然的联系。我一开始拟的副标题是"人与蝴蝶相见之处"，总结了蝴蝶与它的观察者彼此间的相互影响：一种关系和一段携手走过的历史。一路走来，两旁都是人物肖像，其中有我认识或者崇拜的人，也有像我一样与蝴蝶不期而遇、从此改变了生活轨迹的人。

这本书的标题《彩虹尘埃》，是基于我许久以前在约克郡的花园里与一只小红蛱蝶萍水相逢的故事。它里面有一种暗示：蝴蝶不总是关于快乐、希望和人类理想的。正如乔治·孟比奥特（George Monbiot）最近说的，"热爱自然就意味着要遭受一系列的悲苦，一遭更甚一遭"[1]。蝴蝶，还有蜜蜂、蛾类、蜉蝣，以及很多其他美妙的昆虫，正在渐渐式微。不仅如此，恐怕没有孩子再愿意扛着网、背着包，怀揣着我和许多前辈有幸怀有的自由之心——"欣悦之晨今去兮"[2]——骑车奔向蝴蝶的国度了。我们改造一新的伊甸园前挂着"禁止触摸"的标语。越来越多的情况是，蝴蝶不再随处可遇，而是要处心积虑地去找，可能要开一大段车，再坚强地走上一段路才行。但是我们仍然可以让蝴蝶飞入我们的脑海和思想。就像在我童年，甚至更久之前一样，蝴蝶代表着一扇门——透过博物学者的眼睛去看广阔天地的门。

1. 原文见于：www.bbc.com/earth/bespoke/story.
2. Robert Browning（1845），'The Lost Leader'. 哈罗德·麦克米伦在内阁的一位前同事奈杰尔·伯西于1963年的普罗富莫丑闻事件期间，曾引用此诗攻击麦克米伦，此诗因而闻名。

第一章　初见蝴蝶

人人都知道蝴蝶是什么。它们的翅膀犹如油画般美丽，在昆虫中最为艳丽。蝴蝶在阳光下翩跹起舞、访花问蜜，至少在诗人眼里，它们过着短暂却无忧无虑、快乐无边的一生。它们的魅力使我们兴奋着迷，让我们想起大自然的种种好处来。正是蝴蝶绚丽的色彩启发了"黄油—飞虫"（Butter-fly）这个名字的诞生。此外，它们不同种类的名字亦源于此。比如，英国就有普通蓝和绿脉白，还有云斑黄和砖墙褐。[1]对于那些色彩丰富或斑纹复杂的蝴蝶，我们则以乌龟壳、孔雀和贝母花给它们命名。至于帝王将相这样华贵的名号，也是我们给蝴蝶起名字的首选。

蝴蝶是昆虫中的一个独立类群，是鳞翅目（顾名思义，因翅膀表面

---

1. "普通蓝"即普通蓝眼灰蝶，"绿脉白"即暗脉菜粉蝶，"云斑黄"即红点豆粉蝶，"砖墙褐"即赭眼蝶，参见附录。——译者注

彩虹尘埃：与那些蝴蝶相遇

覆有鳞片而得名）下特点鲜明的一大类，这个目还包含了种类更为庞杂的蛾子。要说蝴蝶是什么，与蛾子有何区别，可以说很容易。但是科学上对于蝴蝶的定义却没那么一刀切。的确，蝴蝶在白天出没，可是很多蛾子也一样；的确，蝴蝶色彩鲜艳，那是你没见过灯蛾；的确，多数蝴蝶和所谓的芸芸众蛾长得很不一样，但是一类叫作弄蝶的小蝴蝶却长得非常像蛾子；一些蛾类身躯粗壮、毛茸茸的，但另一些就比较瘦，看起来像蝴蝶一样。

有一个可靠的方法可以区分蝶蛾，就是看它们的触角。触角是用来探测空气中的气味的，比如用来召唤配偶的一丝信息素的味儿，或是它们钟爱的花朵释放的化学信号。所有蝴蝶的触角末端都有个小棒棒，多数蛾类的触角可能是羽状或是线状，绝没有小棒棒——虽然，插科打诨一下，白天活动的斑蛾的触角从基部到端部一直在逐渐地加粗。还有一些其他比较学术的区别，比如翅的构造。多数蛾子有个小挂钩式的结构连接前后翅，让它们可以像蜜蜂一样嗡嗡嗡，翅膀扇得超快。蝴蝶可没这一招，而是——哦对，再说一遍，弄蝶照例除外——得一下一下扇翅膀，或者有时候，扇一下飘一段。这么说吧，蝴蝶是"飘然而过"，曼舞轻摇；蛾子是绝尘而去，狼奔豕突。

区别蝴蝶和蛾子最简单的办法就是着手了解蝴蝶。英国只有59种常驻的蝴蝶，再加上8个罕见的迁飞种，以及3个灭绝的种；相比之下，光是大型蛾类就有将近1000种（更别说还有许多小型蛾类了）。会访问庭院花园的蝴蝶种类就更少了，大概20种吧。所有的种类几乎都很好识别，而且都有英文俗名。要说到鉴定，我们的选择可太多了，简直把人惯坏了。想找个没两本蝴蝶册子的书店都挺难。甚至那些常规的昆虫指南都会像家常便饭一样把所有的蝴蝶都写进去，或者写个大概齐。也有数不清的网站，还有一些像光盘这样的小玩意儿，里面有所有种类的图片，还指出各个种类之间的区别来。

每种蝴蝶都有自己的生活方式。有些主要生活在森林里，其他的在草原、沼泽地或者沿海一带。一些蝴蝶——一般是飞行能力较强的——会四处游荡，而其他的更加安土重迁，守在它们出生的灌木丛或者花丛附近。它们所共有的是经历一系列变化的生命轮回。雌蝴蝶产下一粒卵，卵会孵化出一只小毛毛虫。一只毛毛虫只有一个生物学上的任务：吃，不停地吃，直到长够了个儿为止，而且越快越好。毛毛虫以植物为食，虽然具体吃哪种植物对于每一种毛毛虫来说都不一样。孔雀蛱蝶和将军红蛱蝶取食异株荨麻，许多豹蛱蝶[1]的幼虫啃食堇菜的叶子，多数眼蝶和弄蝶则吃野生禾草[2]。由于外皮的弹性有限，毛毛虫在长胖过程中必须不时停下来进行蜕皮。最后一次蜕皮时，它们会彻底改变外貌，进入休眠阶段，此时叫作蛹。睡得迷迷糊糊的蛹体内上演着一场重组运动，最终将形成蝴蝶的成虫。蝴蝶成虫彻底形成前的一两天，蛹体颜色会加深，并且可以透过蛹皮模糊地看到翅膀的颜色。最终，当一切准备就绪，蛹就会裂开，在这一大自然的伟大奇迹时刻，蝴蝶把它的头拱出来，第一次感受世界的鸟语花香。

每个饲养过蝴蝶的人都会懂得那一时刻。毛毛虫作为宠物的价值有限，它们从不表现出任何情感，更别指望你一次次不厌其烦地喂它们

---

1. 中文俗名中被称作"豹蛱蝶"的蝴蝶指蛱蝶科（Nymphalidae）下的豹蛱蝶亚科（Argynninae）中的各个种属。——译者注

2. 狭义上指禾本科（Poaceae）的草本植物。——译者注

吃新鲜叶片的时候，它们会显出高兴或者感激了。它们只管前头吃，后头拉，吃的是植物组织，拉的是褐色的"小手雷"，叫作虫砂。我以前找个合适的地方，就会摘些植物枝叶放在罐子里，或者用纱布罩住一个枝条，把毛毛虫扔进去，然后就把它们抛到脑后。值得承认的是，不是所有毛毛虫都长得那么无趣；许多会长着漂亮的刺啊角啊的，或者有诱人的色彩，黑带二尾舟蛾[1]的幼虫甚至有一对小尾巴。而看着一只大毛毛虫——比如说天蛾幼虫——三下五除二地把一片叶子啃成光杆儿，也是件挺让人洗脑的事儿。但是当它们终于吃饱了，转着圈吐出一堆丝来，蠕动着，仿佛快要缩到自己身体里面，然后化蛹，总的来说对人是一种放松，不过不代表再也不紧张了。

蝴蝶羽化则是另一回事儿。我现在就能脑补出那个画面：那一刻，当沉睡的蛹似乎要醒来了，蠕动着，挣扎着，然后突然沿着背上的沟劈开一条裂缝，从里面伸出翅膀来。里面暂时还认不出来是蝴蝶的东西把头探出来。它从蛹皮下面的小袋子里伸展出一对长长的触角，然后像蛇一般摇曳着，试着伸出它那盘卷的舌头。电光火石之间，那东西挣脱出来，用它新生的腿脚抓住自己旧的皮囊，接着把自己身体的其余部分从壳里拽出来。它胸膛之上连接着的——就在足上面——是四个柔嫩的、多彩的扁片儿。那东西将身体倒转过来，换成头向上的姿态，抓着蛹壳，开始晾干它那蝴蝶的翅膀。它的身体一张一弛，这样就能把体液泵入翅脉，流向翅膀的每一个角落。就这样慢慢地，它们舒展开来。这大概得花一小时，其间每分每秒，它的面目都逐渐变得更加清晰。然

---

1. 原文为 Puss Moth，因其幼虫胸部的眼斑和头部结合起来像猫的面部而得名。——译者注

后，在一个光辉的瞬间，它第一次张开那双未染凡尘的华丽翅膀，羽化成蝶。任何多余的体液——一般来说是透明的，但在某些种类中是血红色的——都得排泄干净。接着，蝴蝶练习着扇动几下那巧夺天工的翅膀，抛下旧皮囊飞向天空，开始了它短暂的成虫生活。

会有多短暂呢？蝴蝶的寿命长于蜉蝣，但没有蜜蜂那么长。对于那些没有撞上蛛网横死或是果了鸟腹夭亡的幸运儿来说，它们的成虫生涯大概能持续一两周。蝴蝶翅膀上的颜色和花纹是由覆瓦状的微小鳞片组成的。新羽化的蝴蝶那绸缎般的光泽在一两天内就会褪去，并且，随着越来越多的鳞片被碰掉或抖落，它会越来越衣衫褴褛，"人"老珠黄。翅膀还会因风雨和荆棘撕扯而磨损，或者在鸟喙的攻击下形成三角形的切口。蝴蝶中的寿星是那些以成虫休眠状态越冬的种类，例如荨麻蛱蝶和孔雀蛱蝶，它们经常躲在花园的落叶堆里；还有硫黄钩粉蝶，它们偏爱在常春藤的厚丛里越冬。这些种类能活几个月，虽然有一半的时间里它们都很不活跃——"睡着了"。如果加上它们作为卵、毛毛虫和蛹的时间，那些一年一代的蝴蝶，比如紫闪蛱蝶或者银蓝眼灰蝶，可以活一整年。那些一年不止一代的种类，像阿多尼斯蓝眼灰蝶，5月出现一代，8月又出现一代，生命周期就比较短。从卵到成虫的一整个夏季周期大概有三个月。

蝴蝶如何度此一生？我有一次帮忙指导一位学生的工作，她正全力跟踪一种蝴蝶，那是全英国最小的蝴蝶——枯灰蝶，她要从羽化的那天起跟踪到死亡的那一天。这种蝴蝶生命中的很大一部分时间都趴在草茎上一动不动（"睡眠"），在日光中取暖（"日光浴"），抑或是大口吮吸绒毛花的花蜜。蝴蝶用足来品尝味道，听起来有点儿怪，但这确实赋予了它们比人类舌头更敏锐的味觉。像许多蝴蝶一样，这种精力充沛的枯灰蝶划定了一个家的范围，或者叫领地。它会通过视觉发现竞争对手并将其驱逐，也会用敏感的触角去发现配偶。蝴蝶的求偶仪式总是不紧不慢的：雄虫会炫耀自己的翅膀，可能还会用翅膀向它的心上蝶扇去一阵阵诱人的香风，总之一般会尽力给对方留下好印象；雌虫可能会倾心，也可能不会。如果是前者的话，这对爱侣会在一起最少一小时，尽情享受不着急。

在我看来，这种日子简直美极了（尽管随时都有突然丧命的危险），我几乎都要嫉妒枯灰蝶了。部分种类的雌虫——顺带一说蝴蝶的雌虫一般颜色都相对暗淡——扮演的角色更辛苦。她得揣着一肚子厚壳的卵，还肩负着找地方产下它们的艰巨使命。以枯灰蝶为例，这种蝴蝶会运用感官来寻找一丛合适的疗伤绒毛花（kidney vetch），也就是尚未被其他同类捷足先登的一丛处女绒毛花，它们黄色的花朵是枯灰蝶幼虫唯一的"食源植物"，这样的竞争一定很激烈。每次她都必须把一粒蓝白相间的卵精确地产在合适的位置，也就是花冠下面的萼片上。蝴蝶在尽力把卵粘到隐蔽位置的时候，既要扒住形状蹩脚的花冠，又要尽量抻着腹部去够。任务完成的时候她一定筋疲力尽了吧。总的来说，我更想做一只雄的枯灰蝶——打炮、打架、打香啵儿！——尽管它们对狗屎有着尴尬的嗜好。[1]

蝴蝶用长长的、管状的喙，相当于一种有弹性的吸管，来吸食液体。它们的标准食物是花朵中富含糖分的花蜜——在此过程中碰巧为

---

1. 许多蝴蝶有吸食动物粪便表面液体的习性，它们以此获取必需的营养物质。——译者注

花传了粉；一些种类还会被蚜虫留下的"蜜露"、从地表渗出的富含盐分的水、树木伤口流出的汁液，或者兽类的新鲜排泄物所吸引；天非常热的时候，蝴蝶也会被汗水吸引。不用说，它们需要足量的特定种类的花朵。人类能够帮助它们的方式就是在花园里为它们提供合适的花，比如薄荷、薰衣草、桂竹香、红缬草，当然，还有"蝴蝶灌木"——醉鱼草。设计一个蝴蝶花园很容易，只管在太阳地儿种上合适的植物就行。荨麻就没必要种了，这东西已经满世界都是了。

蝴蝶面临很多威胁：寄生者、疾病、捕食者，以及人类使用杀虫剂和对生境的破坏带来的灾害。任何一只蝴蝶从卵长到成虫的机会都很渺茫。这就是为什么蝴蝶要产很多卵（出于同样原因，偷蝴蝶的卵也就没有偷鸟蛋的影响那么恶劣）。身在不列颠，问题就更多了——这儿的天气又湿又冷，阴晴不定。蝴蝶在阳光和稳定的气候条件下才能活得好。不像哺乳动物，它们的身体并没有自产热的系统，而是借助晒太阳这种方式来提升体温，并用翅膀来调节温度。天冷一阵的话，就会有更多毛毛虫登上伤亡名单，能长出翅膀变蝴蝶的就相应地少了，因此产卵量也就变少了。夏季的恶劣天气对蝴蝶来说非常糟糕，幸好它们到了温暖的年份有能力快速恢复种群（不然世界上恐怕压根儿就没有蝴蝶了）。

如同鸟类一样，一些蝴蝶会迁移（虽然，这件事并没有像在鸟类身上一样得到正视，直到进入 20 世纪以后才有所改变）。在英国常见的迁飞蝴蝶中，有些每年都会到来，包括将军红蛱蝶、小红蛱蝶和红点豆粉蝶，有时数量非常庞大；还有几种偶然发生的迁飞蝴蝶，比如黄缘蛱蝶和君主斑蝶；长距离地飞越海洋和陆地需要强健的翅膀和高强度的飞行肌肉。当你遇到一只正在向北迁飞的小红蛱蝶，就可以看到这些器官是如何工作的。这些蝴蝶可不会飘然而过；它们飞得很快，路线笔直，仿佛知道自己要去向何方（事实上它们并不知道自己在往哪儿飞，它们的基因却知道）。蝴蝶的生命周期很短，即便有少数在春天抵达了英国，也鲜有能活到拼命踏上返回南欧和北非的征途。手握返程票的是它们出生在英国的下一代。你可以把迁飞蝴蝶看作是遗传物质的传递者，将自己的基因带到北方用以度夏，然后，传递到下一代的身体里，再次返回家乡。尽管事情大家很熟悉，具体过程也都懂，但像蝴蝶这样薄如纸片的脆弱生灵，能够把太阳当作指南针、高高飞翔在地球的曲面之上、忍受连续飞行数周之久的劳苦，还是显得不可思议。

　　迁飞并不是人类正在解答的唯一一个关于蝴蝶的谜题，还有一个是关于蝴蝶对其他物种强烈的依赖性，尤其是对蚂蚁。蚂蚁是成群结队住在地下兵营里的战争机器。跟蚂蚁交上朋友，你就一辈子都有人罩着了。英国最稀有的一种蝴蝶——嘎霾灰蝶，它对一种特定的蚂蚁的依赖现象一个世纪以来已被了解得清清楚楚。这种保护关系相当损人利己，因为这种蝴蝶的幼虫装作蚂蚁越冬的口粮，借此混进蚂蚁的幼虫堆里（后来发现，它们闻起来像蚂蚁，甚至能像蚂蚁一样"歌唱"，因此被蚂蚁搬进幼虫堆）。但是其他的灰蝶也依赖蚂蚁的保护。它们的幼虫和蛹会分泌吸引蚂蚁的物质，保证它们被蚂蚁护卫队们精心照料。蝴蝶世界中一个最神奇的现象，近来刚刚被发现，就是一只豆灰蝶在蚁穴中羽化的时候，有多达八只蚂蚁在狂热地舔舐它的身体。每只蝴蝶羽化后晾干翅膀的一小时都是它生命中最任人宰割的一小时。但是有一队凶神恶煞般的蚂蚁来站岗护卫，活下来的概率就大得多了。

像这样的领悟可能需要很多年耐心的研究和观察才能获得。蝴蝶真神奇，大自然真神奇。但是要看蝴蝶用生命演绎的大戏，每个人都能坐上前排，只需要饲养它们就可以。我以前就这么干，并且还会收藏它们。下个章节，我会说说怎么做和所以然。

第二章　追寻红点豆粉蝶

"过去25年间我没见过一个采蝴蝶的人。"马修·奥茨（Matthew Oates）如是说。我们先是抬头盯着树梢观察，希望能看到紫闪蛱蝶。紫闪蛱蝶一生的多数时间都在英国森林的树冠层上方晒太阳，只有在水坑中喝水，以及从狗屎或者路边死尸上汲取一些生命必需物质的时候，才会纡尊降贵飞到林下来。除非你运气好，否则得用双筒望远镜才能看清楚头顶上方40英尺（12.2米）处这些暗色的蝴蝶。观察紫闪蛱蝶和观鸟挺像：全在于眼前一亮。这种闪耀着华贵紫光的蝴蝶在叶片上晒太阳时，或是啜饮那些大小便失禁的蚜虫分泌的黏糊糊的蜜露时，偶然一闪光，就抓住了你的视线。

马修是英国观察紫闪蛱蝶最有经验的人，曾经是采集者圈子里最宝贵的财富。如果马修在整整四分之一个世纪里都没见过一个试图捕捉他挚爱的紫闪蛱蝶的人，那么要不是这些人太善于隐藏了，要不更可能的就是，再也没人去捕捉它们了。

和马修一样，我也记不清上一次看到有人在英国抓蝴蝶是什么时候了。但我资格还算老，还记得当初，收藏蝴蝶还是年轻博物学者的一大经典爱好，还有其他的收藏也是——化石、鹅卵石、羽毛、压制的开花植物标本、贝壳。这些收藏癖者里也包括我，我也曾一度收藏蝴蝶成瘾。20世纪50到60年代初，几乎每本蝴蝶主题的书都会给出关于如何规划你的个人收藏或者如何将蝴蝶从卵或幼虫养到成虫这样的小贴士。说实话，很难想象一个人非常喜欢蝴蝶，却不去采集它们。

之后大概过了十年，风气开始变了，采集不再受到尊重。这并不是因为法律改了哪条哪款。20世纪70年代，少数几种蝴蝶和蛾子第一次受到法律的保护，但这种保护是具有教育意图的。它将注意力集中在个别较为稀有且美丽、可能会被过度采集的种类上——却没有提供明确的证据表明真的有人在采集它们。可能采蝶人的衰落与照相技术的进步以及感光度更敏锐的彩色胶卷关系更大，后两者让获取清晰、高质量的活蝴蝶图像比以前容易得多。这也不由得让人产生一种日薄西山的思绪——我们正在抛弃乡间田野和其中的野生动物。蝴蝶变得不那么常见，不是因为采集，而是因为它们的栖息地遭到破坏，被人类耕种、发生水土流失现象等或者变成了道路和郊区。两三辈以前的采蝶人，他们情怀的继承者们现在成为了同样热心的自然保护主义者。他们不再采集蝴蝶，而是加入了记录蝴蝶的项目中，或者志愿扮演起了本地自然保护区的守卫者。保护时兴起来后，采集就没落了。突然之间，没人哭、没人闹地，采集就为社会所不齿了，哪儿说理去。

所以我很可能属于能够徒步或者骑车、拿着网背着包去到户外，还脸不红心不跳的最后一代采蝶人了。从启蒙时代初期开始，画一条绵延至少三百年的线，我们就在这条线的末尾。采集蝴蝶常常被认为是维多利亚时代的人们最吃饱了没事儿干的事情之一——这要归功于BBC改编的特罗洛普剧或者狄更斯剧，蝴蝶在里面是标配的道具。但是这种爱好在当时就已经有年头了。可能是约翰·雷（John Ray，1627—1705），英国第一个牧师博物学家，带着他的家人和朋友，在17世纪90年代迷惘的英格兰[1]成为了第一个有目的地采集蝴蝶及其幼虫的人。

近三百年间，昆虫相关的研究——也就是从19世纪早期至今所称的昆虫学——离不开采集和饲养。缺少藏品的参考，很难搞清楚昆虫这种东西，更遑论绘制它们的图像了——而且对于一些更具挑战性的昆虫类群来说，到现在也仍是如此。至于其中可能牵涉的任何道德问题，18世纪最受欢迎的蝴蝶书籍《蛹者录》（*The Aurelian*）的作者摩西·哈里斯（Moses Harris，1733—约1788）给出了答案。他在圣经《诗篇》的第Ⅲ章找到这样的话："吾主之造物甚伟，乐乎其间者求之。"上帝赐予我们蝴蝶的原因是显而易见的——让它们带给我们快乐。又如摩西·哈里斯在他著名作品的卷首插画——拿着大网兜辛勤工作的、衣着朴素的采集者——中所暗示的：爱好蝴蝶就犹如探寻造物主的思想一般。从艾萨克·牛顿开始，那就是一种饱受尊敬和赞赏的追求。并且，一盒码得整整齐齐的蝴蝶挂在书房墙上也显得很上档次。

采集蝴蝶从过去到现在都是个复杂的活计。你需要很多家伙事：

---

1. 指英国资产阶级革命取得胜利并确立君主立宪制后的几年内，英格兰处于百废待兴的状态。——译者注

一杆网、圆饭盒、纸和展翅板，以及软木铺底、能防蛀虫的标本盒来存放标本。你需要用特制的昆虫针来针插标本，要摆正它们的位置，还需要一副特殊的镊子（"昆虫学家用钳"）来夹持它们，还需要一个海绵铺底的罐子来给已经干透、僵硬了的蝴蝶翅膀"放松"[1]。一旦你过了用果酱瓶的段位，你至少还会想要两个外罩纱网的木笼来养毛毛虫，或者如果你舍不得买木笼，用蛋糕罐或者塑料筒自制的替代物也行。当然你也需要一些够劲儿的毒物来快速、人道地杀死一只蝴蝶而不破坏它精致的翅膀。

我那个时候，药店不卖氰化物给学生们，但是我们会用一种差不多同样要命的东西——四氯化碳，这东西当时广泛地用作家庭扫除的除油剂，但是现在已知是一种危险的致癌物。不小心吸一口"四氯化碳"会让你的肺里凉飕飕的。有的孩子用的是自家用的氨水，每开一次瓶就被熏得满脸鼻涕眼泪的。后来我们用的乙酸乙酯，闻起来有点儿像地上掉的烂梨，不过依照欧盟的条例其实也不让卖。[2]

要展开蝴蝶那精巧的翅膀，同时既不撕破它们又不让手指摸掉太多鳞片，是个技术活。有人说这和拆开一个日式折纸作品有一拼。即使对于一个熟练于拼喷火式战机和战舰的塑料模型的孩子那灵活的手指来说，展开蝴蝶也是个挑战。天知道在完成一个问心无愧的作品之前，有多少蝴蝶都给糟蹋了。这活要想干好，必须把昆虫针从蝴蝶胸部正中

---

1. 指为了方便整理标本姿态，制作标本之前会将干燥的昆虫置于密封容器中数日并加入少量水，通过水蒸气的浸润而使虫体恢复柔软。——译者注

2. 本书英文版于 2015 年出版。英国于 2016 年 6 月举行退出欧盟的公投，最终于 2017 年 3 月正式退出。——编者注

垂直地插下去，这样才好展翅。把标本留在展翅板上风干几周之后，你得把脆弱的标本小心翼翼地取下来，再配上写着采集时间、地点的标签。这就让一个无关紧要的物品变成拥有自己信息的科学标本了。如果你觉得这活儿干得挺出色，可以把自己的名字写在那一小方纸上："采于醉鱼草上。朗斯丹顿。10.8.63。彼得·马伦。"对于自己饲养出来的蝴蝶，要加一个神秘的字母"X"："X。采于荨麻上。朗斯丹顿。马伦。"这就说明它是从一枚卵或者一只幼虫被养大的，不是从野外抓的。最后，带着一点自豪感，你把插上标签的蝴蝶插到标本盒里。标本盒是个盖子带合页、盒底铺着软木和白纸的木头盒子，用樟脑熏过——当时不知道，樟脑现在也是已知的危险致癌物了。我们这些玩收藏的整天活在毒气罐里。

樟脑球，另有一个带有某种讽刺意味的名字——"防蛾球"，它的气味直到现在还能勾起我对那些遥远日子的记忆，就像一块蘸了茶的玛德琳蛋糕点燃了马塞尔·普鲁斯特写作那本《追忆逝水年华》的火焰一样。那是一种失落的世界的气味、家庭博物馆的气味，是一个人刚刚开始着迷于探索大自然时的气味。关于自然的一切都是新鲜而美妙的，而一个收藏卓著的博物学家的小窝就是世界上最有价值的地方。

也许你觉得我一定是那种古怪的孩子，把和小伙伴出去踢球的时间花在了这种事情上。但至少一度，我们村里和我有着共同兴趣的孩子出人意料得多。那时候收藏标本就像现在用双筒望远镜观鸟一样正常。除了在自然保护区里，没有什么能阻拦你采标本——自然保护区也不多。即使在电视上，自然节目也大多是讲动物园（另一种饱受争议的收藏形式），或者远行到世界的另一个角落去，为动物园搜集更多的动物。电视和收音机上最有名的玩蝶的人就是 L. 休·纽曼，他以给收藏家们繁育蝴蝶和蛾子为生。与公众认为的恰恰相反，那时我们当中没有谁认为自己给环境造成了什么危害，重点是在把玩虫子当成爱好这件事上，它是出于乐趣和个人满足，而我们从没听说过生态系统或后来总是在说的"生态环境"。过去，甚至是很近的过去，像一个遥远的国度，我们那时候不像现在这样做事。

收藏把人类直接引向了昆虫学——将昆虫的科学研究，更广泛一点儿说，引向了当时所谓的博物学。伴随着收藏的还有冒险——追逐金光闪闪的蝴蝶会将你引入本来永远也找不到的、精彩纷呈的野外世界。这种爱好有着出奇的凝聚力，让你接触到很多志同道合的人。见见热衷此道的朋友，聊些大家共同的追求，是件很开心的事。这样机缘巧合的会面往往以互换礼物——一满瓶毛毛虫，或者用棉絮裹着的一对天蛾蛹而告终。我曾是业余昆虫学家协会青年团体的一员，协会每年会在伦敦的荷兰公园中学开一次会。兴趣能教会你辨认毛毛虫取食哪些植物，还能让你注意到其他昆虫比如食蚜蝇，也会造访同一种花朵。你会学到如何寻找、如何发现。过一阵子，这就会成为一种根深蒂固的习惯。要分辨出一个博物学者用这招最灵，他们永远都在东瞧西看。

早在开始收藏之前，我就熟识英国蝴蝶的名字了。不知为什么，我的脑子下意识地就把它们全都吸收了，毫不费力，就像其他男孩子能记住自己支持的足球队的球员名字一样——不管是现役的、退役的，还是转会的。我喜欢看将军红蛱蝶和孔雀蛱蝶造访紫菀花丛，还有各种菜粉蝶在爸爸种的甘蓝上翩跹起舞。我听说过奇异的紫闪蛱蝶坐在橡树王座上治理它的昆虫王国，也梦见过优雅的、黑黄相间的金凤蝶在芦苇丛中上下纷飞。然而收藏癖第一次发作的时候，很奇怪，我的饥渴却不是冲着蝴蝶，而是冲着它们色泽昏暗、数量众多的蛾子表亲去的。自从那天我就上钩了[1]，我买了R. L. E. 福特（R. L. E. Ford）写的《大型蛾类观察指南》（*The Observer's Book of Larger Moths*，后文简称《观察指南》），一本用零花钱就能买到的十分有用的书——才花了25便士。不像对蝴蝶，我那时候对蛾类一无所知，犹记得发现原来有这么多好看的蛾子非常兴奋。有一种高贵的天蛾，身体形状像鱼雷，长着战斗机一样的翅膀；还有栎枯叶蛾，身体是褐色的、毛茸茸的，像个长翅膀的泰迪熊；以及裳夜蛾，后翅上有着出人意料的鲜艳色彩，红色、黄色、猩红色，像是花哨的女式内裤闪现在雨衣之下。我贪婪的小眼睛前闪过了一道光，不过既然是冬天，我期待的蛾子大狩猎就得等等了。但彼时彼地我就知道，这事儿一定会轰轰烈烈的。

我对蛾子的概念来自于博物馆里那些死去蛾子的标本照片，翅膀被展成了一种不自然的姿态。很多人觉得它们很难通过这些照片来鉴定的一个原因是，活着的蛾子看起来跟照片里一点儿都不一样。多数情况下，蛾子的翅膀是整齐地折叠着的，盖住身体，就像一件穿得很笔挺的大衣。我的第一批藏品里的蛾子看起来大致介于博物馆的标本和活虫之间。它们的翅膀横七竖八的——一排蔫头耷脑溃不成军的标本。蛾子实际上比我想象的更难追踪，而我从蜘蛛网上拽下来或者从马桶的水面上捞起来的那些死的，看起来和《观察指南》里的小可爱一点

---

1. 福特的另一本关于收藏和饲养的指导书我也很喜欢：R. L. E. Ford（1963），*Practical Entomology*. Wayside and Woodland series, Warne, London.

儿都不一样。我见过的路边被车撞死的动物都比这好看。然后有一些孩子加入了我的乡村蛾子大狩猎。我们在各家的廊灯下搜索，在花园的落叶堆和屋外厕所寻找，最终多少有点儿撞大运，我们终于找到了一只像样的蛾子。那是一只梨豹蠹蛾，和《观察指南》最后一页的那种看起来正好一样，白色的翅膀上面有很多黑色斑点，身体末端的尖上长刺的话说明是雌蛾（那个刺是产卵器，用来在树皮的裂缝中产卵）。它刚刚羽化，正在一棵梅子树的树干上晾翅膀呢。我现在能看清它的样子了，长长的，有光泽，长着毛茸茸的腿，还略微有点儿潮湿的翅膀折叠覆盖在胖乎乎的腹部上。我们看着它，有点儿犹豫该怎么做。关于如何杀死一只蛾子又不破坏它的美丽，我当时可没想好。最终，我得羞愧地说，一个外号叫"左撇子"的小硬汉想明白了，此情此境是在召唤他的直刀。等左撇子把那只可怜的梨豹蠹蛾切得粉碎之后，我们谁也不想要它了。这事儿很可能终结了我对蛾子的狂热——但是……

机缘巧合地，我发现写那本《观察指南》（但却忘了告诉我如何处理一只梨豹蠹蛾）的福特先生还经营着一家叫沃特金斯和唐卡斯特（Watkins & Doncaster）的做博物学相关器材的公司。我拿起他们的产品目录来，眼珠都快爆出眶外了。我觉得这可能是我这辈子见过的最帅的东西了。一个博物学家想要的一切里面都有，还有一些东西我甚至闻所未闻。里面有诱捕浮游生物的特殊工具，有捕捉毛毛虫用的折叠盘，还有各式各样的捕虫网：从帆布做的"扫网"到巨大的看起来很专业的风筝网——这么叫是因为网圈的形状像老式的风筝。甚至还有一个工具，用来把死去的小型兽类的脑子挖出来，这样就可以做填充标本了。现在我知道了，采集蛾子需要一盏防风灯，还有一瓶沃特金斯和唐卡斯特的专利产品糖浆合剂，很显然这东西涂到树干上或者公园的长椅上用来诱蛾子百试百灵。

同时，我很感兴趣地注意到，你大可以踢开自己的收藏，转而购买那些比你技术好得多的人做的标本。《观察指南》里有的蛾子，沃特金斯和唐卡斯特公司几乎统统都有售，从一种叫汉字绮钩蛾的小蛾子，卖2便士（此处指旧便士，比现在的1便士还便宜），到巨大的鬼脸天蛾[1]，卖12先令6便士（此处为英国旧币制，约为现在的60便士），实在买不起。天哪，我多想要一只鬼脸天蛾啊。既然这意味着一笔不小的零用钱花销，我决定采用"情感勒索"的方式。可以这么说，我求我爸让我把生日提前过了，哦还有圣诞节，这样最好了。我就要被送到寄宿学校去了，我知道我可以指望他的负罪感。我提醒他说，"到我真正过生日的时候就不在家了，对不对，老爸？"按理说我爸欠我一个大人情，于是，我可怜的老爸妥协了。所以，在一个快乐的周末，莫里斯一家和我，还有我的伙伴乔纳森，动身去找沃特金斯和唐卡斯特。这事儿得费番周折，因为给我们指路的只有产品目录背面的简略地图。不过，在射手山附近经过七扭八拐之后，我们看见了它，一条长长的大街上的一栋不起眼的房子。终于找到了这家蛾子店。我蹦出来，毫不犹豫地敲响了《观察指南》的作者的门。

我对于理查德·福特先生的全部印象，就是他对这些"不速之客"非常耐心。他邀请我们进来，这里面实在是个仙境。捕蝶网像雨伞一

---

1. 指天蛾科鬼脸天蛾属昆虫，英文名为"Death's Head Hawkmoth"，该俗名对应为鬼脸天蛾属下三种：*Acherontia atropos*、*A. styx* 和 *A. lachesis*。其中第一种分布于欧洲，后两者分布于亚洲。——译者注

样堆着，一盒盒的热带蝴蝶和蚕蛾挂在墙上，一排古董样子的橱柜装着更多的蝴蝶和蛾子，靠在屋后画廊的内侧墙上。

当年风光的时候，这间公司可是开在伦敦市中心的。他们机构的凤蝶标志匾额曾经骄傲地挂在斯特兰德大街一幢高大的维多利亚时代的大楼，俯瞰着下面呼啸而过的车流。要找到它那狭窄的店面，你必须先挤过一间理发店，然后爬上一段落满灰尘的楼梯间。老唐卡斯特先生又聋又哑，他经营这家店铺将近半个世纪。他的顾客们会在他那老朽的脖子下面挂着的一块石板上写下自己想要什么。

理查德·福特在1939年买下了这家店，并将它指向了更现代化的方向，离开鸟蛋和鸟的填充标本，走向了昆虫学和野外研究。后来就到了命中注定的那一天，这栋老楼因为斯特兰德大街的拓宽项目被强行拆除了。福特的生意被放逐到伦敦东部郊区的威灵，他一定很想念那些时不时进来聊聊天或者传些昆虫学八卦的博物学家吧。沃特金斯和唐卡斯特现在不得已成为了主要依靠邮购的买卖。我们可能是很长一段时间之内的第一批访客，但是乔纳森和我急于想看蛾子，并没有心情顾及社交礼节。我们被领进画廊去查看那些散发着樟脑味儿的柜橱。我们看着这些多数由20世纪早些时候的收藏者做的、插成一排一排的蛾子标本，乐得直流口水。我们的预算都有限，很快就计算出自己最想要哪个。理查德·福特一边一个个地拉开抽屉，一边听我们说着"呃，我应该是要那个，不，啊不——您把那个放回去吧，福特先生——我要那个，不不，不要那个了，要那个吧"等等这样的话，直到我的盒子里排满了插着标签的针插标本，它们有着不同的花纹、簇绒和斑点。但福特是个博物学家，不仅仅是个商人。"傻子都能花钱买蛾子。"他颇为嗤之以鼻地指出。"你应该做的是，"他继续说，"像你这么机灵的小伙子，应该去寻找毛毛虫，在树周围挖蛹，在树上抹糖浆，学着了解蛾类。"是啊，是啊！我想，可是我得搜寻多久，挖多少坑，涂多少棵树，才能找到像这么完好的一只大戟白眉天蛾[1]啊？肯定不止 3 先令的工夫，我打赌。

没有一套值钱的灯诱设备，想抓蛾子一定困难重重。另一方面来讲，蝴蝶就比较好接近了，你可以和伙伴们白天结伴出去追捕它们。我弟弟克里斯，他找蛾子永远比我慢半拍，现在抓蝴蝶都挺上手了。因此，我终归还是在春天到来之后转投了蝴蝶的怀抱。我第一只整理好姿态的蝴蝶标本到现在还留着：一只雌孔雀蛱蝶，翅膀往下斜，其中一只翅膀上还有一块脏，触角像鹿角一样向前弯着。我是用孔雀蛱蝶和龟纹蛱蝶练习做标本，这两种比较好做。更纤弱的红襟粉蝶练了有一阵，而灰蝶和弄蝶更是练了很长时间，才能确保翅膀不被撕破，让破损的缺口里透出责备的光来。但是熟能生巧嘛，我最后练出来了。

正巧这时我爸爸手下一个干杂活的人拿树枝子给我敲打出来一杆网，我妈妈又用网眼窗帘的料子给它缝了一个网兜。我把我的采集工具都塞进一个"二战"期间装防毒面具用的老古董帆布包里，挂在一根可能是有意为之的带子上。村子里形形色色的小伙伴都鼓捣出了一套个人版本的奇奇怪怪的蝴蝶采集套装，其中网都差不多，都是自制的，安在拐杖上或是扫帚杆上。装备到位之后，我们就成群结队地游荡在乡间

---

1. 即 *Hyles euphorbiae*，鳞翅目天蛾科白眉天蛾属昆虫。——译者注

的大地上。任何靠近我们那好看的蝴蝶的人都得格杀勿论。好几个阳光明媚的星期里，我们都身处蝴蝶天堂之中，起先是红襟粉蝶在一行行冒着泡的欧芹上空起舞，接着是龟纹蛱蝶在花园小径上倒映着阳光的小水坑里喝水，还有古怪的琉璃灰蝶，闪烁着蓝色和白色的光在灌木丛中闪展腾挪。

同任何事物的发展规律一样，其他的孩子一个接一个对蝴蝶失去了兴趣。一切来得太快，我们家要从明媚的蝴蝶村搬到伦敦北部一个贫瘠的新住址了。每个学期我都被关在寄宿学校里，在那里我只能在梦里见到蝴蝶。一个同伴的爸爸去马来西亚采集蝴蝶，他送给我一小份藏品，这一度成了我的骄傲和快乐。我个人的青涩收藏，这时靠着从伦敦的公园和公共绿地"搜刮地皮"，还保持着增长，我开始向任何路过的叔叔大爷或者其他大人展示我的收藏，希望能从他们身上要到几个子儿。全家度假和我爸爸的纵容让我这种狂热得以延续。说实在的，尽管没能学到多少关于蝴蝶和它们生活习性的东西，他还是能分享我们对于野外的热爱。像多数父亲一样，他喜欢和自己的儿子到户外去逛悠，而且当然了，他想当然地扮演着领导的角色。他满以为自己对于挑地方找环境很有眼光。克里斯和我就跟着他，只要我们找到了蝴蝶，当然也并不是总能找到，爸爸就会谦虚地宣称他一早就知道这儿准行。

我们拿着网和毒瓶出游的高潮是在我们家从伦敦搬到德国之后，第一个春假是在法国南部度过的。我期待它就像一个情人渴望他的爱侣，像冬日干燥的土地渴望和煦的春风。我躺在寄宿学校的硬床板上梦想着那浸润在阳光里的香桃木味儿的山脚，梦想着在《音乐之声》（*The Sound of Music*）的场景里，伴着下面山谷里眼神迷离的牛群脖子下面铃铛的叮咚声，追逐阿尔卑斯山的蝴蝶。每一只插针展翅的蝴蝶，都封存着那些宝贵的自由时光的一个瞬间，那时没什么可在乎的，除了被诗人称为空中雪片或者插翅之花的那种昆虫的诱惑。

在滨海阿尔卑斯省度过的第一个春日像魔法一样。整晚都下着瓢泼大雨，雨滴像冰雹一样从我们租用的房车的铁板顶棚上溅落，但最后嘈杂的雨声还是慢了下来，变成平稳的嘀嗒声，最终停了下来。到了早上，太阳透过百叶窗照射过来，还伴随着被纳博科夫称为"漫长的闪耀着露水般晶莹透亮的光芒"[1]的景象。在爸妈七手八脚忙活早饭的空当儿，克里斯和我出去瞧了瞧，看能找到什么。房车和小木屋的那头是一道洒满阳光的墙，墙根下长着一溜杂草。我们走到那儿时，发现草丛里满是蝴蝶，许多种类我都没见过。有一只看着挺像红襟粉蝶，但这一只在对应红襟粉蝶翅膀的白色位置是亮黄色的，像普罗旺斯的太阳穿过橘红色的云朵升起；另一只雪白的翅膀上缀着黑色的格纹，背面则布满了像新叶一样鲜绿色的截然不同的花纹；还有一种有趣的小弄蝶，长着大理石纹的翅膀，在地面上飞快地起落，像是在吸收地表的热量。还没等我们瞧够这些新鲜玩意儿呢，眼前就划过一团虎影：一只金凤蝶在我们面前的一株茴香的伞形花序上闪耀了起来。这种感受就像看到《绿野仙踪》里面整个片子从黑白的一下子变成彩色的那一刻。我们冲回去，拿上网，杀进蝴蝶丛中了吗？我希望没有，因为这就像梦里面才能遇见的一样。我本可以观察它们几个小时的，我现在更愿意这样；可那时候我恐怕是着急了一点。

---

1. 出自纳博科夫自传《终极证据》(*Conclusive evidence*)。——编者注

等我们气喘吁吁、眼花缭乱地回来时，妈妈已经把早饭做好了，爸妈两人看起来很高兴。那天上午晚些时候，我们开始了第一次正式的欧洲蝴蝶采集行动。爸爸很喜欢门廊外面山谷的景色，一个农夫正在那儿修剪他的葡萄。"那儿绝对是个好的采集点。"他提醒我们说。

"法语的'我们能过去吗？'怎么说？"爸爸问。"喊'Là-bas?'就行啦。"我建议道。"Le Bas."我爸喊道。他这样就把一个意为"那边"的短语说成"你真卑鄙"了。人家惊讶地抬起头来看着我们。"Tais-toi.[1]"他回应道。"这是什么意思？"我爸问。"意思是 OK，"我赶紧告诉他，"咱们过去吧。"

我爸说得对。这条野外的山谷似乎把方圆几英里内的蝴蝶都吸引过来了。这儿有像蝙蝠那么大的黄缘蛱蝶在头顶掠过。芳香的草地被塞灰蝶那跳动的宝蓝色斑点点亮了，很快我们又受到了一种叫作埃及艳后[2]的大号钩粉蝶那日出般炫彩的迎接。这就像探寻埋藏起来的宝藏一样，那些蝴蝶有如珠宝般明亮。"就是这地方，"我爸喊道，"就是这地方。"天哪，我们一家子那天多高兴啊。

在欧洲大陆抓蝴蝶和在英国就不一样了。首先来说，这儿的蝴蝶种类更多。在英国的地盘上抓个十几种你一定觉得很走运了。在欧洲，季节最好的时候，预计至少可以抓到三十种，但由于至今还没有一本现代的户外指南，我们只能搜肠刮肚给其中一些起名字。这样就有一种更强的探索感，你没法预测自己能找到什么，但估计这一趟肯定有好东西。

---

1. 法语，意为"闭嘴"。——译者注
2. 即艳后钩粉蝶，得名于历史上著名的埃及艳后克利奥帕特拉（Cleopatra）。下文均采用"艳后钩粉蝶"一名。——译者注

在阿尔卑斯山采蝴蝶多少有点儿小危险，不过我挺喜欢这样的。在松动的岩石上追赶黑珠红蛱蝶，或者从陡坡上跳下去抓捕阿尔卑斯山的豆粉蝶时，敏捷的身手是很有用的。在法国农村，农户家的狗就像看一块多汁的牛排一样盯着采蝶人。当地人对我们的行为反应各异。法国人看着我们耸耸肩膀，不过是又一件 *les foux anglais*[1] 才会做的事。在德国，刀条脸的老头有时会在你冲过他身旁的时候喊一句 "*Verboten*[2]"，不过我们不在意。"*Verboten kaput.*[3]" 我们回头喊道，反正他又跑不过我们。有一次，在一个地方采集，那地方现在是克罗地亚了，我们被误当成了德国人，在那些地方的记忆可是一言难尽。我们的活动一度看起来真就 "*verboten*" 了，直到他们弄明白我们是英国人之后。英国人是他们的朋友，人家友善得不能再友善了："快请，快请，到我家来。把我园子里的蝴蝶统统抓走。看，那儿有一只蓝的，是给你的。*Dobro! Dober dan!*[4] 下次还来啊！" 那时候作为英国人是有社交上的优势的。

迪纳拉山脉和地中海岸辉煌的春天过后，我回到家里采集蝴蝶的感觉就再也不那么一样了。甚至那时候我就有种感觉：这个游戏快要结束了。扛着网开始让我觉得有些不自在，或许还有捕杀如此可爱、如此无忧无虑的生灵的负罪感。让我内心挣扎的不是自然保护——我们所抓的蝴蝶都很常见，而且我们也从没往多了抓；也不是因为兴趣的衰

---

1. 法语，意为"英国疯子"。——译者注
2. 德语，意为"禁止"。——译者注
3. 德语，意为"禁止无效"。——译者注
4. 克罗地亚语，意为"好啊！下午好！"——译者注

减，因为无论青春期如何躁动，十几岁的少年如何爱走神，我却始终都对蝴蝶充满兴趣；而是我记忆中一种小型的法国豹蛱蝶，它长着茶隼一样的斑点，翅膀背面有着紫色和红褐色的大理石纹，缀着近乎透明的银色圆斑——那是 *Boloria dia*，女神珍蛱蝶。等到我开始做我采的"一系列"标本时，我意识到离开这些躺在硫酸纸三角袋[1]里小小的尸体的，不仅仅是生命。死后，它们身体的颜色和质感那种微妙的交织开始瓦解：紫色的晕光消失了，只留下褐色和黑色的简单图案。"伤感褐"是早期的收藏者们用来形容昏暗颜色的词，用在此时似乎十分恰当。我第一次为我的所作所为感到抱憾。或许这种迟来的感悟只不过是成长的一部分吧。在那之后我采集了更多蝴蝶，但是再也没有和父亲、弟弟在阳光中一起度过的那些闪亮的日子所带来的满足感了。我感到自己的追求不再纯粹了。我继续采集，那依然很好玩，但是再也不那么理直气壮了。就这样，渐渐地我不再追逐蝴蝶，而是像一个普通的十几岁男孩儿一样，追逐姑娘们去了，并且成功率大幅下降，我得加一句。

对于一个收藏者来说，一号标本的意义远远大于一只扎在针上的死虫子。它自然是一个值钱的物品，但同样具有潜在的科学价值。在过去，许多收藏者专门收藏形态反常的蝴蝶，他们管这叫"偏差个体"。比如说，一只蝴蝶的斑纹通常是圆点形，却长成了短线状，或者本来的浅色斑纹被黑色斑纹取代。它的挑战在于从成百上千只普通的蝴蝶里

---

1. 昆虫采集者用来临时存放蝶蛾、蜻蜓等翅膀较大的昆虫的简易三角形包装袋，用报纸或硫酸纸叠成。——译者注

找出这些特殊的类型，还要确定哪些地方的特殊个体比较多。这些地方一般都严格保密，因为收藏者彼此间的慷慨只能到此为止了。探索这些典型的稀世珍宝，是许多收藏者唯一的目标，不过这样的偏差个体也让科学家很感兴趣。它们能提供关于自然选择在野外如何发挥作用的线索，年复一年，因地而异。收集"偏型"让 E. B. 福特（E. B. Ford）和伯纳德·凯特尔韦尔（Bernard Kettlewell）这样的生物学家研究出了这些另类的翅面斑纹的含义，以及它们与遗传学的关联——就是说，不同的性状代代相传的方式可能类似人类的蓝眼睛和血型，对蝴蝶而言即额外的斑点和加深的颜色。因此，即使收藏者死后很久，研究这些旧的藏品仍可以得出具有独创性的科学新发现。今天，我们检视国有的蝴蝶藏品，以求找到气候变化的可能证据，这又是一个在这些蝴蝶还能飞的时候人们想都没想过的研究领域。

一些收藏者抓蝴蝶时的心态和射杀相中的猎物或者钓起湖里最大的狗鱼一样——作为战胜自然的战利品。对于这种收藏者来说，紫闪蛱蝶有着独到的魅力，以伊恩·赫斯洛普（Ian Heslop, 1904—1970）最为典型，他在英国抓高空飞舞的紫闪蛱蝶，就像当年在尼日利亚当区长时射杀大型野兽一样轻车熟路。他的收藏现存于布里斯托尔市立博物馆，里面包含至少 185 只紫闪蛱蝶，其中很多都是用他那杆长 20 英尺（约 6 米）的"高网"抓到的。对他来说，采集已经远远超出了一般爱好的界限，达到了一种疯魔的状态。他的日记里有一条写道："我握住杆子的最下面，两手全力举过头顶，把杆子头上的网圈向着那只紫闪蛱蝶挥去，然后往上一提，拿下……时间下午 4:14……这很可能是我的'大猎物'、昆虫学职业生涯的最佳一击了。"不管用枪打还是用网抄，都是一样的性质：野外娱乐活动。值得赞赏的是，赫斯洛普除了收集死蝴蝶，也观察活蝴蝶。他的书《紫闪蛱蝶观察与记录》(*Notes and Views of the Purple Emperor*, 1964)，被称为首本关于英国蝴蝶的生态学研究著作。[1]

毫无疑问，赫斯洛普喜欢炫耀他的蝴蝶战利品。任何一种形式的收藏带给人的乐趣之一便是与志同道合的发烧友们分享这种热情，同时也和他们较量。一份好的收藏品对于自尊自负的提升就像一辆好车或者精英俱乐部的会员资格一样。但对蝴蝶收藏来说，还有一种更为博大的精神情怀在发挥作用：教育的精神。维多利亚时代，杰出的昆虫学家亨利·斯坦顿(Henry Stainton)会邀请访客，尤其是年轻的发烧友，举行"家中会面"。他们在这位伟人的陪同下饱览他的收藏，同时也欢迎他们带虫子来，不论死活，以供鉴定或交换。再早一个世纪，波特兰女公爵会将她的博物收藏租借给艺术家和研究者。从她积累的藏品可供他人研究、发表有价值的论文来说，她实际上成为了一名科研赞助人。无论这些收藏的初衷为何，其结果都帮助后人增长了知识，加深了理解，也名副其实地为人类的幸福贡献了绵薄之力。

我个人的情况就没那么伟大了，收藏蝴蝶的主要受益者只有一个人——我自己。追蜂逐蝶的童年经历使我对大自然产生了兴趣，并最终将我引向自然保护主义。尽管从那以后我就对余下的收藏失去了兴趣，童年的痴迷仍然让我回想起那些在蝶丛中嬉闹的白天和与蛾子共度的

---

1. Matthew Oates（2005），'Extreme butterfly-collecting: A biography of I. R. P. Heslop'. *British Wildlife*, 16（3），pp. 164-171.

夜晚，我对此毫不后悔。我有许多蝴蝶都是自己养出来的，而不是抓来的，它们提醒着我一些不一样的事情：不是去拿着网追逐，而是搜寻卵或幼虫；从野外收集植物，种在罐子里或是泡在清水里，供给那永远饥肠辘辘的毛毛虫；见证成熟的毛毛虫转变为看起来懒洋洋的蛹，接着是永远都令人激动的时刻——成虫终于从裂开的蛹皮中羽化而出，晾干翅膀，展现它那焕然一新的美丽身体。毛毛虫长得很快，常常变化成不同的样子。像它们的成虫一样，不同种类的毛毛虫也外观迥异，有光溜溜长着角的紫闪蛱蝶幼虫，也有修长纤细、半截身子埋在浆果里的琉璃灰蝶幼虫。而每次找到小小的蝴蝶卵或隐藏得很好的幼虫时，心里都会闪过一丝小小的成就感。

　　我最珍贵的蝴蝶标本是一只英国产的橙灰蝶。不是我自己抓的，其实我也不知道是谁在什么时候抓的，但一定很久远了，因为英国的橙灰蝶已经灭绝150年了。它是一个朋友送给我的。我这只是雄性橙灰蝶，闪耀着铜红色的光，正如很久之前它飞过那片还未干涸的沼泽时一样，或是它在幼虫期被采集、饲养长大时一样（因为过去橙灰蝶幼虫的买卖很兴隆）。它的翅膀被按照当时时兴的方式展成向下倾斜的样子，插在涂了黑釉的针上，针屁股是用细铁丝缠成的小球球。它死后的历史被概括在三枚信息标签上。第一张标签告诉我，这号标本在1902年被拍卖给了一个叫作P.克劳利（P. Crowley）的人的时候就已经很老了，按照那个蝴蝶收藏大行其道的时代的汇率来算，他很可能为此花了起码10个基尼[1]；第二张标签告诉我，它在1961年作为303号拍品又被拍卖了

---

1. 英国旧制金币，约值1.05英镑。——译者注

一次，这次只卖了两镑十先令——由此可见到了20世纪中叶收藏蝴蝶的热度降低了多少；过了不久，它就来到了我朋友的收藏里，接着就到了我——可能是它的第五个或者第六个主人——的手里，我对它的历史贡献是不小心碰掉了其中一枚触角的端部。总有一天，我要把它送到博物馆去。千不存二的珍贵的英国橙灰蝶，应该保存在比我这里更安全的地方。

当蝴蝶标本的主人死去或者对它们厌倦了，它们怎么办呢？在当代，答案十分简单粗暴，甚至令人沮丧——它们被扔掉了，尽管用来装它们的标本盒还有得救。很可能只有少数的藏品能比收藏者还长寿，尤其是学校或者博物馆这样的机构会接收的重要标本。金融家查尔斯·罗斯柴尔德（Charles Rothschild）在青少年时代花费大把时光，集齐了当时所有已知的凤蝶和鸟翼蝶，声名显赫一时。但功成之时也就意味着兴趣的衰竭，他把整套收藏都赠予了自己的母校——哈罗公学。后来，它与另一份贵重的大型收藏一起，成了罗斯柴尔德-皮布尔斯收藏，最好的私人收藏之一。今天的多数学校发现他们要死虫子再也没什么用了，在这种情况下，这些标本盒都被堆到地下室里，到了2009年，这份收藏被分散出售了。我们研究生物学的方式已经改弦更张，曾经价值不菲、被用心管理起来的标本现在成为了一种里程碑式的纪念：尽管仍有潜在的科学价值，但是已经不再流行了，甚至还有一丝尴尬。

所以，博物馆收到转赠的昆虫标本时不见得会高兴得跳起来了。首先，现在的标本保存难度比以前大了。健康和安全方面的法规禁止为了驱避标本蛀虫而使用像樟脑这样的化学物质来保存标本。仅存的方法就是委屈藏品进趟冰柜，一次放一抽屉。这给本来就重担压身的博物

　　　　　　　　　　　　　　　彩虹尘埃：与那些蝴蝶相遇

馆工作人员又增加了负担，而预算的削减又减少了管理标本的可用时间。其结果就是疏于照管，藏品遭受与其他风光不再的展品一样的命运——被挪到某些地方堆起来，慢慢地被皮蠹啃成渣渣。用贝丝·托宾（Beth Tobin）教授的话说，"被搁置在了介于纪念品与垃圾之间的某个角落"。[1]

说句易懂的话吧：尽管一份收藏可能有着科学上的潜在价值，但它所承载的全部个人记忆和酸甜苦辣将随着收藏者的过世而烟消云散。约克郡的博物学家、摄影家乔治·E. 海德（George E. Hyde）于 1986 年死后，他的遗孀将他大量珍贵的英国蝴蝶和蛾类藏品捐给了唐卡斯特博物馆。放在那儿一段时间内还能得以安全地保管，因为他们博物馆自然科学分部当时的负责人是昆虫学界的一位领军人物——现已过世的大卫·斯基德莫尔（David Skidmore），他死后将自己 15000 号左右的双翅目藏品留给了博物馆。但是现在，博物馆的人都忙着其他事务，据报道有几抽屉的藏品已受到甲虫的侵染，海德所捐赠的灭绝已久的、珍贵的英国橙灰蝶和嘎霾灰蝶收藏现在危机四伏。[2] 唐卡斯特博物馆的故事在许多地方性质的博物馆和机构中很可能相当典型。我在常去的一个户外中心，亲眼看着一盒盒的蝴蝶和蛾子标本慢慢地零落成尘，只留下光秃秃的针上插着的残躯和标签。

英国最安全的蝴蝶藏品就是国有的那套，存放在国家自然历史博物馆新建的达尔文中心。它名叫罗斯柴尔德-科凯恩-凯特尔韦尔收藏，

---

1. Beth Fawkes Tobin（2014），*The Duchess's Shells: Natural history collecting in the age of Cook's voyages*. Yale University Press，p. 267.

2. 报道见于 www.insectnet.com 论坛。

简称 RCK[1]，以 20 世纪 30 至 40 年代时将收藏遗赠给博物馆的著名收藏家的名字命名。这批藏品排列在 5000 个玻璃面的大抽屉里，"展示了各种层面上的多样性"，不论是从遗传学角度还是地理角度。出于安保原因，要参观标本必须先提交申请，一些流程现在在线就可以办理。有一次我受邀检视 RCK，它们被装在名叫希尔组件的红木标本盒里，盒子擦得锃亮，一盒盒似乎无穷无尽。那里是蝴蝶的宇宙，像天空中的星星一般不可胜数。我记得里面的一些尖货：极端的偏差个体——全黑的紫闪蛱蝶；雌雄嵌体的蝴蝶——半边是雄性，半边是雌性；很早期的蝴蝶藏品——标签上写着著名昆虫学家的名字；百闻不如一见的传奇蝴蝶。就这么站着，在储藏间诡异的安静中，借着抽屉里内置的顶灯欣赏这些大自然的奇观。看久了有点让人麻木，过了一会儿我的眼前眼后仿佛都是针插的蝴蝶了。很快我就觉得需要休息一下，喝杯浓浓的博物馆咖啡，感觉就像浮出水面换气一样。印象中和我一样的参观者非常稀少；现在可能不一样了，因为这批收藏被搬到了新特制的大楼里。

　　罗斯柴尔德大人曾经宣称在他那数不尽的蝴蝶和蛾子里，没有"重样的"，一号也没有。没有一个可以拿来交换。对他来说世界上最大规模的蝴蝶收藏是刚好够用的最小必需量。每一只标本都有其一席之地。当然，罗斯柴尔德是一位不寻常的人。他是孜孜不倦的细节追求者，一轮一轮，周而复始，不断地精简，直到达成那种只有他和他的馆员们能够欣赏的卓越品质。你能感到，这是收藏的最高境界，与一个孩

---

1. RCK 标本制成于 1947 年，由致力于推动将收藏为科学研究所用的慈善基金——科凯恩信托基金（Cockayne Trust）所支持。详见博物馆官方网站：www.nhm.ac.uk.

　　　　　　　　　　　　　　　　　　　彩虹尘埃：与那些蝴蝶相遇

子拿着网和果酱瓶去野外耍一天有着天壤之别。它壮丽宏伟，但看起来更像一个巨大而空洞的纪念碑、一个往生者的巨型陵墓。在不同以往的时代，罗斯柴尔德毕生的心血沉睡在灯光之下，一百万只死去的蝴蝶躺在为它们准备的充满香味的抽屉里。这是整个维多利亚时代的夏日"彩虹"之精髓。

第三章　美希眼蝶：热爱的诞生

有人说人分为两类：一类想知道一样东西从哪儿来；另一类则更感兴趣它们怎么运转。上一章里我讲述了蝴蝶收藏是如何"运转"的，在这一章里我会详尽地指出这种对于蝴蝶的兴趣从何而来，以及如何长久地维系。

源头可以在我们古老的蝴蝶标本身上找到。它在哪儿呢？死去的蝴蝶十分脆弱，然而只要保管得当，它们的寿命可以长得惊人。牛津的 E. B. 福特教授认为最古老的蝴蝶标本很可能是一只云粉蝶标本，当然是保存在牛津了。根据标签来看，它采于 1702 年 5 月，随后奇迹般完好无损地辗转于各个展馆之间，直到它来到了牛津大学博物馆。回溯到 1702 年，那时候这种蝴蝶不叫云粉蝶，而叫维氏半哀蝶，并且没有拉丁文学名，因为当时还没发明这东西呢。但是福特鲜少关注牛津之外的世界，而且他搞错了，这不是世界上最古老的蝴蝶标本。它至少晚了一百多年。

我个人提名的"最早蝴蝶标本"候选者是一团压扁了的、褪色的蝴蝶，几乎可以说是蝴蝶的鬼魂，那是在一份 1589 年的手稿纸片中发现的。巧得不能再巧的是，这份手稿是托马斯·莫菲特（Thomas Moffet）著名的《昆虫剧场》（*Theatre of Insects*），至少在英国是第一本关于昆虫的书籍。莫菲特是伦敦人，在医学院做研究员，并且至少以都铎王朝时期（1485—1603）的标准来看，也是位博物学家。作为一名行医者，他对把磨成粉的昆虫加入到各种药方里很感兴趣，但是"白日蝴蝶"（作为"夜晚蝴蝶"或者说蛾子的反义）是个例外。他欣赏蝴蝶本身的魅力，欣赏它们美丽的"色彩、盛装、华服、亮片、花结、纽扣、花边、方格、流苏、装饰（和）图案"。

　　莫菲特的蝴蝶标本是大英图书馆在整理修复《昆虫剧场》一书的原始手稿时发现的。尽管它严重褪色，并且缺少了头和身体，仍然很容易辨认出是一只荨麻蛱蝶。很显然，莫菲特在它身上下了点功夫，因为翅膀是对称的，并且像活着时一样展开。事实上，这个藏品与莫菲特为其画的插图十分吻合，那是一幅原始的水彩版画。这会不会就是激发莫菲特对创作蝴蝶插图产生极大热情的那号荨麻蛱蝶标本呢？那些词句歌颂着它的"色若薄血，皂点染者，金线镶焉，如月如钩，其为美者矣，缘缺如锯"。[1] 据他自己的记载，莫菲特的房间里到处都是蜘蛛网。也许

---

1. 出自：Facsimile edition of Thomas Moffat（1967），*The Theatre of Insects or Lesser Living Creatures*. Da Capo Press, New York, p. 970. 关于压扁的龟纹蛱蝶的记述见于 George Thomson 的著作：*Insectorum sive Minorum Animalium Theatrum*, The Butterflies and Moths. Second Edition. 个人出版，Waterbeck, Scotland，详见其中关于蝴蝶的章节第 103 页。这表明，假设这只蝴蝶标本和手稿是一起流传下来的，那么"它是目前现存最古老的鳞翅目标本"。

这只蝴蝶是从窗框的缝里钻进来的，就像龟纹类蛱蝶在夏末惯常的那样，想找个阴暗、凉爽的角落休眠，结果却在蜘蛛网上断送了短暂的一生。

要找到已知最早的蝴蝶收藏，我们得倒回近一个世纪，来到莱昂纳德·普鲁克耐特（Leonard Plukenet, 1642—1706）所生活的英格兰。普鲁克耐特教授是杰出的植物学家、女王的御用园丁，与艾萨克·牛顿和罗伯特·胡克同时成为皇家学会最早的会员（产于南美洲的一种低矮灌木的一个属 Plukenetia 是用来纪念他的，其果实呈星形，俗称油藤或者印加花生）。普鲁克耐特的蝴蝶被保存在一份昆虫收藏簿里，是他简单地将昆虫的身体粘在一个白本子的内页上做成的。这些在本子页上一粘就是三百多年的蝴蝶中，包括众多挤扁了的龟纹蛱蝶、孔雀蛱蝶、草原眼蝶和硫黄钩粉蝶。普鲁克耐特的"昆虫本子"在以前一直被人忽视，因为不小心被放在了自然历史博物馆传承下来的植物学收藏里，而没放在昆虫收藏里面。当然啦，把昆虫粘贴并压制到一个本子里的缺点是，每次翻开会有部分脆弱的干制昆虫发生松动，掉落出来。纸面上一块块胶染的痕迹标示着这些位置曾经粘着的蝴蝶已经掉落。他的本子现在被存放在一个密封的橱柜里，只有在特殊的情况下才能打开。

博物馆里还有一份差不多同期的收藏，不仅是像压制花朵那样压制蝴蝶，而且还将它们粘在了压制的花朵旁边。它曾经属于名为亚当·巴德尔（Adam Buddle）的牧师兼植物学家，他很自然地用自己的名字命名醉鱼草属（Buddleia）了。他的蝴蝶定格在振动翅膀的状态中，夹在粘好的灯芯草和其他植物之间，预示着后世艺术家喜欢把蝴蝶和花朵画在一起。巴德尔仔细地在每一只蝴蝶下面写了一段拉丁文的简短描述，这样即使蝴蝶遗失，或者即使只剩一条细腿、一块干胶，我们也知道那里原来有什么。

最早按照正确操作方法处理蝴蝶标本的人是伦敦的一位药剂师，他也是皇家学会的会员，叫作詹姆斯·佩蒂弗（James Petiver, 1663—1718）。可能是效仿他在阿姆斯特丹见过的昆虫藏品处理方式吧，他把死去的蝴蝶插在针上，并在一块板子上把翅膀展成了自然的姿态，很像两个世纪以后的收藏者们做的那样。但当时的昆虫针很粗，针屁股又大又圆，而且是用软铁或者马口铁做的，容易弯曲或被腐蚀。用在将军红蛱蝶这样大小的蝴蝶上还适合，但是对更小的弄蝶或者灰蝶来说就不行，至于小蛾类就更别提了。佩蒂弗找到了一种替代方法：小心地将蝴蝶的翅膀展开，然后将其夹持在两薄片云母（一种类似透明塑料的天然物质）之间固定，等到贴上标签、用一条条胶纸封好之后，看起来非常像一张幻灯片，只不过胶片的显影位置上取而代之的是一只真的蝴蝶。这种办法的好处之一在于这些蝴蝶"幻灯片"可以整齐地码放在一个便宜的盒子里；它还可以让你安全地拿着标本，翅膀的两面都可以得到检视，用胶粘着的蝴蝶观察起来就没有这么方便。佩蒂弗制作的云母片蝴蝶标本少数仍然留存在自然历史博物馆里，我曾经亲手拿着已知的第一号线灰蝶标本，如标签所说，是由佩蒂弗本人于1702年8月在克罗伊登采集的。

对于这些先锋人物来说有一个尴尬的问题，就是如何杀死蝴蝶但又不破坏它精巧的翅膀。甲虫和蜘蛛可以泡在酒里，但是一只蝴蝶或者蛾子则需要更仔细地处理。佩蒂弗的第一种处理方法很粗糙，有些人可能会觉得行不通。他"把针穿（过）它们的身体，然后钉在你的帽子上"

来杀死蝴蝶。他还提倡"用手指轻轻挤碎它们的头和身体，这样可以防止它们扇翅膀"。[1] 挤压蝴蝶的胸腔将心脏挤爆，几乎可以立即致死。那位小说家兼终生蝴蝶收藏家的弗拉基米尔·纳博科夫就一直使用这个办法。但想要操作成功则需要灵巧的手指和长指甲。

18 世纪蝴蝶的死相尽显百态，有的是被蘸了硝酸的笔尖扎死的；有的是在硫黄燃烧产生的烟雾中窒息而死，还有被烧开的水壶里喷出来的蒸汽烫死的。有一个收藏者是用镊子夹着昆虫在蜡烛火焰上进行快速处理，有的人可能会觉得这有把虫子点着的风险。乙醚在被广泛地用作麻醉剂之前的很长一段时间里，就已经被用来处理蝴蝶了。到了 19 世纪很多收藏者转而使用氰化物，不管是从月桂叶子里天然榨取的，还是用一种更危险于此的方式，成块地从某家好说话的药品店买的。各种化学物质的毒性蒸气最终取代了更多处死蝴蝶的土办法。蝴蝶在几秒之内就会进入看似瘫痪的状态，翅膀毫发无伤。

似乎没人猜测过蝴蝶是否会感受疼痛。它们中很多在野外都逃不过惨烈的结局：粘在蜘蛛网上；被螨类一口口活活蚕食；或者被寄生虫慢慢折磨死。哲学家们跟我们保证说，要感受疼痛，你需要有感受情绪的能力。昆虫世界没有感情吗？乔治·奥维尔（George Orwell）提出了一个可能的答案：在一个残忍的瞬间，他把一只正在吃滴在地上的果酱的胡蜂用刀切成了两半。那只胡蜂只管继续吃果酱，它可不打算被下半身搬家这样的小事打搅必要的新陈代谢过程。

---

1. 佩蒂弗给收藏者的建议在 Michael A. Salmon（2001），*The Aurelian Legacy*，Harley Books, Colchester 一书第 57 页中得以再现。书中第 59 页还记录了佩蒂弗的蝴蝶，第 58 页上还有佩蒂弗亲手抓到或者饲养出来的那只线灰蝶。

佩蒂弗的蝴蝶适时地融入了当时最大的自然收集物馆藏——大英博物馆的雏形。这件事是由富有的慈善家和古董玩家汉斯·斯隆爵士（Sir Hans Sloane）促成的，他把自己的战利品在一条 110 英尺（约 33.5 米）长的大长廊里展出，展柜中堆满了贝壳、珊瑚、水晶、鸟蛋、骨架和皮毛。里面有好几千只"靓丽的蝴蝶"，由那些通常通过为收藏者采办标本而捞取外快的商船船员们从全世界采集而来。[1]斯隆不是唯一的一个。德鲁·德鲁里（Dru Drury），伦敦的一名金匠兼昆虫鉴赏家，花了成千上万的英镑收集全世界的蝴蝶藏品，还请画家来给其中最好的画了草图（这份收藏遗失已久但画还在）。丹麦学者法布里修斯"带着如同葡萄酒爱好者看着自己的藏酒室里存满酒桶酒瓶般的欣喜"观看过德鲁里的藏品。[2]

这些来自启蒙时代的蝴蝶的身上都发生了什么呢？国有的收藏品满是维多利亚时代和爱德华时代的蝴蝶，19 世纪以前的标本相对较少。也许当我们回顾下詹姆斯·佩蒂弗的蝴蝶收藏的遭遇，事情就显得不那么让人惊讶了。佩蒂弗看起来可不是个整洁的人。据一个访客说，他饱受赞誉的博物馆——佩蒂弗博物馆，看起来就像一家旧货店。[3]他的收

---

1. Mike Fitton 和 Pamela Gilbert 指出，在 Arthur MacGregor 于 1994 年主编、大英博物馆出版社所出版的 *Sir Hans Sloane: Collector, Scientist, Antiquary, Founding Father of the British Museum* 一书的第 112—122 页中提到：任何不限形式的标本收藏似乎均始于 1700 年前后；所以说，在此之前并没有动物标本剥制术流传下来。

2. C. H. Smith（1842），'Memoir of Dru Drury'，cited in Salmon, op. cit., p. 214.

3. "一切都以真正的英式风格，以异常混乱的方式，保存在一个破柜子和一些盒子里……"这句话来自一位于 1710 年参观佩蒂弗的暂放物品的德国访客 Zacharias von Uffenbach，被引用于 David Allen（1976），*The Naturalist in Britain: A Social History*. Allen Lane, London, p. 38。

藏在及时地转到更仔细人的手中时，状态就已经很凄惨了。斯隆在佩蒂弗死后花 4000 英镑买下了他的存货，并证实这些东西确实被保存出了一种贺加斯风格[1]的状态：

> 他呕心沥血地收集了英国的自然杰作，但是却没有用同样的细心去保管它们，而是把它们堆起来，有时带着小纸标签，因此有很多标本毁于积尘、虫蛀、雨水，等等。

斯隆对佩蒂弗的"勤劳，却不包括他的整洁"怀有敬意。[2] 其实他极其欣赏这位古怪的朋友，他也是葬礼上为之抬棺的几个人之一。

在斯隆的大画廊里，这份收藏，或者说其中尚且完好的部分，被照看得很好。为了保护蝴蝶标本免遭蛀虫蹂躏，那时的收藏者会把每个盒子、每个抽屉都用"穗花油"（或者叫薰衣草油）涂抹一遍——这一定程度上赋予了它们一股馨香的气味儿，不像后来用的樟脑或者萘的那种比较刺鼻的味道。但是当斯隆于 1753 年去世，把他的收藏和物件都留给了新建的大英博物馆之后，许多藏品惨遭淘汰。当时博物馆的馆员并不会主动地欢迎老的收藏，事实上他们更多地视之为累赘，而非财富。大英博物馆的负责人要的是新的、时下热门的、足够抓眼球的物件来展示，以此提升本单位的声望，而不是一堆过去的老破烂儿。

因此，当 1835 年国会决定调查我们的第一家国立博物馆的状况

---

1. 暗指讽刺风格，处境尴尬。——编者注
2. Fitton and Gilbert, op. cit., pp. 112-122.

时，似乎第一份大的国际性蝴蝶收藏已经所剩无几了。查尔斯·凯尼格（Charles Koening），博物馆当时的"自然历史及现代珍奇管理员"，只能如是说：

> 问话者："面前这些就是汉斯·斯隆爵士留下的状态上佳的昆虫收藏吗？"
>
> 凯尼格："几乎什么也没留下。"
>
> "怎么搞的，收藏竟然都遗失了呢？"
>
> "我来博物馆的时候这些东西已经腐烂不堪，一个接一个地被掩埋或者火焚了。肖博士（前任馆员）每年都烧一次；他管它们叫作自己的火化仪式。"
>
> "汉斯·斯隆爵士赠送的 5439 号昆虫标本里有一号剩下的吗？"
>
> "我想应该没有。"
>
> "你认为如此巨大的标本损坏事故是单纯地出于自然原因吗？"
>
> "我们把它们当垃圾，就这样和其他的垃圾一起处理了。"[1]

因此我们最古老的蝴蝶标本当中的幸存者纯属侥幸。比如亚当·巴德尔的压制蝴蝶能够逃离厄运是因为被无意间存放在蜡叶标本室的植物标本中间，而没有放在昆虫的展廊里。感谢这样的疏忽，我们还能拥有几只褪了色的蝴蝶，来带我们面对面地领略昆虫学的起源——安妮女王时代的大自然留下的传家宝。

是什么在 1690 年左右掀起了这股蝴蝶的热潮？直到詹姆斯·佩蒂

---

1. Fitton and Gilbert, op. cit., p. 112.

弗开始收集并且描绘它们之前，蝴蝶似乎甚至连名字都没有。至少，无论哪本早期绘制的关于蝴蝶的书里——托马斯·莫菲特的、克里斯托弗·梅里特（Christopher Merret）的或者马丁·李斯特（Martin Lister）的——都没有它们的名字。然而随着佩蒂弗于 1718 年去世，关于蝴蝶和蛾子的爱好变得时髦，开始时兴——至少使得画家伊力扎·阿尔宾（Eleazar Albin）收获了一大批想要订购他昂贵的艺术图册的贵族。这一次它们的确有名字了；不见得是我们今天所称呼的名字，但也是人人都能用的、很得体的英文名。很显然，人们开始谈论蝴蝶了。

这是为什么？是因为闲暇时间变多了吗？还是说因为有了咖啡馆，人们可以在这里碰面，在咖啡因和烟草的作用下聊个痛快？也许有一个答案是：比起从前，更多的男男女女开始读书并审视自己，他们突破了教会所"灌输的思想"。弗朗西斯·培根（Francis Bacon, 1561—1626）的作品大受欢迎，人们对他描绘的那个热衷于探索发现、追求知识的理想社会念念不忘。1663 年，当皇家学会依皇家宪章成立的时候，它所宣称的目标是通过探讨和实验来"深化自然知识"。所以启蒙时代最伟大的发现之一估计就是知识分子间的对话。似乎很突然地，人们发现大自然非常有趣。能用来形容它的最好的词儿就是"亲生命性"吧，是爱德华·威尔逊（Edward Wilson）新造的词，意为"对自然的热爱"。人们对自然感兴趣不是简单地看其外表，而是借助观察和一定的研究方法，这让我们发现自然界能从情感和思想上双双触动人类本身。随之而来的是，人们为了将"大自然的产物"带回自己家里，开始修建花园，在笼子里养小动物，以及收藏标本。对于伟大的英国博物学家约翰·雷来说，"亲生命性"最为高贵的表现形式是一种愿望，一种远远领先于他所生活的时代的愿望，希望在大自然随处可见的混乱中找到秩序。对于普通人来说，它的表现形式就是珍宝柜，尽管很少有人具有培根的智慧或者雷的求知欲，可是任何有一点资源的人都可以收藏贝壳或化石——抑或蝴蝶。

蝴蝶很漂亮，也很容易捕捉，并且不像其他昆虫那样在死后褪色。人们同样为它们复杂的一生感到好奇和着迷，尤其是从毛毛虫到长翅膀的蝴蝶的"变形"过程，看起来如同奇迹一般。但最初没有什么能够帮助他们。没有俱乐部或者学会供他们分享经验和知识。没有图鉴指南，甚至根本没什么像样的书，除非你神通广大能弄到法语或者荷兰语的精装册子。英国的准博物学家们比那些漂流到无名荒岛上的海难者强不了多少。

开始推动事情发展的似乎是约翰·雷在17世纪90年代发起的一个计划，他计划写一本关于昆虫的博物志，来匹配他那些已经出版的关于动物和植物的分卷。这必然是一个长期的项目，而雷在当时已不复当年，上了年纪而且身体不好。幸好他还能依赖家人和四邻的帮助，依靠牛津和伦敦的学友故交这个更广泛的圈子，还有某些乡村教师以及教会里的人员。举个例子，就比如约翰·莫顿（John Morton）于1695年在"埃塞克斯郡治下离提尔布里不远处"给他抓了一只拟折线蛱蝶；还有牧师曼塞尔·考特曼（Mansell Courtman），他在同一年中了大奖，抓到一只"翅膀上有白斑的大个黑蝴蝶"，很可能是只雌紫闪蛱蝶。[1]

雷的帮手中有一些体面的人物。其中有一位著名的植物学家普鲁克

---

1. 关于雷的蝴蝶及其采集人的细节见于：C. E. Raven（2nd edn, 1950），*John Ray: Naturalist*. Cambridge University Press, pp. 407-418.

耐特、两位医生塞缪尔·戴尔（Samuel Dale）和大卫·克雷格（David Kreig）、一位杰出的园林设计师提尔曼·博巴特（Tilleman Bobart）、一位绸缎纹样设计师兼画家约瑟夫·丹德里奇（Joseph Dandridge，1664—1746）、一位绸缎商查尔斯·杜波伊斯（Charles DuBois）、一位药剂师詹姆斯·佩蒂弗、一位牧师亚当·巴德尔以及一位伊顿公学的老师罗伯特·安特罗伯斯（Robert Antrobus）。除了雷本人，至少还有三位——普鲁克耐特、佩蒂弗和克雷格——是皇家学会的研究员。他们中间有很多是植物学家，蝴蝶对他们有此吸引力是可以理解的。雷本人首先就是位植物学家。佩蒂弗也是如此，他那被人忽略的本职工作是管理药剂师学会的药用植物园。想要搜寻蝴蝶的卵和幼虫并在盆栽或者水培植物上饲养它们，植物和园艺的相关知识是很有用的。这样的工作使他们成为观察者，而他们高度的求知欲则使自己成为了博物学家，即使在这个词儿还没发明之前。

身边环绕着这么多的热血同伴，他们中间的一些人开始时不时地聚会探讨些实质性的问题。身为英国人，他们自然而然地组成了一个俱乐部——历史上第一个昆虫学会。但是因为当时昆虫学还未构成一个学科，所以他们给自己取了个别的名字——蝶蛾学会。

20世纪30年代，在流亡到柏林期间，弗拉基米尔·纳博科夫写了一篇关于蝴蝶贩子的小故事。这个商贩时运不济，他感到生活空虚无聊，工作让他提不起兴趣，婚姻也岌岌可危。他的梦想之一就是逃离这一切，登船远航出去采集，但是他付不起钱。最终他从客户手里骗了些钱，凑够了考察的费用，却在出发当天中风。即使这样，无所不知的作者却提醒我们：他的一生并不全然是场失败。此君也曾达到了某种快乐的境界，他的内心世界能够弥补自己世俗之身的悲哀。在他的内心深处，自己已经到达那些遥远的彼岸，去寻找"所有魂牵梦萦的华美昆虫"。[1] 这个人的心路历程与昆虫的蜕变形成了回响，把他从一种像蛹一样的委顿状态带入了蝴蝶所象征的卓尔不凡的境界。

以一种典型的隐晦格调，纳博科夫给他的故事挑了个名字叫作《蝶蛾人》(*The Aurelian*)。"蝶蛾人"在今天不是人们所熟悉的词，即使在昆虫学家圈子里也是。它的字面意思是"金色的那个"。它指代的是将军红蛱蝶和其他一些蝴蝶的蛹(chrysalis)——又是一个意为金色的词，它们的蛹壳点缀着金色或银色的亮斑。这些乔治王朝时期的博物学家自称蝶蛾人，以蝴蝶作为一种自我标识。我们无法准确地知道蝶蛾学会是何时创立的，因为所有记载都遗失了，但是18世纪30至40年代，它在伦敦十分活跃。开会的地点位于伦敦市中心康希尔的天鹅酒馆，就在一条挤满书店和咖啡馆的小胡同里。许多会员也会在附近的神庙咖啡馆集会，坐在那儿边喝咖啡边聊大自然。

蝶蛾人全是男性；那个时代不允许女性加入绅士的俱乐部，尽管也有女性对蝴蝶感兴趣。一些成员的名字被列在了后来出的一本关于蝴蝶的书上，而且有意思的是，其中最出名的不是"科学家"，而是画家、设计师和诗人。会长，并且很有可能是创建者的是约瑟夫·丹德里奇，一位大牌绸缎纹样设计师兼业余画家。他是最早开始绘制鸟类、昆虫和蜘蛛的真实画像的那批人之一，他的知识和专业技能饱受蝶蛾

---

1. 弗拉基米尔·纳博科夫的短篇 *The Aurelian*，第一次出现在 *Atlantic* 杂志 1941 年 11 月刊上；可以在 www.theatlantic.com/magazine/archive 在线获取。

同好们的赞誉；另一位带头的成员是亨利·贝克（Henry Baker, 1698—1774），他白手起家，还是位业余诗人，又是治疗失聪的先锋人物。他的书《显微镜快速入门》(*The Microscope Made Easy*)，首次出版于1743年，将微观世界的乐趣带给了繁荣昌盛的伦敦各大画室。他是启蒙时代的真正代表、艺术协会的创办者之一、因将大黄引进英国而闻名的园艺家，有时还客串《放眼大观》(*The Universal Spectator*)周刊的编辑。[1]

还有一位杰出的会员是詹姆斯·莱曼（James Leman, 1688—1745），他也是伦敦的丝绸制造商和纹样设计师，还是纺织行业协会的会员。他的织物设计自然是借用了自然的图案，尤其是野花，风格就像是威廉·莫里斯（William Morris）[2]的雏形。当然了，丝绸来自桑蚕，一种蛾子的幼虫。莱曼的同事以及蝶蛾学会同好彼得·科林森（Peter Collinson, 约 1693—1768），也做织品生意，倒卖亚麻、大麻、丝绸和葡萄酒。正是在一次促进贸易的新大陆之旅中，科林森开创性地采购了一批蝴蝶藏品。随后，这位财寿双全的贵格派教徒与林奈就昆虫的分目进行了联络。[3]他的收藏就是被汉斯·斯隆爵士买走的之一，因此留给了大英博物馆——然后就等着肖博士的熊熊烈火了。

托马斯·诺尔顿（Thomas Knowlton, 1691—1781）代表了蝶蛾人的

---

1. 参见：Thomas Finlayson Henderson essay in *Dictionary of National Biography*，在线链接为：https://en.wikisource.org/wiki/Baker,_Henry_（1698—1774）_（DNB00）.

2. 英国艺术与工艺美术运动的领导人之一，世界知名的家具、壁纸花样和布料花纹的设计者兼画家。他同时是一位小说家和诗人。

3. 参见维多利亚与阿尔伯特博物馆网站：www.vam.ac.uk/content/articles/j/about_James_Leman.

另一种主要职业——园林设计师。他在漫长的职业生涯中设计过很多重要的园林，其中坐落在牛津、肯特的埃尔萨姆及哈罗的卡农公园，现在都埋没在郊区的街道之下。有一个仍然存在的园林，位于朗斯波罗格的东大道边，归伯灵顿伯爵所有。诺尔顿为牛津的植物学教授威廉·谢拉德（William Sherard）工作，很有可能他对野生植物的兴趣逐渐延伸到了对蝴蝶以及其他昆虫的兴趣。[1] 他似乎是另一位园林设计师——提尔曼·博巴特的合伙人，博巴特先于诺尔顿在卡农公园工作，并且为佩蒂弗和雷供应蝴蝶和蛾子。

对于这些早期的收藏者来说，一种通行的做法是向公共收藏馆捐献标本，将它们和学会的书籍、文件一起保存在天鹅酒馆。这些"自然标本"展现着大自然在色彩的配置、格局和对比方面令人钦佩的技巧，在青年艺术家本杰明·威尔克斯的心里打下了深深的烙印。威尔克斯本人被获准进入学会，通过他的眼睛，我们了解到蝶蛾人在伦敦的工作和休闲。他在自己的代表作《英国蝶蛾志》（*The English Moths and Butterflies*）的前言中称赞了学会及他们的工作，此书出版于 1749 年，即在学会解散之后不久。

学会是以一种戏剧性的方式夭折的。1748 年 3 月 25 日晚上，一把大火点燃了交换巷的一家假发店，并迅速横扫了本市的康希尔街区。数百间房子顿时烈焰腾空，烧得熟睡中的人们措手不及，康希尔的很多公共场所的客人也是一样。蝶蛾人们当时正在享受一场深夜座谈，可能在

---

1. 见传记：Blanche Henry（1986），*No Ordinary Gardener: Thomas Knowlton 1691—1781*. Natural History Museum, London.

酒馆吃完晚饭之后都稍稍有点儿喝醉了。按照"老式"历法，那天是新年前夜——这晚得守夜。多年以后，摩西·哈里斯回想起之后发生的事情说道：

> 学会的人当时都坐着，然而倏忽间火苗就猛扑了过来，火焰扑打着窗户，疏散逃离之际，很多人把帽子和手杖都落下了；损失让他们无比气馁，尽管后来为了重组又开了几次会，可是再也聚不够人来搞一个学会了。[1]

于是，这就是世界上第一个昆虫学会的结局。人们没时间抢救学会的书籍、记录和收藏，更别提代表学会的"标志性"藏品。整个资料库和收藏都付之一炬。终于，第二个、接着是第三个蝶蛾人学会从第一个的灰烬中重生，但是都没有维持多久。内部的分歧和冷漠——可能是新鲜劲儿过了吧——让这两个新的学会在几年内双双关张。到了19世纪，它们的直接继承者是听起来更现代化的伦敦昆虫学会。名字的改变象征着更深层次的文化更迭。在18世纪，蝴蝶属于艺术家——雕刻家、水彩画家、图形设计师、诗人。19世纪及以后，蝴蝶研究就由业余科学家接手了。他们成为了昆虫学这个新兴学科的一部分。

同时蝴蝶收藏的数量也越来越多。早年间，多数收藏者满足于每个物种收集少数几只：两只雄虫、一只雌虫，可能其中一只上下倒转过

---

1. 哈里斯关于康希尔大火的记载见于：Salmon, op. cit., p. 33.

来插着以展示下表面。但是到了这会儿，流行每个物种收藏一大串，甚至同一种类收集一整抽屉。收藏家很少解释自己为什么想要这么多样本。和其他收藏一样，有一个显而易见的原因，就是同行的压力和竞争：谁的藏品最多谁就是最好的。这相当于一个猎物袋——维多利亚时代的一些收藏者对猎杀松鸡的热衷程度，与追蝶捕蛾相当。还有一个原因是维多利亚时代的收藏家们痴迷于"变形"，即一些形态不同于常态的蝴蝶。为这些变形命名成了一种伪科学，还有一位名叫亨利·利兹的收藏者发明了一种复杂的命名方法，这简直发展成了一门新语言，包括像"ab. *Infra-semi-syngrapha-grisea-lutescens*"这样绕口的词——标签都得比蝴蝶大了！[1]

收集变形有时会被嘲讽为昆虫学界的集邮癖：单纯地为了收藏而收藏一大堆。直到 20 世纪，随着遗传学的发现越来越多，所有这些"偏差个体"的重要性才被理解。E. B. "亨利"·福特教授（1901—1988）从孩提起就是位很厉害的蝴蝶收藏者，他和父亲一起维护着一片金堇蛱蝶的栖息地，这种蝴蝶拥有特殊的、多变的颜色和花纹。他近距离观察了近二十年，发现这种蝴蝶的数量每年都在波动，而变形出现在年景好的时候最为频繁。此后福特对它们的观察越发深入。翅膀斑纹的变化使得物种能够"比其他方式更快地根据环境来调整自身，并且让我们可以查看进化进程在自然界中的实例"。[2]换句话说，蝴蝶的变形展示了进化过程的工作原理，并非像达尔文想象的那样缓慢而难

---

1. 亨利·利兹及其他收藏家的小传见于 Salmon, op. cit.
2. E. B. Ford（1945）, *Butterflies*. Collin New Naturalist, No. 1, p. 270.

以察觉，而是就在我们眼前进行。福特在蝴蝶身上所做的工作表明进化一直都在发生，就在森林里、田野上进行着。控制蝴蝶翅膀斑纹的基因通过被我们称为"遗传"的相互作用代代相传。一个物种会持续地根据环境进行自我调整，以适应变化的天气、捕食者和生境。少了这种年复一年的适应能力，没有哪个物种能够存活得长久。

当然蝴蝶并不"知道"这一点，亨利·福特拿着捕蝶网一路走来之前不比我们知道的多。但是蝴蝶的基因却"知道"它。基因通过遗传的方式传到下一代，这是地球上所有生命都具有的功能。每个物种，从金堇蛱蝶到蓝鲸，都是自身基因的保管者——包括人类自己身上不朽的那部分。蝴蝶作为这一基础的科学事实的传达者之一是很合适的。因为自古希腊以来，蝴蝶就被一些人认为具有诗歌的"基因"，即灵魂的具象化。在第九章我会回到这个话题上来。

大范围地积累"变形"也因此成了大量收藏蝴蝶的又一个理由——尽管大多数收藏者对此更感兴趣无疑是因为"变形"的稀有，而非它们对科学的贡献。幸运的是，收藏者们能够并且确实在浩如烟海的期刊中找到几种来分享他们的观察和成绩，比如《昆虫学家年报》《昆虫学家月刊》或者《昆虫学家每周消息》。20世纪时，收藏家查尔斯·德·沃姆斯男爵（Baron Charles de Worms）会例行地记录自己的昆虫学旅行，即在这让他在1937年踏上了一场"总体来说成功的英伦诸岛环游"。他的户外行头是许多昆虫采集者的典型装束：一件旧的粗呢子夹克、两件破破烂烂的旧套头衫，还有一个被网和盒子塞得鼓鼓囊囊的书包。追捕紫闪蛱蝶的时候他带了一满瓶熟透的蓝奶酪，撒在门柱周围，希望可以把这种因追腥逐臭而闻名的蝴蝶从树冠上引诱下来。再早一代的人有时会戴一顶软木内衬的大礼帽去野外，它们用来装针插标本很管用。有一个采集者竟然把他的瓶瓶罐罐都扣在帽子里，就为了在给女士们行脱帽礼的时候把它们掉出来。

维多利亚时代的收藏者们极其重视蝴蝶标本的外观。必须要以数学般的精准度展开，不能有半点瑕疵，而且对蛾子来说，还要把两条小前腿支出来，就好像这蛾子正要爬走一样。它们就像阅兵式上的战士，列成一排排用于展示，还有一条黑布用来分隔相邻的两排。有时候为了节省空间，这些蝴蝶会被互相覆盖着排列，这样的效果看起来就不是一排一排的了，而是一条由翅膀和鳞片汇成的炫彩之河，从抽屉前端的樟脑盒流向了后沿的铜把手。

只有新鲜、完美的标本才允许进展示柜。当然，既然蝴蝶的翅膀非常容易褪色和破损，这意味着大多数蝴蝶可以免于被采集者盯上。乔治王朝时期那种把蝴蝶排列成几何图案或者万花筒式陈列的风格一去不复返了〔奇怪的是这种风格预示着达米安·赫斯特（Damien Hurst）的蝴蝶作品风格〕。这种愚蠢的行为使得严谨至上的维多利亚时代收藏者感到震惊。

许多 19 世纪的收藏者以科学家自居，而没有一份有参考价值的收藏就配不上科学家之名了。自然保护在当时没有获得过多关注，即使关于大量采集珍稀蝴蝶的道德争论会不定期地在昆虫学期刊上被提出来。以两位对此持针锋相对观点的小说家约翰·福尔斯和弗拉基尔米·纳博科夫为缩影，这个话题近年来已经发酵并分化成一场争论。但在详述他们争论的焦点之前，让我们到一个远早于此的时代去采集蝴蝶吧：去到中世纪的布拉邦省的野外，与黑王子爱德华的传记作者让·傅华萨（Jean Froissart）同行。

第四章　提托诺斯火眼蝶：与让·傅华萨、约翰·福尔斯和弗拉基米尔·纳博科夫同行去采集

间奏：与让·傅华萨同行去采集

在大英图书馆的宝藏之中有一份具有 700 年历史的图文并茂的手稿，叫作《亚历山大罗曼史》（*The Romance of Alexander*）。它诞生于 14 世纪 30 年代，就在百年战争的开端，而且再准确点儿说，是关于那位将帅之典范亚历山大大帝、中世纪英雄准则中的"九贤"之一的。但是让这份手稿如此引人注目的并非其中所讲的故事，而是插画师见缝插针加进去的小图片。这些插画与亚历山大的功绩似乎没有多大关系，一页上有三只跳舞的猴子——第四只在弹鲁特琴；而在另一页上有世界另

一端的毛发浓密的野人，用刻在他们胸膛上的脸谱来做鬼脸。其中一些图画可能含有讽刺的意味，比如教士和修女在玩"跳山羊"，或者巨型野兔拿着一张弩捕猎人类。

跳舞的猴子和蹦高的修女中间夹着一些可识别的鸟兽，包括一只金翅雀、一只杜鹃、一只大山雀和一只戴胜。其中也有蝴蝶，围在手稿的纸边飞舞。其中有些没有明显特征或者是虚构的，像果蝠一样大，头上长着一节一节巨大的角，还有一对大暴眼。其他的都是我们所熟悉和喜爱的蝴蝶，其中有孔雀蛱蝶、红点豆粉蝶和将军红蛱蝶。

这些 700 岁高龄的蝴蝶并不仅仅作为装饰之用。人们在试图抓住它们。在一个场景中，有一只长长的、长着蠕虫般躯体的蝴蝶飘过似乎将要关住它的东西——一只优美的罐子。一位年轻人看起来想要用他那破破烂烂的网子去扫它，却被一个手上拿着另一只罐子、用手捂着罐口的女人分了神；近处有六个孩童挤作一团，都在专心地看着，做出渴望的神态；另有一幅同样生动的场景，一群衣着华丽的女人用手捏翅膀的办法来抓蝴蝶。到底发生了什么，为什么这些男女老少都如此想要抓蝴蝶？

有一件事似乎是确定的——他们都很开心，我们可以从他们脸上的表情看出来。甚至连蝴蝶都很高兴，因为插图师有时在它们的角质化的面部画了个小笑脸。而那些画得很糟糕的、挤成一堆的孩子们则显然期待着某种游戏或者简单的快乐。[1] 我们从莎士比亚那儿得知，孩子

---

1. Michael A. Salmon（2001），*The Aurelian Legacy*. Harley Books, Colchester, pp. 68-69. *The Romance of Alexander* 的一份美工副本于 2014 年由瑞士卢瑟恩的出版社 Quaternio Verlag 出版。

们喜欢追逐蝴蝶。小科里奥兰纳斯把它们撕成碎片来彰显自己的强壮。但是李尔王和他的女儿考狄利娅却期待着在被囚禁的时间里能够看到"镀金的蝴蝶"而开怀一笑，并从那里获得简单的快乐。

也许亚历山大的手稿中的蝴蝶场景是另一种讽刺，以此愚行作为笑柄。同样地，14世纪30年代的这些英国乡下人似乎对抓蝴蝶自有一套。我不知道都是些什么办法，直到我读了克里斯蒂娜·哈迪门特（Christina Hardiment）为托马斯·马洛里（Thomas Malory）——15世纪的《亚瑟王之死》（*Le Morte d'Arthur*）的作者——写的传记。哈迪门特对马洛里的童年生活仅限于猜测，他引用了当时还是年轻人的让·傅华萨的《编年史》，而同时一群不知名的文员在正在忙活着写《亚历山大罗曼史》呢。傅华萨让我们对中世纪人的童年生活有了了解。他住在希诺特省，现在归比利时了，但我们可以假定他的童年经历与海峡另一边的孩子们并没有太大不同。他喜欢做那时候每个孩子都会做的事情。他会做泥巴派，拦住小溪流建水坝；他会用烟斗吹肥皂泡；还会玩"猴子学样"，还有藏猫猫，甚至还有中世纪的猜哑谜游戏。

但更令人惊讶的是，他喜欢玩蝴蝶。小让让喜欢把一根细细的亚麻线系在它们小小的身体上，把另一头拴在自己的帽子上，然后让蝴蝶飞。于是蝴蝶就会围着他微笑的脸庞飞来飞去，活像风筝或是系着绳的小精灵。"吾可随吾欲而使之飞，何地而皆可。"傅华萨回忆道，你大可想象那些蝴蝶围着他欢快地穿梭，随着他踏过老希诺特的乡间小道。[1]

---

1. Quoted in Christina Hardiment（2005），*Malory: The Life and Times of King Arthur's Chronicler*. Harper Collins, London, p. 67.

通过确认，大英图书馆的另一份书稿大约与《亚历山大罗曼史》同一时间诞生，真实地展现了年轻人用这种方法拴着蝴蝶放风筝玩儿的场景。也许他们是从杰拉德·达雷尔的《我的家人与其他动物》（*My Family and Other Animals*）里"玫龟客"这样令人难忘的人物借鉴来的，他带着"几根棉线，每根上面拴着一只杏仁大小的玫瑰花金龟，在太阳下闪耀着金绿色的光芒"。如果《亚历山大罗曼史》是本漫画书的话，下一个画面可能就会是六个快乐的孩子牵着拴着绳的蝴蝶，蝴蝶飞舞起落，鲜红色、黄色和紫色的翅膀像永不停歇的旋转木马一样。

与约翰·福尔斯和弗拉基米尔·纳博科夫
同行去采集

1875 年的春天潮湿寒冷，像一件湿透了的法兰绒衣服。刚刚过去的冬天也极糟糕。12 月十分冰冷，新年前夜那晚萨福克的海岸降到了零下 14.5 摄氏度。1 月份气候温和点儿了，但是湿漉漉的，而 2 月份全是大暴风雪。接下来更惨：花蕾初绽的时候，休眠的蝴蝶开始从藏身之处苏醒过来，结果冰岛的一座火山又爆发了，喷得满天都是灰；5 月份很湿，6 月份也是，而 7 月才是所有月份里最湿的。但就在这时，云层以迅雷不及掩耳之势散去，英格兰享受到了一个迟来的夏天。太阳照耀了几个礼拜，从 8 月的第二个星期一直到 9 月底。那些打算度假的人，比如说，有位 H. 拉姆西·考克斯（H. Ramsey Cox）先生，和两个朋友去了怀特岛采集蝴蝶。他很走运——超级狗屎运，此行碰巧遇见了一种十分稀有的淡黄豆粉蝶那让人闻所未闻的大规模迁飞。那年是收藏者所谓的"豆粉蝶之年",来源于这种蝴蝶的拉丁文种名 *Colias hyale*。成百上千只淡黄色的迁飞蝴蝶顶着 8 月的骄阳登了陆,停在蓟上,落在那时从田野里割来喂马的一座座蓝色的紫花苜蓿塔上。拉姆西·考克斯一定想明白了,这样的好运遇而不可再求。于是他手里拿着网,一路杀进了淡黄色的大群蝴蝶中。考克斯和他的朋友们有条不紊地清点着被他们称为"天真的快乐"的战果——他们抓到了 800 只淡黄豆粉蝶。这几乎会成为纪录,尽管可能任何正常人都不会为之感到骄傲。[1]

就连同行的采集者也质疑其道德性,甚至质疑屠杀数百只稀有物种有何意义。"夺取 800 只手无寸铁的豆粉蝶的生命能有什么快感呢?"《昆虫学家》(*Entomologist*)书信专栏的一位供稿者问道。他的动机可能会是什么呢?拉姆西·考克斯毫无歉意地在随后的一期专栏中做出了回复,他承认了自己的"成功",而且没错,就是这么回事儿。大概是800 只蝴蝶,但那又有什么错呢?有一些他打算送给朋友,有些用来交换,而剩下的放在他的收藏里也很好看。这事儿并没伤害谁,而这些蝴蝶在它们的原产地肯定还多得是呢。这时编辑声称"这场小小的争论到此为止",就此拦住了本来可能很有趣的回应。

可能是种巧合,淡黄豆粉蝶同样也为 20 世纪 60 年代的经典小说《收藏家》(*The Collector*)的封套增了光、添了彩。汤姆·亚当斯为约翰·福尔斯的小说所设计的封面上画着一只钉在软木上的雌性淡黄豆粉蝶与一绺金发,还有一把用来锁地下室门的大钥匙。这本小说里的

---

1. 1875 年 4 月 11 日,H. Ramsey 写给 *Entomologist* 的信及其回信被引用于:Michael A. Salmon, Peter J. Edwards(2005),*The Aurelian's Fireside Companion*. Paphia Publishing, Lymington, pp. 31-34.

　　　　　　　　　　　　　　　　　　彩虹尘埃:与那些蝴蝶相遇

主人公弗雷德里克·克莱格，是个远比 H. 拉姆西·考克斯恶劣的下流货色。回到 1875 年，那时受到指责的并非采集本身，而是过度采集，即便如此也并非出于保护的目的，而更多是出于公平竞赛和体育精神。拉姆西·考克斯和诋毁他的人们都在用的词是"无辜"。可是尽管弗雷德里克·克莱格明显是个新手，他却并不无辜。他对收藏的着迷直接导向了另一种痴迷——对杀戮的着魔。从本质上来讲，这本小说代表了对收藏心理的一种全力批判。

威廉·布莱克写道，一只红胸鸲困于笼中，整个天堂都要发怒。收藏蝴蝶似乎激怒了约翰·福尔斯，而他并不是一个人。一个绝非个例的蝴蝶网站问我们："为什么你们会需要一整柜的死蝴蝶标本？"也不等我们回答，言外之意，答案是唯一的：那是因为你，这位收藏者，你"自私、贪婪，还有强迫症"。讲述人继续说，如果你看到任何人拿着网，去问他们有没有获得许可。如果你怀疑他们在非法采集，就报警。要让他们不得安生。[1]

这种愤怒在我生活的时代膨胀了起来。于 1963 年出版的《收藏家》以及两年后根据其改编的电影，大体上标志着公众对于收藏标本的态度开始发生变化。然而《收藏家》中对于收藏这件事只是顺带涉及，并不是真的关注这种爱好本身，而主要是针对福尔斯认为存在于其背后的那种心理。克莱格绑架了一位学艺术的学生——米兰达·格雷。接下来的故事是以克莱格和被他关起来的这位家教良好的中产阶级姑娘的双重视角讲述的。克莱格想让她爱上自己，而她与这位面目可憎的

---

1. For example，www.britishbutterflies.co.uk/collecting.

囚禁者的关系，也最终从相互厌恶好转为至少有所怜悯。米兰达当然是针插蝴蝶标本的象征——克莱格甚至是用氯仿抓住的她。"我是一排标本中的一员，"她在日记中写道，"他讨厌我尝试那些出格的行为。我应该是死的才好，用针插起来，永不变化，永远美丽……他想让我栩栩如生地死去。"对于福尔斯来说，蝴蝶是美丽和自由的象征，而一旦被抓住，钉在一块板子上，就成了失去自由的美丽。

用米兰达的话说，克莱格通过偏执狂式的收藏，正如他所做的一切其他事情，来"把所有的美好堆砌到这些抽屉里"（比如他橱柜的抽屉）。他一把米兰达加入到自己的收藏，就不再去苏塞克斯乡下掠夺了。但是我们在他的爱好上看到的微不足道之处却被放大到了无限可怕的程度。有时候克莱格会撕掉蝴蝶的翅膀，或者用双手把它挤碎，再用草擦去手上的污迹。收藏是通向克莱格那虐待狂天性的钥匙。意识到自己的卑劣而空虚无比。甚至在染指这位姑娘之前，他就已经是个潜在的精神病了。《收藏家》是个肮脏透顶的故事，甚至可能今天读来比在1963年感觉还要恶心。小说家不该被与他们的作品混为一谈，但是读了《收藏家》很难不推断出：约翰·福尔斯全身心地痛恨蝴蝶收藏。

而且如果你确实这么假设了，你算是想对了。福尔斯对他写作第一本小说并且取名叫《收藏家》，给出的理由之一就是"为了表达我对这种变态虐杀的痛恨"。[1] 在为一位女作家凯特·沙尔韦1996年出版的题

---

1. 来源于 Kate Salway（1996），*Collector's Items,* Wilderness Editions, pp. 8-9. 中由 John Fowles 所写的前言。

为《收藏家刑具谱》（*Collector's Items*）的一本小册子写的前言里，福尔斯重新提起了这个话题。这位女作家视博物学收藏者为白痴、冷血，是一切活着的、美丽的生命的天敌。她的书页之间充斥着蓄意歪曲的照片，就为了让博物学家的桌面看起来像刑讯室一样。在冷钢寒铁的镊子与针和一片片纱布的死灰色中间，针插的蝴蝶是唯一的亮色。"一切博物收藏者，"福尔斯写道，"归根结底收集的是同一样东西：凋零的生命。"我们永远不可能开始理解自然，当然也永远不会尊重它，直到"我们将荒野与实用观念割离开来"。在他的眼里，通过收藏来"利用"自然，是对自然的亵渎，也是亵渎我们自己。

在得出这一绝望的分裂主义结论的过程中，福尔斯承认他本人也曾是一位搞收藏的行家。"我很小的时候就成了一位蝴蝶收藏者，身边环绕着展翅板、毒瓶、装毛毛虫的笼子。"他还猎鸟，这些在后来被他回忆为"我与自然的关系中的一段黑历史"。他声称自己第一次幡然省悟，是某天在泰晤士河周边的沼泽里射中了一只杓鹬。那只鸟扑腾到了旱岸上，用艾瑞斯·梅铎的隽永名句来说，在"不甘地输给了重力"之后，仍然活着。"杓鹬受伤之后就像孩子一样尖声悲鸣。"福尔斯奔向那只在泥地里挣扎的体无完肤的鸟，然后"我急急忙忙地把枪倒转过来，好用枪托把鸟头砸碎在树干上。那只鸟扑腾着，枪滑脱了手，我又赶紧去抓枪。枪就猛地炸膛了。然后就剩我低头呆看着泥地里血肉模糊的一团，距离我的左脚不到六英寸远。第二天我就把枪卖了"。

看起来给他带来这种质变的是侥幸躲过猎枪的一劫，而非那只杓鹬的痛苦。约翰·福尔斯给我们撂下话，说从那以后他再也没打过一只鸟，插过一只蝴蝶。[1]

带着洗心革面的热忱，他羞愧地回首起自己曾经喜爱的事情。"我反省自己还是小学生的时候搞 *Wunderkammer*（珍奇柜）的那些丧心病狂的日子，真是个缓慢、痛苦的过程，那段经历告诉我自然与收藏没有半点关系，而是关于一些更为复杂和困难的东西：*存在*。"他现在意识到"这些神圣的遗产……这针插的一排排下流得像阅兵式上的士兵一样的蝴蝶和蛾子，全是谎言"。他对自己一度热爱的打猎和钓鱼同样是不堪回首地愤恨，乃至于把鸟类那无关痛痒的抽搐也视为仅适于"虚荣、狭隘的蠢货"的消遣。其实不只是蠢。"我接触自然是通过枪射棒打的狩猎方式，后来是靠聚敛我从它那儿'赢'来的纪念品。我觉得自己那时没意识到，这就好比我与自然开了战，就像举国与纳粹开战一样……"[2]

很难找到这么巨大的反差，就在福尔斯的痛苦难当和另一位伟大的爱蝶小说家弗拉基米尔·纳博科夫的气定神闲之间。纳博科夫终生都在收藏蝴蝶，从他还是沙皇俄国一个"穿灯笼裤、戴海军帽的漂亮男孩儿"的时候，一直到成为阿尔卑斯山中一位"穿短裤没戴帽的老人"。如果不是 1917 年的革命，他可能会成为俄罗斯某个科研院所旗下的全职昆虫学家。在美国寄人篱下时他为哈佛及其他几所美国大学采集蝴蝶，而且一度是哈佛比较动物学博物馆下属分管鳞翅目的正式馆员。在

---

1. 出处同第 64 页脚注 1。
2. 同上。

　　　　　　　　　彩虹尘埃：与那些蝴蝶相遇

此过程中他发现了几个新种，其中一个（后来不幸降为了亚种）被命名为纳博科夫灰蝶——他还写过一首短诗《寻蝶赞》(*On Discovering a Butterfly*) 来赞美它。这位伟大的小说家关于蝴蝶的写作，从诗意感性的歌咏到科学格式的简练描述，不一而足。

纳博科夫的小说《洛丽塔》比《收藏家》早几年出版。像后者一样，它充满了对欲望和占有的隐喻；最近的企鹅出版社版《洛丽塔注释本》(*The Annotated Lolita*) 封面上就画着一只幻想出的蝴蝶。书中漫长的驱车旅行是基于作者在 20 世纪 40 年代采集去过的那些地方。纳博科夫加入了对蝴蝶的引用，只有高水平的鳞翅目专家才会注意到。"Schmetterling"，德语里的蝴蝶一词，是他书里的反派克雷儿·奎尔蒂的假名之一；另一个人物，法伦小姐，借用了一种蛾子的法语名字。这些微妙的引用潜伏在词句的表皮之下，成为了作者的个人印迹。它们形成了对美丽和禁忌之爱的一种贯穿始终的隐喻。

有些人可能会争辩说，纳博科夫的小说里总有些客观冷静、令人不安的东西，尤其是《洛丽塔》。他对语言的掌控能力有时似乎是由一针穿胸的那种无情果断延展而来。他在小说的注释里就像测量标本一样丈量着这个 12 岁"小妖精"的身体，小臂围有多少多少厘米啊，左腿有多长啊……要想准确测量这些维度非得把她解剖了不可。[1]"小妖精"这个词包含着对蝴蝶的影射。欧洲许多漂亮的蝴蝶都属于蛱蝶科，或

1. Brain Boyd, Robert Michael Pyle（2000），*Nabokov's Butterflies.* Allen Lane, Penguin Press, London. 我关于纳博科夫和《洛丽塔》的一些记录来自于 1999 年 4 月 25 日伟人广播电台 Radio 3 的一期节目。另参见：Kurt Johnson（2001），*Nabokov's Blues: The Scientific Odyssey of a Literary Genius.* McGraw-Hill, New York.

者叫"仙女蝶"[1]。

在他的自传《说吧，记忆》里，当纳博科夫描述在遥远的沙俄采集蝴蝶时的回忆时，文笔出奇地热烈、丰满。作为一个高级外交官的儿子，他在布尔什维克掌权后随父亲开始了流亡生活。童年生活过的地方和那里鲜艳的蝴蝶，再也回不去了，那些记忆像忠犬一样在他此后颠沛流离的生涯里如影随形。他的作品里一次次地透露出对迷失的世外桃源的向往，那是俄罗斯北方一块安静、祥和的湿地，漫天飞舞着蓝色、白色和黄色的蝴蝶。对于弗拉基米尔·纳博科夫来说，收藏不仅仅是昆虫学一个必要的部分，更是与他童年记忆中对大自然的一丝牵绊；作为他所神往和依赖的旧日时光的一部分，不论周遭世态几何，蝴蝶总是那条将他浪迹天涯的人生中那些支离破碎的片段串起来、拼凑圆满的线索。

但是纳博科夫同样很确信，收藏应被视为科学探索不可或缺的一部分，也就是探寻真理和知识的一部分。对他来说，蝴蝶是块智慧的试金石；而对福尔斯来说，却似乎是个羞耻之事。福尔斯认为"尊重自然则应该摒除任何形式的'利用'"之观点当然是不攻自破的，因为以他的标准，我们很难从头到尾都不去"利用"自然。将他的"禁令"从逻辑上概括一下，我们连从树篱上摘颗树莓都算是"自渎"，生态学的研究在道德上完全行不通了。自然界的生命与人类是相互交缠的——而这可

---

1. 纳博科夫在《洛丽塔》原文中将12岁时的女主角洛丽塔称为"nymphet"，在沈阳出版社1999年的于晓丹译本中被译为"小妖精"，最为国内读者青睐。而蛱蝶科的拉丁文名为 *Nymphalidae*，英文俗名为"the nymphs"，nymph 本身指仙女，故蛱蝶科也称仙女蝶。——译者注

以说正是我们关心它的原因之所在。在《自然究竟为我们做过什么？》（*What Has Nature Ever Done for Us?*）一书里，托尼·朱尼珀——一位铁杆自然保护主义者，积极带头维护这一观点，他指出"自然的可贵恰恰源于它的有用"——尽管有着不言自明的推论，认为没有用的物种也就没有价值了，这也不是一个让人舒服的想法。[1] 自然在万灵之中最劳苦者身上激起的火花，的确来源于人类经验与自然世界的交汇之处。

约翰·福尔斯可不是第一个调整自己的观点来迎合读者的作家，也可能是他觉得为了《收藏家刑具谱》这本小册子，需要向世人展示自己激进的一面。无论如何，在他要为关于蝴蝶收藏的书《蝶蛾客的遗产》写书评的时候（其中我也插过手），就显得大度多了。"我希望纳博科夫能够活着读到它，"他写道，"我几乎能听到他快乐得喊出来。"[2]（看官，那几乎是我最骄傲的时刻了。）在此，他是想向过去的收藏者们大度地致一个敬，承认如果没有收藏的话，像如伟大的进化论这样的发现就不会存在，至少不会在彼时以那样的方式出现。

鉴于蝴蝶收藏家已经逐渐失去人心，我觉得有必要给予他应得的评价（在我的经验里，几乎永远都是"他"）。1970 年以前，实际上我们所知的关于蝴蝶的一切都是通过研究、收集和饲养它们得来的。收藏的流行正是我们了解蝴蝶多于其他昆虫的原因。收藏并靠着售卖标本

---

1. Tony Juniper（2013），*What Has Nature Ever Done for Us? Why money really does grow on trees.* Profile Books.
2. John Fowles, 'Lessons of Lepidoptery', *The Spectator*, 21 April 2001, p. 40.

获得足够的收入来平衡支出，使得亨利·沃尔特·贝茨[1]有机会踏入亚马孙，将阿尔弗雷德·拉塞尔·华莱士[2]领向了东印度群岛，并让他灵光一现认识到了隔离是如何催生新族群和新物种的。昆虫收藏帮助爱德华·波尔顿[3]发掘出翅膀颜色背后的含义，还帮助 E. B. 福特等人推演出进化在自然界如何发生的。如今，罗斯柴尔德-科凯恩-凯特尔韦尔国有收藏正在新的方向上得到研究，因为它对气候变化有所启示。正是因为收藏中有这些标本，我们才了解到已经灭绝的嘎霾灰蝶和橙灰蝶的英国族系，还有蝴蝶遗传多样性的范围，还知道庆网蛱蝶曾经遍布伦敦周边。有了像罗斯柴尔德大人这样富有的收藏家做金主，人们才能在全世界范围内发现新的蝴蝶。

另一位收藏家，确切说是又一位罗斯柴尔德，纳撒尼尔·查尔斯——罗斯柴尔德大人的弟弟（第六章有更多关于他的内容），确保了我们在东英格兰还有几片天然湿地。一个世纪以前，罗斯柴尔德买下了沃尔顿森林和维肯湿地，来保护几种稀有蛾类的栖息地免遭水土流失和农业开垦的破坏。他这么做是因为对收藏者来说这些蛾类有其价值。不久之后，这些地方就变成了自然保护区，并最大限度上促成了英格兰当今最宏大的荒野恢复计划——大湿地计划。若不是因为收藏家和收藏，没人会煞费苦心地去保护哪块湿地。收藏赋予了这些稀有的

---

1. Henry Walter Bates，英国博物学家和探险家。他是第一个对拟态现象做出科学描述的人。曾与华莱士一起到亚马孙热带雨林进行探险。——编者注

2. Alfred Russel Wallace，英国博物学家、探险家和生物学家，以独立提出"自然选择"理论而著名，从而促使达尔文在《物种起源》中发表自己的想法。——编者注

3. Edward Poulton，英国演化生物学家、自然选择学说的忠实拥护者。——编者注

彩虹尘埃：与那些蝴蝶相遇

昆虫一种新的价值，给了人们保护它们的动机，就像猎杀松鸡的活动让人们有一种强烈的愿望去保护、照料一块块石南沼泽（若没有人类猎杀松鸡带来的收入，荒原就得变成过度放牧的草原，被绵羊群盖住）。收藏与保护并非两个互相排斥的极端，你甚至可以说它们是互结连理的。

最后一点，追逐闪亮的蝴蝶（也包括诱捕那些灰暗的蛾子）实际上为人类增添了许多简单的快乐。它让那些本可能丢掉了兴趣的孩子最终成长为博物学家。而没有博物学家，恐怕就没什么保护自然的契机了。约翰·福尔斯阁下明鉴，我不认为这是一份耻辱的遗产。

收藏家这个妖魔

同样地，你大可以说福尔斯赢了。不幸的是，世上偏有像《收藏家》中可悲的主人公那样绑架女人的精神病——而且其中至少两人声称自己就是以那本小说为出发点的。[1]但如今，至少在英国，蝴蝶收藏家已经和他的标本一样死气沉沉了。捕虫网与猎枪和植物标本夹一道，成为了破坏生态的罪行象征。我不希望蝴蝶收藏再次获得关注，很可能已经没有足够数量的蝴蝶来维系了。那些管理自然保护区、负责改善蝴蝶境况的人是不会平心静气地坐视他们的劳动成果湮没在他人的网和毒瓶里的——这无可厚非。即使采集蝴蝶在除了某些设有保护性规章的地方之外尚未构成违法，它也不再受到人们追捧了。在人口拥挤、生态衰退的英国，我们可以名正言顺地采集蝴蝶和蛾子的日子结束了。对

---

1. 与这本小说相关的犯罪者的言论参见：Wikipedia.org/wiki/The_Collector.

于这种过时的活动，死马当活马医是没有意义的。我们通过拍摄和饲养抓来的昆虫一样可以获得这种快乐。

虽然蝴蝶收藏者几近绝迹，但其阴影似乎仍然笼罩在大众的心头。我在自然保护区里还是能碰见志愿者守卫，告诉我他们一直防备着偷偷摸摸的采蝶贼。许多网站明令通知我们，除了被授权的领队外其他人不得带网，甚至给受保护的种类拍照都可能违法，因为这算是构成惊扰（虽然这恐怕在法律上很难证明）。我们还遇到过法律障碍，禁止饲养稀有种类，因为涉及它们的卵和幼虫的交易被国际濒危物种贸易公约（CITES）明令禁止了。乡间原野对于当今的年轻昆虫学家来说已经不是个自在的地方了，除非他们把自己的活动局限在观察上。

英国的许多蝴蝶受到法律保护是为了防止采集带来的灭绝威胁，然而这种形式不但不能帮助这些物种，还扭曲了这个问题的本质——蝴蝶的困境不在被采集，而在于其栖境发生变化或遭到破坏。现在说这个不合时宜，但是每一个野心勃勃的农场主、伐木工或者城市规划者对蝴蝶和其他昆虫类群造成的危害都要比收藏者大得多。蝴蝶收藏者就像那些打猎或者钓鱼的人一样，对保护自然生境有着强烈的愿望。我认识的收藏者没有哪个会像弗雷德里克·克莱格一样，撕碎蝴蝶以获得那种施虐的快感。无一例外，他们都是热爱大自然的人，尽管有时也承认自己会带着与其他类别收藏者所共有的狂热。

是什么驱使上至国会的立法者、下至自然保护区的志愿者守卫，对蝴蝶收藏者产生这种毫无根据的恐惧呢？似乎不止是为了保全一个物种；比如换成收藏甲虫或者贝壳，就没人这么义愤填膺了。其中似乎存在一种道德绑架，凌驾于生态学理论之上。这是否和生日贺卡上印着蝴蝶，作为美丽和自由的象征有关呢？仿佛捉蝴蝶和枪打天使是在同一个道德层面上似的。或者这只是倡导过度保护的保姆文化的另一部分？告诉我们大自然是禁止触摸的——这多多少少使得孩子们长大后草木不分、蝶蛾不识。

在英国，关于蝴蝶的相关研究和记录已经非常全面彻底了，收藏对于探求知识来说已经没什么必要了（尽管随之而来人们对于遗传多样性和族系的关注度也大不如前了）。人们一度对呵护一排排小心翼翼做出来的蝴蝶标本上的那种痴迷，现在都移情到观察记录上了。各地的地图册习惯性将蝴蝶记录得越来越细致，有时细致到以每平方公里为单元，这些过细的记录对于监测蝴蝶数量没有太多实用意义（任何有正常机动能力的蝴蝶从一个区块飞到另一区块都要不了多久）。还有些对蝴蝶痴迷的人试图在一年内观察到所有的蝴蝶种类，至少我见过的一个人，每年如此。在我看来，这和收藏的本质一样，只不过不会对蝴蝶的生命造成伤害。

在其他国家，尤其在第三世界，法律仍将蝴蝶收藏者视为罪魁祸首。蝴蝶收藏现在在世界上的很多地区受到禁止，包括那些仍有实用意义的地方。举个例子，在印度尼西亚和巴西，收藏者被视为偷猎者或是社会渣滓，而未经许可的采集行为可能会使你被关进世界上条件最差的监狱。印度，这个仅剩的野生动物栖息地每天仍在受到蚕食的国家，现在对保护蝴蝶和甲虫免遭所谓的"国际盗猎"变得极端热衷。该国正在考虑立法，从而有效地将应用昆虫学置于法外之地，甚至对本国公民也是如此。试想下，这会将印度正在消失的蝴蝶的相关研究和监测工作置于何地？[1]

　　在这样的地方，采集很难获得正式许可，除非是科学考察和有授权的研究单位，而即使这样，按部就班地推进，许可也不见得能按时发下来，或者干脆发不下来。制定出最复杂规定的国家往往就是最不能有效执行的国家。你可能会注意到，一个国家保护蝴蝶的狂热程度与其保护蝴蝶生境的松懈程度是大致相等的。大可以假定这些地方禁止采集的真正原因与科学和自然保护没多少关系，而更多地与帝国主义的记忆相关，就是那么一种感觉，觉得采集代表了帝国主义的另一种形态：新殖民者们好像觉得自己有权偷取我们的蝴蝶、我们的自然。

　　欧洲很多地方也禁止采集，尽管规定因国而异，有时甚至同一个国家内部也有所不同。在西班牙，颁发许可证据说是一种有效的课税方式，就像测速探头或者停车票一样；但是在克罗地亚就不行，而且真是不行，除非你参加了获批的研究项目；法国、意大利和斯堪的纳维亚更宽松些，你可以带着网进入这些国家，只要不采受保护的种类，并且一切都在自然保护区和国家公园之外进行就行；英国大致居于中间。愤世嫉俗的人可能会说，这问题我们已经解决了，蝴蝶都让我们消灭光了。

　　蝴蝶长久以来被视为自由的象征。但是在我看来，其中的象征意味已经被别有用心的人利用了。收藏者所处的客观环境岌岌可危。公诉人的拿手好戏就是搬出几段老掉牙的故事，比如某些死了八百年的疯子据说曾经采集过成百上千的嘎霾灰蝶，或者卖掉数不清的橙灰蝶蛹。的

---

1. 关于海外采集的信息参见：www.theskepticalmoth.com/collecting-permits，更新至 2014 年 8 月。想要轻松一下，请参见：Torben B. Larsen（2004），*Hazards of Butterfly Collecting*. Cravitz Publishing Co, Brentwood, Essex.

确，这些蝴蝶曾被大量采集，但是采集对于它们的数量很可能没有产生任何长期影响。我怀疑全世界是否有哪怕一种蝴蝶是由于被过度采集而濒临灭绝的。蝴蝶的确会消失，而且速度会越来越快，但不是因为收藏者，而是因为——伐木工、开发商、农场主，他们砍掉森林，烧焦土地，然后一走了之；腐败的政客、大型企业，他们除了钱什么都不在乎；或者根本就是人类，像蚂蚁般盘踞地球的人类。使橙灰蝶曾经飞舞的沼泽地变干涸的不是收藏者，在旧金山金门附近的沙丘——加利福尼亚甜灰蝶最后一片保留地上建起廉价房的也不是收藏者。捕捉蝴蝶所造成的影响微不足道，从来就没有像挤压、摧毁它们的栖息地一样使它们断子绝孙。我们可能"保护"它们，却并没有真正地保住它们。自然保护作为遮羞布被大张旗鼓地宣扬。我们围观着法律钦点的一张精挑细选的蝶蛾名单，转手就把它们的栖息地变成了停车场。法律创造了蝴蝶园——却连一只蝴蝶也没有。

第五章　格兰维尔女士的豹蛱蝶

　　我的第一本蝴蝶书是《蝴蝶观察指南》(*The Observer's Book of Butterflies*)。尽管它是一套儿童系列图书中的一册——这些小册子价格便宜，用零花钱就能买得到——但内文枯燥严肃，像说教一般。作者偶尔会加些标注，却有些画蛇添足式地离题。比如他披露了英格兰的最后一只橙灰蝶是被一位叫作瓦格斯塔夫(Wagstaffe)的先生(你一定会想，真是个混蛋)"掳走"的；另一条跑题的标注提到一位格兰维尔(Glanville)女士，她的遗嘱遭到了抵制，因为她收藏蝴蝶——这在当时被认为是"疯了的"明显表征。"那时候昆虫学很少受到关注，"写《蝴蝶观察指南》的人轻轻一笑，"那些收藏蝴蝶的人很容易被他们的朋友认为——呃，有点缺心眼儿。"

　　她烙在我的脑海里，这位昆虫学的殉道者，她的名字被人们用来命名最为稀有、美丽的一种蝴蝶——庆网蛱蝶（Glanville Fritillary）。如今，披着格纹衫的庆网蛱蝶主要分布在怀特岛。五六月份，它们在那里面朝大海，在饱受摧残的土地上飞舞。如果你错过了这个时节，还可以在暑假期间看见黑色的、长着很多刺的幼虫，在它们常见的食源植物车前草上晒太阳或者取食。许多博物学家都知道这种蝴蝶，但作为其名称来源的格兰维尔女士却要神秘得多。关于她的最有名的记载是由摩西·哈里斯于她死后很久在他的名著《蛹者录》里写下的。18世纪的语言中充斥着我们今天所认为的错误拼写，哈里斯将她的事迹当作一则美德故事呈现了出来：一位勤学好问的高贵女性，饱受无知亲戚的诋毁，还好她的美名及时地为搞科学的人们所平反：

> "此蝶（庆网蛱蝶）之名取自巧夫人格兰维尔（原文如此），她的求索之心为自己平添了许多痛苦的记忆。有些亲戚对她的遗嘱感到不满，试图以其狂乱行径为由废止之，因为他们指出，如非神智失常，断不能追捕蝴蝶。夫人的亲友和遗产继承人遂传唤了斯隆博士与雷先生来为其正名。雷先生来到埃克斯特，在法庭上赞美了夫人深入造物之灵的求索，说服了法官和陪审团，维持了她的遗嘱。"[1]

末了哈里斯也只能加上一句，称格兰维尔女士还作为一位专长于鸢尾的园艺家为人所知，其中有一种鸢尾至今仍被称为"格兰维尔小姐

---

1. 由 Robert Mays 编辑的《蛹者录》一书的修订版，于 1986 年由 Littlehampton Book Service 公司出版。

赤焰鸢尾"。于是按此线索，这个故事有了个圆满的结局。似乎约翰·雷乘着马车从切姆斯福德一路赶到了埃克斯特，将一位女士从耻辱之中拯救出来，同时还说服法庭，告诉他们喜爱蝴蝶的行为不仅仅是理智清醒的，更是对科学探索的一种贡献，值得赞佩。

可惜这不是真的。故事来到哈里斯手上的时候早已被人歪曲。在关于女士遗嘱的庭辩中约翰·雷并没有插手，因为彼时他已经死了——他死于1705年，在格兰维尔女士本人仙逝之前四年。哈里斯的故事中提到的另外一位汉斯·斯隆爵士（1660—1753），当然还活着，你大可以想象他天花乱坠地引用着雷的《上帝的智慧》，来证明投身于昆虫和自然历史是博学的标志，甚至是虔诚的表现，绝非疯癫。但是斯隆留存下来的文档里根本找不到哈里斯提到的这种传唤。不管此事的真相如何，都不涉及雷，而算尽一切可能也不会涉及斯隆。

一次偶然的机缘，格兰维尔夫人的两封信被发现保存在自然历史博物馆资料库里詹姆斯·佩蒂弗的论文中。[1] 她在两封信中较长的那一封上署名"E.格兰维尔"，而佩蒂弗显然以为她的大名叫作伊丽莎白。在20世纪60年代，这让一位名叫比尔·布里斯托的研究者踏上了一场徒劳无功的探索——想要从教区的资料库里追查出那个名字来。他没能找到任何一位伊丽莎白·格兰维尔，但的确找到了一位叫作埃莉诺或埃丽诺·格兰维尔的人，就在那个时代，生活在那个地方。她是一位女继承人，在西南地区有着可观的财产，却没有"夫人"的头衔。这

---

1. W. S. Bristowe（1967），'The Life of a Distinguished Woman Naturalist, Eleanor Glanville（circa 1654-1709）', *Entomologists' Gazette,* 18, 202-211; Bristowe（1975），'More about Eleanor Glanville', *Ent. Gazette*, 26, 107-117.

种混淆很可能来自于 18 世纪的作者们将名词的首字母大写的习惯：她是一位"女士"，不是一位"夫人"。她原名埃丽诺·古德利克（Elinor Goodricke），1654 年生于约克郡，结过两次婚，是八个孩子的母亲。第二段婚姻期间她住在特威纳姆庄园，就在克利夫登内陆方向几英里，靠近布里斯托尔。那所房子现在还在，是一栋简朴的石造楼房，有着中世纪风格的大厅，还有都铎王朝风格的客室，尽管格兰维尔太太侍弄她的鸢尾时待的后花园早已不复存在。但它曾经是、现在依然是一片野生动植物的乐园。每一天，埃丽诺都可以走下山丘，来到戈达诺山谷鲜花盛开的草甸上，或是骑马穿过山脊之上的那片白蜡树丛。

埃丽诺的书信中留存下的部分——字迹有些褪去了，纸也丢了两页——表明她文风一如话风，健谈而急促，很少使用标点和分段。这封信是关于她给佩蒂弗寄去的一盒针插昆虫标本，委托由康希尔的天鹅酒馆（等等，能想起来吧，这是蝶蛾学会的总部）代为转交。她很担心这个包裹，想要提些具体的建议，来确保安全送达。她希望能从威尔士再寄一盒标本，在当时那儿是片不为人所知的采集地，"我有位友人今夏为我采得许多蝴蝶，许了我要寄来的"。她有种谨慎的担心，担心自己的虫子难入佩蒂弗的法眼，因为她认为这都是些常见的种类。她提到了自己主要的困难是保护标本不让"蠹虫"糟蹋，也为了别发那"长硬壳的白霉，我去扫时，都碎得好似蔺粉"。很显然这两位发烧友是在合作，埃丽诺负责从英格兰和威尔士的一部分昆虫学研究还未涉及过的区域采集昆虫，而佩蒂弗负责帮她鉴定、命名这些昆虫，并把其中新的发现写进自己的名录里。埃丽诺在与这位皇家学会的会员打交道时表现出浓厚的兴趣，时而略有愚钝，并且遇贤自谦。在第二封短一点的信中，她提到有一位贵妇将要坐船去弗吉尼亚，答应要从那儿给她寄来"一些好虫"来。像佩蒂弗一样，她对无论来自何处的蝴蝶都感兴趣。[1]

很走运的是，我们也找到了一封佩蒂弗的来信。很显然，这两位之间的友谊日渐深厚，而"格兰维尔女士"——佩蒂弗如是称呼她——她很放心地将自己任性的儿子托付给伦敦的佩氏照管，可能是给他当徒弟。事实证明这个任务不轻松。"女士，你我要努力渡过这个难关啊。"佩蒂弗警示道。那孩子调皮捣蛋，他拒绝接受母亲朋友的监护，然后失踪了。佩蒂弗建议"请城中喊事的喊他"，但是不经她的允许就采取这种非常手段实在让他勉为其难。他害怕这孩子和不三不四的人混在一起，并为其"不遵从尊夫人"感到惋惜。那后来抵制自己母亲的遗嘱，并且试图毁掉她名誉的就是这个败家子吗？

为了展现真实的埃丽诺·格兰维尔的这些侧面，布里斯托同样着眼于那场著名的遗嘱之争。埃丽诺与她的第二任丈夫理查德·格兰维尔的婚姻并不幸福。格兰维尔先生似乎是个专横跋扈且十分暴力的人；他曾经拿手枪指着她，威胁要把她的脑袋打开花。看起来他是想要觊觎她的财产，通过散布关于莫须有的古怪行为故事，还逼迫他们的孩子签下反对自己母亲的誓约书。但是埃丽诺做出了反击，她在重获民事自主权的时候将自己的财产移交给了信托机构。在遗嘱中，她把房产赠给了她的堂兄弟亨利·古德利克，仅把一些小件遗物留给了她的孩子们，什么也没给理查德·格兰维尔留。她于 1709 年死于家中，享年约 55 岁。这

---

1. 信件被引用于：R. S. Wilkinson（1966），'Elizabeth Glanville, an Early English Entomologist', *Entomologists' Gazette*, 17, 149–160.

场纠纷的官司是由她的长子福里斯特起诉的，但听说不是在埃克斯特，而是三年后在威尔斯的仲裁法庭（所以哈里斯把这也搞错了）。其结果似乎也不是昆虫学界传说的那场圆满结局。那些"浑"人胜诉了。福里斯特试图误导陪审团——当然都是男人了——作为他母亲那些莫须有的、见不得人的行径的目击者。好管闲事的邻居们作证说她如何如何穿得"好似吉卜赛人"，如何如何"穿着不得体"就在外边晃荡。有一位详细地描述了她是怎样在灌木丛下铺了一张单子，和两个女徒弟拿着一根长杆子敲打树枝"捉到一包肉虫"。就这样十二位威尔斯的守法良民认为埃丽诺的确是脑子有问题了。福里斯特还断言说，他的疯妈相信世上有精灵，还认为他——自己的长子，被变成了其中最邪恶的一个，他就因此得逞了。她的遗嘱被宣判无效，而孩子们得到了继承权。

埃丽诺·格兰维尔在 17 世纪 90 年代的一段时间待在林肯郡，可能是在回约克郡娘家探亲的路上，在那时抓到了后期以她的名字命名的那种蝴蝶。林肯郡和怀特岛相距甚远，这样看来似乎 300 年前庆网蛱蝶远比现在常见且分布广泛——这告诉我们：气候变化引起的分布格局变化不足为奇。埃丽诺将这种蝴蝶的标本寄给佩蒂弗请他定名。他也没见过这种蝴蝶，便称之为林肯豹蛱蝶。后来佩蒂弗在达利奇附近采到了同一种蝴蝶，立刻又重命名为"达利奇豹蛱蝶"。究竟何时更名为庆网蛱蝶并不确定，但在 1748 年已经十分通用了，当时一位名叫詹姆斯·达特菲尔德的画家设计了一个很漂亮的印版，将这种蝴蝶和它的食源植物车前草还有它的幼虫印在了一起，用的就是这个名字。[1] 从此它

---

1. 还原于：Michael A. Salmon (2001), *The Aurelian Legacy*. Harley Books, Colchester, p. 341.

就以庆网蛱蝶之名为世人所知，也是唯一一种以英国博物学家的名字命名的英国蝴蝶。

　　一个孤独的、性格古怪的女人敲打着树枝来抓毛毛虫，而她的邻居们从灌木丛中窥视着她，这样的画面诚然引人入胜，但也很可能会将人误导。我们对埃丽诺·格兰维尔知之甚少，乃至于可以随心所欲地编造关于她的故事。作家菲奥娜·芒廷（Fiona Mountain）在她 2009 年出版的小说《蝴蝶女士》（*Lady of the Butterflies*）中，想当然写出了"一个充满戏剧性的篇章"，关于热爱、偏见和服毒之死，关于暴动和叛乱，关于科学与迷信，关于疯狂和转变。但真实的埃丽诺却是自己私人事务的主宰，能够凭自己的意愿左右自己的房产，还能设法去维持它。对她来说，昆虫学上的追求是某种形式的解脱。况且她在这场追求中也并不是真正的孤独。她是凡布里奇那位收藏蝴蝶的牧师亚当·巴德尔的表妹，她和詹姆斯·佩蒂弗保持着一种相互信任、相互影响的关系，而在后者眼中一位女士对蝴蝶有着浓厚的兴趣显然没有半点儿丢脸之处。他和约翰·雷都对她的工作给予了高度的肯定。尽管她没有发表任何存留至今的文章，但是人们知道她所编纂的当地的昆虫名单是最早的一批名单之一，而她的收藏，按佩蒂弗的话说，"让我等自愧不如"。[1]据说有几只来自她的蝴蝶藏品在自然历史博物馆的斯隆收藏中得以留存下来。[2]

---

1. Wilkinson, op. cit.
2. 同上。关于佩蒂弗收藏的细节参见：Mike Fitton and Pamela Gilbert, 'Insect Collections', in Authur MacGregor（1994）, *Sir Hans Sloane, Collector, Scientist, Antiquary,* British Museum, London, pp. 112–122.

从埃丽诺·格兰维尔的信中还能提取出一种信息：在旧时年月里，要想被人有意无意地欺骗或捉弄有多么容易。"我很高兴在尊驾的名录里寻着，"她兴奋地写给佩蒂弗，"尊驾有那查尔顿君之泡蝶，恰恰是我最得意的。我害怕我这些东西没一样值得摆在尊驾书案上。但愿尊驾能找出些罕物。"这个"查尔顿君之泡蝶"是什么？偏巧它现在依然存在，而且确实是个"罕物"。佩蒂弗认为这种新奇的蝴蝶是个新种，与硫黄钩粉蝶亲缘相近，然后就据此描述它。"此蝶确实近似我们英格兰的硫黄蝶，"他记述道，"如果不是那块黑斑还有后翅上显耀的蓝月斑……这是我迄今为止所见的唯一一只。"[1]它是由"我已故的挚友威廉·查尔顿君弥留之际"赠送给他的。即使再也没有发现过长着黑点和月形斑的钩粉蝶，后世的作者们却对此印象深刻，以至于给这种蝴蝶起了一个正式的学名：*Papilio ecclipsis*（月纹蝶）。他们都上当了，喜好恶作剧的查尔顿先生在一只正常的雄性硫黄钩粉蝶翅膀上小心翼翼地画下了这些斑点。过了半个世纪才有人发现这是造假。骗局被人揭穿的时候，恼羞成怒的馆员肖博士"愤慨地将这号标本撕成了碎片"。[2]所幸有人复制了一些月纹蝶，它们在林奈学会的收藏中存留至今，被称为查尔顿硫黄钩粉蝶。而令人开心的是，埃丽诺·格兰维尔的昆虫盒中——她自以为无用——却包含着一些更有意思的东西。其中包括了已知的黄星绿小灰蝶第一号标本，那是英国蝴蝶中唯一一种翅膀真是绿色的蝴蝶——而且是可爱的丝绒质感。它差点就可以被命名为格兰维尔小灰蝶了。

---

1. Wilkinson, op. cit.
2. 关于查尔顿的恶作剧蝴蝶，参见 Salmon, op. cit., p. 66（有插图）。

到了 18 世纪初期，植物学乃至于博物学，已经成为上流社会的女士中一种受人尊重甚至很时髦的追求。在社会的顶层，玛丽·卡佩尔·萨默赛特（Mary Capel Somereset，1630—1715）——贝福特公爵的遗孀——将她漫长的孀居岁月奉献给绘制或刺绣花朵和蝴蝶图案的事业当中。在漫长而动荡的一生行将结束时，她似乎从大自然中找寻到了内心的平静。她利用自己巨大的财富和影响力，从全世界已知的地方，包括中国、东西印度，还有北美洲，搜集新鲜的具有异国特色的植物，使自己在位于巴德明顿的温室中异常忙碌。她为建立自己的标本室，花大量的时间压制和干制植物标本，雇用画家为精选的标本绘制图像，她本人则通过绣活来记录下它们大致的样貌。她以同样的方式委托他人来为蝴蝶绘画，还为那位刻苦的昆虫和蜘蛛画家伊力扎·阿尔宾提供支持。而据她的朋友——剑桥校立植物园的创办者——理查德·布拉德利所述，公爵夫人还在她的玻璃温室里饲养蝴蝶和蛾子。据说她"养过的英国昆虫比欧洲任何一个人见过的都多得多"。[1]

　　巴德明顿的温室与埃丽诺·格兰维尔的特威纳姆庄园相距仅一日的马车车程。以乡下住宅的标准而言，公爵夫人与格兰维尔"夫人"其实算是邻居。她们甚至有共同的熟人，其中值得一提的有佩蒂弗和汉斯·斯隆爵士，两位都是公爵夫人的种子和植物的提供者。我们是通过少数漫不经心的记载及她的画作和绣活中一些留存至今的作品，得知

1.　Richard Bradley, 'Review of Entomology' (1812), *Transactions of the Entomological Society of London*, Volume I, 1812. 关于女公爵的传记，参见 Molly McClain (2001), *Beaufort: The Duke and his Duchess 1657—1715*. Yale University Press, London and New Heaven.

了玛丽·萨默赛特对蝴蝶感兴趣。西南部地区很可能还有其他被历史遗忘了的有钱寡妇，她们采集和饲养蝴蝶，还把它们的图样绣到挂毯上去。有头衔的女士在阿尔宾的《英国昆虫博物志》（*Natural History of English Insects*）的订购者当中格外醒目。是否还有一个杰出的昆虫学研究中心，不在牛津剑桥这样的大机构，也不在伦敦的酒馆咖啡厅，而是深藏在英国西南部一幢幢宅邸的画室和玻璃温室里呢？

女公爵与思想家

18 世纪是珍奇柜的盛行时期，在当时但凡是个有闲又有来路的主，都会在自己家里摆满像贝壳、化石、动物标本，还有鸟蛋这样来自大自然的珍奇异物。如我们所见，那个时期多数的蝴蝶收藏都属于范围更广的"自然产物"中的一部分，有时为了突显庄严感，还包含有那些大思想家们的半身像。所有这些收藏品中最大的一份属于玛格丽特·卡文迪许-本廷克（Margaret Cavendish-Bentinck, 1715—1785），波特兰女公爵。她是第二代牛津伯爵爱德华·哈利（Edward Harley）——一位富有的藏书家、收藏家和艺术赞助人——的女儿，也是其子女中唯一未夭亡的。伯爵已然吸取了他那个年代最重要的教训，那就是别蹚政治这蹚浑水。玛格丽特的爷爷就是前车之鉴：他因叛国罪而被弹劾，终老于伦敦塔的一间牢房里。

有人说收藏癖是会遗传的，有种基因叫作"收藏基因"。如此讲来，玛格丽特夫人，未来的波特兰女公爵，显然也有之。有其父必有其女嘛。她比父亲积累了更多的珍贵物件和手稿，然而更重要的是她热爱大自然，尤其热衷于收藏贝壳。[1]她还是位热心的植物学家和园艺师，并且难免将昆虫尤其是蝴蝶，加入到了自己的日常爱好当中。很少有人能做到像波特兰女公爵这样爱博品高。和她的父亲一样，她继承了一份家业，而到了19岁嫁人后获得另一份家业。她的丈夫英年早逝，因此一旦卸下了为人妻母的负担，女公爵就能够将她那23年的寡居岁月奉献给她的"美物们"：她的收藏、绘画和书籍。

女公爵有很多正式的肖像画，但这些画像看起来判若数人。在早期的一幅小画像上，她生着一张清秀的鹅蛋脸，头发向后梳，露出宽阔聪慧的额头；在另一幅上，她拉着一张傲慢的大长脸，眯着一对当时颇为时髦迟滞的母鹿眼；在第三张上，她穿着一条简约的绿色连衣裙，摆着姿势，头上插了一根黑翎毛；而在最有名的那幅30岁时的画像中，她浑身上下绫罗绸缎、珠光宝气，时髦至极，但是却显得有些不耐烦，仿佛急着回到她的画廊里；最朴素的一张可能才是她眼中的自己，那是一座老式风格的半身雕像，整齐的刘海垂在高挑智慧的眉毛上，看起来就像是诗意的缪斯或美惠三女神中的一位，守护着知识的圣殿。

玛格丽特·本廷克的想法也如当时的流行思维一样，尽可能齐全地搜集这些自然作品并为其编目。她的宏伟目标是要创造一座"艺术品与古董"的圣殿，包括已知的动物、植物和昆虫标本至少各一份。这艘满载着珍奇物件的诺亚方舟布满了她在布尔斯特罗德的别墅的一间间会客室，而那别墅就在白金汉郡的杰拉德十字路口附近。大量草木和

---

1. Beth Fowkes Tobin（2014），*The Duchess's Shells: Natural history collecting in the age of Cook's voyages*. Yale University Press, London and New Heaven.

蕨类植物挤满温室，溢向了外面的花园里，排列成一种经典的格局。那里有一个美洲花园，用来种植各种来自新大陆的奇花异草，还有鸟舍、私人动物园乃至她亲手建造的一间贝壳石窟。她的银制甜点餐具受到来自昆虫学的启发，勺子和水果刀的把手上爬着闪亮的银雕小虫。到她1785年去世时，波特兰的这份自然产物和其衍生艺术品的收藏仍是富丽堂皇，可能是有史以来的私人收藏中最好的一份了，至少在罗斯柴尔德大人著名的特灵博物馆出现之前是无人可比的。

但是紧随着她的去世，女公爵的珍奇宫殿就分崩离析了，一部分被拍卖掉，用于一个儿子的竞选造势花销，还有一部分用于偿还另一个儿子喝酒赌钱欠的一屁股债。整个拍卖持续了38天才结束。[1]房子本身在几年后也被卖掉了，变得籍籍无名，后来就被拆了。布尔斯特罗德的奇迹是与她同生同灭的。她的贝壳和蝴蝶被分散地卖给英国和欧洲大陆的一些较小的收藏者里，再也没有在公众视线中出现过，然后一点点地被当作垃圾扔掉。在那个年头，一份收藏要想流传数十载，除非没人碰。

对玛格丽特·本廷克来说，收藏是一种达到目的的方式。她的标本不仅仅是保存起来的物品，更像一间装满了话题之书的图书馆。正如她的朋友——女性研究学者玛丽·德莱尼（Mary Delany）——记述的那样，她收藏的首要目的是宣扬这种思想：这栋房子和其中的藏品实际上是一所"用来沉思的贵族学校"。它对纷至沓来的访客开放申请。相比社会地位，女公爵更看重智慧。她邀请来做管理员或座上学宾的人

---

1. 关于拍卖的细节在第十二章参见：'The Dispersal of the Collection' of Tobin, op. cit.

包括天才的植物学家丹尼尔·索兰德[1]，他接管了她的植物标本藏品，还成为了她孩子的绘画老师。她还邀请了另一位有名的植物学家——约翰·莱特福特[2]——苏格兰第一本植物志的作者——来做她的牧师和图书管理员；托马斯·叶茨（Thomas Yeats），伦敦收藏界的一位领军人物，成为了她收藏馆里昆虫方面的管理员；而画家威廉·卢因（William Lewin）则负责给她的鸟类和鸟蛋绘图方面事务，当然可能也画了一些蝴蝶，加入到他的《大不列颠蝶类志》（*Papilios of Great Britain*）当中——那是第一本专门关于英国蝴蝶的专著。她的资助通过各种人脉延伸到了更广泛的植物学家、博物学家和作家圈子里，包括哈利法克斯的博物学家詹姆斯·博尔顿（James Bolton），给她寄苔藓和真菌。布尔斯特罗德开始有了个"蜂巢"的外号，这既是对女公爵的"辛勤"的一种比喻，用在她对昆虫的热爱上也同样恰当。

玛格丽特·本廷克的众多人脉当中有一位是日内瓦著名的哲学家、作家让-雅克斯·罗素。罗素是位厉害的植物学家。他们两个人于1766年在峰区（英格兰德比郡北部行政区）共同采集植物，并维持了数年的联系，他们交换标本和书籍、鉴定植物，享受着相互间的关怀问候。其实在罗素一方来说，这恐怕已经超越了关怀的界线。"我认识一头野性未被驯化的野兽，"他呜咽道，"它愿意怀着巨大的愉悦住进您的小动

---

1. Daniel Solander，瑞典博物学家。师从林奈，并于大英博物馆从事植物分类学工作。曾和班克斯一起随库克船长前往太平洋地区考察。——编者注

2. John Lightfoot，英国牧师兼博物学家，研究贝类和植物，他的《苏格兰植物志》是第一本科学研究苏格兰地区植物和菌类的志书。——编者注

物园里，期待着有朝一日光荣地跻身为您柜中的一具木乃伊。"[1]他写信说，他作为一位"采草人"或植物采集者，随时供她差遣，同时还谦虚地承认她在植物方面的学识要强于自己。罗素就是那种连掐朵花都能咂摸出哲学的人。因此他将与自然的亲近程度视为人类快乐的试金石，于是教导人们说，与自然的初步接触能提升人的风度和内涵——简言之，就是一个真正文明、开化的社会愿意为之奋斗的一切。导致战争和社会不公的是文明的衰落；相反，简单的生活则使人平和、善良。因此，研究植物学也是一项富有美德的职业，因为它让我们与大自然面对面，而大自然不像人类，它是不会撒谎的。对罗素来说，乡村生活显然要比城市生活来得健康，就好比生活简朴的罗马共和国公民要比皇帝统治下的罗马帝国百姓要更富美德，或者就实际而论，比他的时代里那些帝王统治的百姓要更富美德。大自然对我们有好处，他宣扬道，因为"它将我们从自身中抽离，而提升到它的缔造者的高度"，"缔造者"当然说的就是造物主。"夫人，博物学和植物学就是通过这种方式，对智慧和美德产生裨益的。"他这样告诉波特兰的孀居女公爵。[2]

　　这种愉快的书信往来令双方都倍感快乐，却随着女公爵无心地向哲学家寄去了一本关于繁殖和栽培外来植物的书籍而陡然终止了。她以为罗素会像自己一样对种植咖啡豆、菠萝还有橡胶树的新方法感兴趣。可结果她却发现，这位哲学家对这类事物的观点是道德至上的。他强烈反对在本土引种外来植物，因为这会"畸化自然"。正像一个人若不

---

1. G. A. Cook（2007），'Botanical Exchanges: Jean-Jacques Rousseau and the Duchess of Portland', in *History of European Ideas,* Pergamon Press, pp. 142-156.

2. 同上。

挣脱奴役他的锁链就永无自由一样，植物也应该是"无人主宰"的。罗素关于园艺的这种理想化的观点跟如今野生花园的观点很接近：随性而为，就任本土的普通植物自然生长，或者最起码不要让它们丧失天性。他把书又寄回去了。

名虽作古，玛格丽特·本廷克的头衔却在著名的波特兰花瓶上流传了下来，花瓶如今已经成为大英博物馆的一件珍宝，另一流传下来的——她一定会喜欢这样的致敬方式——是一种前翅绿莹莹的、长着斑点的漂亮小蛾子，波特兰夜蛾[1]；布尔斯特罗德的光辉岁月和宝贵财富还借助另一种同样漂亮的蛾子——豌豆花夜蛾[2]身上被人所铭记，人们在蜘蛛网上发现了它的一只紫罗兰色的翅膀（现在还保存在国有收藏馆里，我曾带着万分怀疑的目光望着它）。这块与躯体永别了的翅膀残片，成了昆虫学界经久不衰的笑话。"我上哪儿去弄豌豆花夜蛾啊？""上布尔斯特罗德的蜘蛛网里找去呀！"

"恪守妇道"

一说到性别的问题——尽管他已经大度地将女公爵作为一个例外了——罗素的观点并不比他穷极一生去批判讽刺的那个时代的人们开明多少。他坚持认为：女人的本分就是待在家里，尤其是闺房或者厨房里；女人，不具备提炼思想的能力，尤其是在科学方面。她们天生的

---

1. 即 *Actebia praecox*，一种鳞翅目夜蛾科昆虫。——译者注
2. 即 *Periphanes delphinii*，一种鳞翅目夜蛾科昆虫。——译者注

能力范围就是搞些动手的活儿。他害怕女人要是不顾家，没些温良恭俭让来约束她们，她们就要对男人施以暴政，让丈夫的生活成为悲剧。"女人这么容易勾起男人的七情六欲……男人迟早要身受其害。"他警示世人。[1] 人类应该甩掉世俗的枷锁，回归自然的状态——但女人就得待在厨房里。

18 世纪的英国社会关于是非曲直有着一成不变的观念：适度的科学教育——对于少数有条件的女性来说——是可以接受的；与此同时，那些经典科学是男性的特权，不对她们开放。比如，化学就被认为是某种程度上适合女士的学科，因为那时的人认为它跟做饭相似。[2] 同样地，植物学也对男女同等开放，因为莳弄花草是被认可的消遣方式之一——也同样是因为 18 世纪的植物学跟搞园艺没两样。人们承认，研究花花草草还是在女性的能力范围之内的。教会同样承认自然研究是道德的，允许其对女性开放，因为正如约翰·雷所讲的那样，它有助于加深宗教的情感。任何被花朵和蝴蝶吸引的人当然会热爱造物主的杰作。

在这种意义上，蝴蝶被看作是"植物学"的一部分，尤其是因为饲养它们需要了解"园艺学"来为毛毛虫罐藏或种植食源植物。但即使这样也有一定的限制。饲养蝴蝶和园艺学一样，有着抚育后代的隐含意义，因此是份人们可接受的工作。为蝴蝶做线图、彩图和刺绣也不错。

---

1. 同第 89 页脚注 1。
2. 引用自大量关于 18 和 19 世纪的女性与科学的文献，例如：Ann B. Shteir（1996），Cultivating Women, *Cultivating Science: Flora's daughters and botany in England 1760—1860.* John Hopkins University Press, Baltimore.

但是杀死它们作为收藏就不行。贝壳收藏在受过启蒙的女性中间如此流行的原因之一，就是收集贝壳不需要杀死里面的动物。一个男人背着猎枪、牵着猎狗出门没关系，还会被人称赞他具有男子气概，而女人们就应该温柔些。波特兰女公爵很喜欢在海滨和湖畔寻找蜗牛和贝壳，但没有证据显示她会追捕蝴蝶。她的蝴蝶似乎是通过购买、赠送或是交换得来的。

女性不只被局限在博物学更为"淑女"的一面里，社会对于她们如何获取知识同样有所约束。哲学性的作品，比如雷的《昆虫的历史》（*History of Insects*），就不适合女性的头脑。反之，或许是因为被科学和哲学排除在外而充满挫败感，女性投身到了符合自己的感知和阅历的写作当中去。女性的作品关注家庭和沟通，涉及家人间或是闺蜜间其乐融融的交流。波特兰女公爵本人就是一个才女圈子中的一位，这个圈子被称为"蓝袜社"（bluestockings），她们在画室和沙龙里进行严肃的会谈，希望借此"以一种社会所接受的方式建立女性的独立智慧"。一位贵格派作家，普莉希拉·维克菲尔德（Priscilla Wakefield），专精于这种书信体的科学探索方式，将其视为"寓教于乐"。[1] 因此，举例来说，她通过引用一位受教育良好的乡下女士克拉丽丝与她的一位受过启蒙的绅士朋友尤金之间的对话，介绍了蜜蜂的习性。在这场交谈中，克拉丽丝担心自己对昆虫的喜爱可能与她作为一个女人和年轻妈妈的身份彼此不容。尤金赶紧向她保证说蜜蜂完全是个合适的研究对象，

---

1. Sam George（2010），'Animated Beings: Enlightenment Entomology for Girls'. *Journal for Eighteenth Century Studies,* 33（4），487-505.

因为它们本身也是好母亲，况且它们劳碌的生活难道不正与女性操持家政中的柴米油盐之事产生共鸣么？这两位约好了在晚饭后共处一段时间，聊聊蜜蜂，在花园里散散步，观察观察蜂房。即便如此，维克菲尔德小姐还是警示世人，这样的知识很危险，一位女士应该慎重地运用。和别人在一起时显摆自己的学识是很粗俗的，是一种没教养的体现。所以还是自己知道就好。

在这样的约束之下，看到本杰明·威尔克斯于 1749 年出版的《英国蝶蛾志》中列为贡献者或者"鼓励者"的大约 100 人中有四分之一是女性，可能会让人感到惊讶。而且其中不少人可不只是出点儿钱而已。威尔克斯单独提到一位沃尔特斯夫人，她作为一位稀有蛾类的饲养者声名远播，并且按书中的言外之意，她还是图片的原始素材提供者。看起来，女性在当时已经凭借她们在饲养蝶蛾方面超越男性的专业素养赢得了声誉。正如在其他很多与养育相关的事情上一样，女性在这方面拥有优势。

不守"妇道"的女人

正如埃丽诺·格兰维尔的故事所展示的那样，对蝴蝶和其他昆虫感兴趣的女性可能会面临社会的排斥。在男性至上的维多利亚时代，她们被排除在新成立的昆虫学俱乐部之外，禁止给他们的期刊投稿。因此，女性不可能以自己的名义记述她们的发现。这就是为什么我们很少听说过爱尔兰最好的昆虫学家之一，玛丽·贝尔（Mary Bell, 1812—1898）的事迹：她没办法发表自己在负子蝽和蜻蜓方面的最初发现（她是第一个发现负子蝽可以像蝗虫一样发声的人）。是她的哥哥理查德替她署的名。[1]

　　所幸，女性可以写书，并且确实写了。利蒂希娅·杰明（Laetitia Jermyn, 1788—1848），自封为"蝴蝶仙子"，写出了后来成为标准教材的《蝴蝶收藏者随身指南》（*The Butterfly Collector's vade Mecum*）（或者叫"口袋本"）。1848 年，玛利亚·凯特罗（Maria Catlow）出版了一本名为《英国流行昆虫学》（*Popular British Entomology*）的书，这本书大获成功，被重印了两次。然而两位作者都觉得有必要写成一种适合女性的风格：在杰明看来这需要加入诗歌和伦理学方面的长篇，沉闷的闲谈于凯特罗而言则是一种美化过的、限制了自身实用性的通俗化。[2]

　　在蝶蛾饲养方面，母性的关怀在艾玛·哈钦森（Emma Hutchinson, 1820—1906）身上达到了极致，她是名字被用于英国蝴蝶身上的第二人，她的名字被后人用来命名白钩蛱蝶金黄色的盛夏型变种 *hutchinsoni*。艾玛是格兰茨菲尔德的教区牧师的妻子，这个地区位于赫里福郡乡间莱姆斯特附近。她发表的作品不多，其中的一篇是关于昆虫学研究内容中哪些适合女性、哪些不适合女性。比起像男人那样采集蝴蝶，她更提倡女性应该研究它们的"习性"。她们应该饲养这些昆虫，研究其生命周期的各个阶段，并且仔细记录每次皮色的变化以及形态的差异。一位牧师的妻子亲自去搜集卵和幼虫是不合适的，但至少她可以为众多（男性的）帮手们带给她的虫源种植植物，保证它们新鲜食

---

1. 同第 92 页脚注 1。

2. 关于 Laetitia Jermyn 可参见 Salmon, op. cit., pp. 136-137. 关于 Maria Catlow 可参见 :David Elliston Allen（2010），*Books and Naturalists*. Collin New Naturalist, London, 112, p. 214.

料的供给。她饲养了一种小型的土褐色蛾子——齿轮斑尺蛾[1]，从 1866 年起繁衍了数代，直到她去世为止，为当时所有的收藏者提供了标本。但与她关系最为密切的物种是白钩蛱蝶。白钩蛱蝶在今天属于常见种类，但在 19 世纪是公认的稀有物种，并且曾经一度被认为有灭绝的危险。一个确保可以找到它们那浑身带刺、褐白相间的幼虫的地方就是位于赫里福郡的啤酒花园里那些藤蔓的叶片上。她谴责收获标本后焚烧藤蔓的行为，因为这会加剧这种蝴蝶的灭绝的危险。艾玛的行为可能是史上第一次针对英国蝴蝶的保护尝试，却成功饲养了一代又一代的白钩蛱蝶，并且给她的朋友们寄去很多箱幼虫，希望通过放生来保护这个物种。另有成百上千只跑去"给其他博物学家的收藏增光添彩"了。[2]

由于年复一年地饲养白钩蛱蝶，艾玛·哈钦森是第一个发现它一年发生两代，并且两个世代不同的。这种蝴蝶亮金橙色的浅色色型由春季饲养的幼虫羽化而来，很容易被错认成豹蛱蝶；而深色的色型则来自于一年中晚些时候降生的幼虫。艾玛得到了正确的推论，也就是白昼长短决定了哪一种色型（深色还是金色）会羽化出来；金色型喜欢炎炎夏日的温暖白天，而深色的、不太显眼的则是需要默默无闻地度过冬天、然后在春天苏醒的一代。她逐渐获得认可，是在自然历史博物馆接纳了她的蝴蝶收藏品的时候，同时她的笔记本和记录也被保存在了乌尔禾普博物学家野外俱乐部的图书馆里。

一场别开生面的妇女解放运动铭记了三位勇敢无畏的女性旅行家

---

1. 即 *Eupithecia insigniata*，一种鳞翅目尺蛾科（*Geometridae*）昆虫。——译者注
2. 关于艾玛·哈钦森可参见：Salmon, op. cit., pp. 160–161.

和收藏家：玛格丽特·芳汀（Margaret Fountaine, 1862—1940）、伊芙琳·奇斯曼（Evelyn Cheesman, 1881—1969），还有辛西娅·朗菲尔德（Cynthia Longfield, 1896—1991）。这三位都有独立的经济来源，而且都没结过婚，所以她们几乎是随心所欲想做就做，想要去哪儿旅行可以说走就走。她们很幸运地生活在一个交通便利的时代：蒸汽轮船、铁路和现代公路第一次打开了世界上那些遥远国度的大门，这正是探索和发现的黄金时期，也是罗斯柴尔德大人这样的有钱金主们资助针对偏远地方的采集考察活动的时代，几乎每天都有华丽的蝴蝶新种被描绘出来。对于这些女性来说，旅行为她们带来满足感，还可以逃离家中那些令人窒息的条条框框。

伊芙琳·奇斯曼想要当一名兽医，可是却无法进入皇家兽医学院接受培训，因为他们不收女学生。她转而在伦敦动物园昆虫室找到了一份工作——即便如此也是破格进去的；她是史上从事这个职位的第一位女性。接着，她独自开始了一系列去往巴布亚新几内亚、新赫布里底群岛等热带太平洋岛屿的考察，不畏蚂蟥的叮咬、狼蛛的侵袭，冒着疟疾的风险，为自然历史博物馆采集昆虫。这样一位瘦瘦小小的女性，穿一件风雨衣、一条麻布裤子，对舒适的居家生活不感兴趣。即使遇到所谓的食人族，还有近亲通婚的部落，也只会激发她的科学兴趣。和与她同时代的芙蕾雅·斯塔克[1]一样，她靠写游记来补贴一部分开销。旅行生涯结束后，她为博物馆捐赠 70000 号

---

1. Freya Stark, 英国旅行家，生于巴黎，20 世纪伟大的女性旅行家之一。她是第一个穿越南阿拉伯沙漠的非阿拉伯人，生前出版了三十多种有关中东的旅行游记。——编者注

彩虹尘埃：与那些蝴蝶相遇

昆虫标本，其中许多是科学上首次发现的。他们最起码能做的就是用她的名字为其中的几种昆虫命名。[1]

辛西娅·朗菲尔德——绰号"蜻蜓夫人"——来自一个拥有大量土地的爱尔兰家庭，他们家在科克郡的玛丽堡有一座豪宅。也许她的解放一刻来临，是在爱尔兰革命党把这幢房子烧毁的时候。她同时决定为了昆虫，冒险勇闯世界上那些看起来很有趣的蛮荒角落：南太平洋、巴西的马托格罗索，还有澳大利亚的腹地，更别提还有一次独自去乌干达考察了六个月。她的雄心壮志、穷极一生的热情，都献给了蜻蜓。即便如此，昆虫收藏家们都不怎么爱在蜻蜓身上费心，因为不像蝴蝶和甲虫，它们在死后颜色就会褪去。和她的朋友伊芙琳·奇斯曼一样，辛西娅·朗菲尔德也为自然历史博物馆采集标本，她把一件件精巧的物品用软包装纸包好，装进密封的盒子里，趁着高温潮湿还没毁掉它们，请送信人将它们寄走。不同于奇斯曼的是，她没有太多的写作天赋，她的贡献多半都被发表在专业的期刊里。但是她写的关于英国和爱尔兰蜻蜓的畅销书却滋养了人们对蜻蜓的兴趣，并且启发了其他一些更具生态学头脑的先锋人物，比如诺曼·摩尔和菲利普·科比特，来专攻蜻蜓研究领域。如今，就像蝴蝶一样，这些可爱的昆虫也稳坐在聚光灯下，有了它们自己的学会和记录项目。它们现在红极一时，成了观鸟人也关注的昆虫，你得拿着双筒望远镜去找。辛西娅·朗菲尔德活着看到了1983

---

1. Lucy Evelyn Cheesman in Joyce Duncan（2002）, *Ahead of Their Time: A biographical dictionary of risk-taking women.* Greenwood Press, Westport.

年英国蜻蜓学会成立的那一天，之后又活了八年，直到 96 岁的高龄。[1]

　　三位之中最知名的是玛格丽特·芳汀，尽管她的大多数名声是去世之后才获得的。"致也许还没出生的读者——我留下的这份记录，是关于一个永远也长不大的'南地孩子'（位于诺里奇附近，是她的家庭住所）那狂野而无畏的一生，她此生苦甜参半。"她在自己保存了60年的旅行日记的开头处如是写道。[2]她在特立尼达采集蝴蝶的时候猝然离世，随后将那数量庞大的收藏品，连带一个上锁的漆盒由诺里奇堡博物馆保管，按照她的嘱托，这个盒子直到 40 年后才能打开。时间一到，盒子就被适时地打开了，其中装的是她的日记，包括她与她忠实的向导——"矢志不渝的亲密朋友"，叙利亚人哈利德·内米（Khalid Neimy）的各段旅程的完整记录。可能正是他们这种在当时看来惊世骇俗的亲密关系，使得芳汀把这本日记封存起来。其中的精选部分被出版后成为一本畅销书《蝶丛之恋》（*Love Among the Butterflies*），不过那些期望读到一段异国他乡禁断之恋的读者肯定是要失望了。将芳汀推上漫游之路的是一场心碎的爱，她被一位自己几乎不了解却认定其就是"一生挚爱"的那个人拒绝了。因此，她与已为人夫的哈利德·内米的关系显然更像是兄妹之谊。

　　当博物馆的昆虫标本管理员诺曼·莱利（Norman Riley）在 1913

---

1. Jane Hayter-Hames（1991），*Madam Dragonfly: The life and times of Cynthia Longfield*. Pentland Press, Edinburgh.
2. W. F. Carter（1980），*Love Among the Butterflies: The travel of a Victorian Lady*. Collins, London. Natascha Scott-Stokes（2006），*Wild and Fearless*: *The life of Margaret Fountaine*. Peter Owen, London.

　　　　　　　　　　　　　　　　　　　　　彩虹尘埃：与那些蝴蝶相遇

年见到她时，自己会不客气地将她描述为"破旧的斧头"。结果他却见到一个身材高挑、肤色苍白、害羞而极具吸引力的女人，浑身散发着多愁善感的气息。比伊芙琳·奇斯曼稍显（也只是稍稍而已）羞涩，她上身穿着一件男式的棉布格子衬衫，下着一条棉布条纹长裙，都缝上了额外的口袋，再配上一副棉质的露指手套，穿戴整齐就去追捕蝴蝶了。她拿着酒瓶小口啜饮着白兰地，以此在旅途中保持良好的状态。功成身退从来就不在她的考虑之中，并且她也终于得偿所愿。她死时手里还攥着捕蝶网，彼时年近八旬，在特立尼达的一个山脚下，某个炎热的日子里。

第六章　在银弄蝶的招牌之下

英格兰最后的一只银弄蝶在北安普敦一个小村子的绿地上空"飞舞"着。严格来讲，它那不算飞，也就是在大约八英尺高的空中飘荡而已。这只外貌憨实的"银弄蝶"是用旧大头钉做的，高度还原了这种褐色小蝴蝶原本的质感和颜色，它就在位于昂德尔市附近的阿什顿的银弄蝶酒吧的门廊上飘荡着。用蝴蝶取名字的酒吧少得惊人——而且这一家也不是一直都叫银弄蝶酒吧。它最开始的名字是"三马掌"。岩石砌就，茅草盖顶。根据业主的详细描述，就坐落在一片曾经蝶来蝶往的梦幻景象的边缘。附近的林子里有六种豹蛱蝶和英国的五种线灰蝶，以及像小粉蝶和勃艮第红斑蚬蝶这样的稀有物种——而且当然了，还有货真价实的银弄蝶。曾几何时，现已灭绝的嘎霾灰蝶在附近的巴恩维尔数量十分繁盛，而橙灰蝶和金凤蝶就从不远处的篱笆上飞过。它们中的大多数现在已经消失了，成为人类那些以破坏土地为代价换取庄稼高产的恶劣行径的受害者。酒吧招牌上那只孤独的蝴蝶就是它们的纪

彩虹尘埃：与那些蝴蝶相遇

念碑。1996 年，老酒吧在一次火灾中烧毁了，但是又被一位"复古风"的建筑师用复刻的方式重建起来，大致如此吧，而新的店主们依然愿意沿用旧名。所以这只铁蝴蝶仍然在村庄绿地上飘荡着，使我们回想起那往日的荣光。

　　银弄蝶永远要比酒吧的招牌难找。即使在最好的时代里，它也是一种稀有的蝴蝶，翩跹起舞，停落枝头，然后光芒一闪就消失不见了。这种极漂亮的弄蝶，披着浅褐色或深褐色的精巧格子衫，出现在英格兰东部的一角，集中在林肯、北安普敦和剑桥三郡。第一位捕获它的是查尔斯·阿博特——戈丁顿的教区牧师，他是在"成为蝶蛾人的第一个季度"，于 1797 年 5 月的一个晴天在贝德福德附近的克莱普罕公园森林抓到的。[1] 他以发现者的名义将其命名为约克公爵豹蛱蝶，以呼应勃艮第公爵豹蛱蝶，因为它与后者一样有着粗短的体形和基本的颜色。但是他的观点被人推翻了。当时英国鳞翅界领军的天才——阿德里安·霍沃斯（Adrian Haworth），知道这是一种弄蝶以后，并没有将这个新物种称作豹蛱蝶，他坚持此物应该叫作银弄蝶。19 世纪的收藏家们在这种弄蝶有限的分布范围内的林子里发现了它，尤其是那些拥有着它们最爱的足量的筋骨草属花朵的林子。它似乎在那些常年被砍伐成矮林并且中间设有供林地马车行驶的宽阔道路网的林子里最为繁盛。但是在 1914 年之后，人们逐渐停止了对这些开满鲜花的开放林地的养护。树木长高了，遮蔽了地面，或被砍倒，或重新种上了树荫更大的松

---

1. Charles Abbot, 参见 Michael A. Salmon (2001), *The Aurelian Legacy*. Harley Books, Colchester, p. 124 中的小传。还可参见 Enid Slatter (2004) 的 *Oxford Dictionary of National Biography* 词条。

柏。这种蝴蝶就越来越稀少了。它甚至在自然保护区里几近灭绝。到1976 年，银弄蝶在英格兰终于宣告灭绝，只留下蝴蝶观察者们为它们的衰亡挠头不已。可能 1975、1976 两年夏天的大旱是对其灭绝的致命一击。事情可能也就如此了——又少了一种蝴蝶——但这次例外，出乎所有人的意料，银弄蝶在苏格兰也曾被发现过，那是在 1942 年。英格兰银弄蝶族系的灭绝重新燃起了人们对鲜为人知的苏格兰银弄蝶的兴趣。蝴蝶调查者发现它比他们所知的分布更广，尽管集中在威廉堡南边阿盖尔郡那些气候舒适、雨水丰沛的峡谷里。它可能是英国人最不熟悉的蝴蝶了。对于我们多数人来说，威廉堡远在天边，而且等你到了那儿，通常也说不准是什么天气。

　　买下阿什顿的房产、盖了银弄蝶酒吧的是纳撒尼尔·查尔斯·罗斯柴尔德（1877—1923）。像家族的很多人一样，他是一位精明、强干且多才多艺的商人，自律且足够聪明。他适时地从他父亲手中接过了罗斯柴尔德集团的主席位置。但是，就像他的直系亲属中的很多人一样，查尔斯·罗斯柴尔德天生是个收藏控。在青壮年时代的早期，他开始收藏甲虫，接着收藏蝴蝶和蛾子。最终，随着收藏的热情与日俱增，他开始收藏起跳蚤来。作为匈牙利和川索凡尼亚地区蝴蝶的权威，他正是在那儿遇见了自己后来的妻子。他也是第一位饲养和记录东欧蝴蝶种类和生活史的人，包括可爱的老豹蛱蝶[1]。而他一旦将关注点转移到充满挑战的跳蚤王国，就发现了所有跳蚤中最重要的一种——印度客蚤（*Xenopsylla cheopis*），它很可能就是携带鼠疫杆菌、使全欧洲三分之

---

1. 即 *Argynnis laodice*，属鳞翅目蛱蝶科。——译者注

彩虹尘埃：与那些蝴蝶相遇

一人口丧命的那种。在周游英国搜寻甲虫、蝴蝶和跳蚤的旅途中，罗斯柴尔德先于大多数人意识到，我们的野外天地不会永远存在。郊区正在以主要城镇为中心进行扩展，而农业技术的发展使得从前无法种庄稼的土地也被开垦作为农业用地征用。罗斯柴尔德意识到，人们对于英格兰乃至当时整个庞大的日不落帝国（受当时视野所限）中那些最适合野生生物生活的地方需要了解更多。他下定决心要做一些事情，去试着挽救这些栖息地，在此过程中创办了日后的野生生物信托基金的前身。可以说自然保护这事儿就是他最初发起的。[1]

查尔斯·罗斯柴尔德发现阿什顿丘的时候是在二十多岁。故事是这样的，着迷于当地的森林和大量稀有的蝴蝶，他就去这片土地上的那间小馆子打听了一下，被告知此地属于一个非常有钱且神秘的家族，这家人很少卖地，因为从来不需要。等他发现打听的这个家庭其实就是自己家时，一定乐坏了。他所不知道的是，自己的祖父莱昂内尔在1860年就获得了这片土地的所有权。[2]查尔斯开始在那儿着手建造一幢住宅。他聘请了一位有名的建筑师，设计了很多石制草顶的小别墅，还有流水通过，颇具舒适度，远远领先于当时的普通标准。他把酒吧建在绿地上，酒吧还兼具乡间杂货铺和邮局的功能。一英里之外，在一个朝南的小坡上，他修了一座仿伊丽莎白时代风格的庄园，名字就叫阿什顿丘。一楼的三间大客厅对面是洒满阳光的门廊，门廊外犹如一幅未受破

---

1. 关于查尔斯·罗斯柴尔德和他的自然保护工作的画像和随笔，参见：Tim Sands（2010），*Wildlife in Trust: A hundred years of nature conservation*. Wildlife Trusts, Newark, pp. 1-12.

2. 参见：www.ohllimited.co.uk/ashtonweb.

坏的英格兰全景画：青草密林，潺潺流水。阿什顿丘是一座僻静却很舒适的房子，只有通过一条狭窄崎岖的小径（在整个 20 世纪也都一直坑坑洼洼，未曾铺过）才能到达，而且走到近处才能看到。他的女儿米瑞亚姆（Miriam）——著名的昆虫学家，就于 1908 年出生在那里，而且童年的大多数暑假也是在那儿度过的。

因为他的哥哥沃尔特，也就是罗斯柴尔德勋爵，天生不善经商，或者说至少达不到他父亲期望的标准，所以小一点的儿子查尔斯——"意志坚定、认真负责、性格敏感的查尔斯"，就必须要掌管起家族的整个金融帝国来。但是为了在国际财政的世界中站稳脚跟，他把自己的弦上得太紧，工作过于拼命了。到了二十多岁时，他陷入抑郁症的折磨中，这种疾病被诊断为脑炎——一种会导致头疼、发烧和疲劳的炎症。用他女儿的话说，是"钻牛角尖的思维方式的后遗症"。他还遭受当时极少被人理解的精神分裂症的困扰。有一天，他极度惆怅，再也无法承受的他走进阿什顿丘的盥洗室，关上门，拿起一把剃刀割断了自己的喉咙。[1]

出事的时候，他的女儿米瑞亚姆 15 岁。她也和父亲一样对于蝴蝶充满热爱——如果一种极强烈的兴趣也称作热爱的话，那就还有对跳蚤的热爱。"在他死后的两年之中，我完全放弃了博物学。"她回忆道，"我认为抓起那些美妙的蝴蝶并用针扎穿它们是件残忍、可怕的事情。"[2] 她不像她的父亲和伯父那样采集蝴蝶，而是改为观察它们。原

---

1. Charlotte Lane, 个人通讯。
2. Naomi Gryn（2004）, 'Dame Miriam Rothschild'. *Jewish Quarterly,* 51, 53-58.

本她可能成不了一个科学家的——她更喜欢文学——可是多亏了她的哥哥维克多决定让妹妹加入自己的学校假期任务里来：解剖一只青蛙。"我们用氯仿杀死了这只倒霉的青蛙。"她回忆道，"然后做了解剖，我为我的发现兴奋不已——血液循环系统，你能毫无障碍地看到它，因为它离青蛙的内表皮太近了——我径直回归了动物学，手里拿着一把剪刀。"[1]

在贯穿于她漫长一生的科学工作中，米瑞亚姆·罗斯柴尔德选择了蝴蝶作为研究对象，因为它们既是昆虫研究的理想素材，也是除了狗以外她最喜欢的生命形式。她继承了父亲的志趣，也加入了自己的一些想法。"整个一生，"她回忆道，"我都在大战绝望的风车。"她与自己在牛津的同事兼朋友 E. B. 福特教授一道，为同性恋的合法化而奔走相告。她将同性之爱视为"十分自然的，因为它在整个动物界都普遍存在"[2]。她认为我们对待农场动物，尤其是对待鸡的方式，是很"糟糕，不可谅解的"，并且尽全力反对研究室、工业化农场和屠宰场里那些更加野蛮的行为。她不再吃肉，甚至拒绝穿皮革，从此那双短款白色威灵顿雨靴，加上紫色的 Liberty[3] 丝巾和头巾（紫闪蛱蝶的外衣），成了她的标志性穿戴；她的另一份职业是精神疾病的治疗和护理。1962 年她建立了精神分裂症研究基金会，一家独立的慈善机构，致力于更好地理

---

1. 同第 104 页脚注 2。

2. 米瑞亚姆·罗斯柴尔德在 1989 年 4 月 23 日的 Desert Island Discs 上向 Sue Lawley 解释了她对于同性恋的立场。她的另一项议题是关于受害者面对勒索时的脆弱。这段四十分钟的采访可以在 www.bbc.co.uk/radio4/features/desert-island-discs/castaway 上收听。

3. 一家位于伦敦的精品百货商店，从 19 世纪晚期成立起就以进口日本及东方世界的织品、家具及饰品而闻名。——编者注

解和治疗精神疾病，尤其是对精神分裂症；2005 年她去世之后，这家基金会被更名为米瑞亚姆·罗斯柴尔德精神分裂症研究基金会。

一路颠过了那条布满车辙、结着霜的小径来到阿什顿丘，在 1994 年 1 月份寒冷的一天，我第一次见到了她。米瑞亚姆想从我这儿了解一些东西，邀请我参加了她的一个著名的午餐会。她当时坐在轮椅里，因为髋部摔坏了。那是我第一次与这位古怪的女士打交道，在这所孤零零、杂草丛生的房子里，尽管我对她的工作有一定的了解。许多人觉得她那不同的见解、直率的性格和犀利的头脑等特质咄咄逼人，甚至很吓人，但我在她身上只发现了善良、迷人和别具一格的慷慨。我们的会面是在楼下一间同时用作图书室的房间里，几堆新书摞在长条桌上。一团巨大的火焰在仿伊丽莎白时代风格的烟囱下熊熊燃烧着。我们的对话天马行空，从最佳的挤奶方法，聊到吸虫古怪的行为；从博物馆管理员们的邪门歪道，聊到科学家们狡猾的自我主义；直到带着标志性的反转，转到了米瑞亚姆的几条小型牧羊犬那不同寻常的聪明伶俐上。"您给狗做过什么计划没有？"她诚挚地问我。她想当然地以为我养了狗。说起自己的父亲，她说他有一种诀窍，能让人觉得自己很重要、很聪明。米瑞亚姆有着同样的天赋。她专注、精准、专横、幽默（也是别具一格的那种）、冷淡、果决、谦虚，并且有些时候出人意料地富有诗意。她咯咯笑的声音发干，有时会讲些"调皮捣蛋"的故事。但是她并非与阿什顿丘以外的世界完全步调一致。比如，她不喜欢打电话，管电话叫"这家伙事儿"。只要她认定一段通话结束了，就会唐突地挂断电话。这你得习惯。

或许通过她为一个广播栏目列的"世界最伟大奇观"名单，你可以窥探到她的样子。这份名单没什么特别的逻辑顺序，包含了圣母峰、跳蚤的弹跳、寄生性的尾胞吸虫的生命周期、类胡萝卜素、灯蛾耳螨、沙尘暴后的耶路撒冷，还有君主斑蝶。至少得有一种蝴蝶嘛。"我必须说，"她告诉我，"我觉得一切事物都很有趣，从未感到过无聊或者疲惫。"其实她说这句话的时候听起来就有点疲惫。她还宣称，快乐的秘诀在于如何让自己无聊，这大概是快乐的另一种表达方式吧。

米瑞亚姆是英国最知名的科学家之一，然而她觉得自己是业余的。她很大程度上是自学成才。她的父亲读书时在学校过得很痛苦，对老师和考试评价不高。在那个年代，她和很多同等出身的女性一样，是由家庭教师培养大的。她甚至没有一个正式的学位，八个博士学位全是名誉学位。因为她发现自己下定不了决心，她在牛津修了两门截然不同的课程，一是动物学，一是英国文学，但是两场期末考试都没去成。如她自己解释的："一到解剖海胆的时候，你就老是想听人聊拉斯金[1]。"[2]

米瑞亚姆对无脊椎类寄生物穷极一生的迷恋不幸地开始于普利茅斯的海洋生物站，她在那里测量蜗牛，并检查侵染它们内脏的吸虫。与此同时她投身于一个庞大的项目——要给她父亲收藏的跳蚤做名录，这项工作需要在昆虫解剖学方向进行精细研究。年复一年，她在显微镜下盯着"跳蚤的背面"，把用袋子装着的活跳蚤放在自己的卧室里。她声称自己在我们中很少有人愿意，哪怕只是看一眼的地方发现了美：就在吸虫和寄生性螨虫（她将一些面目骇人的螨虫内脏比作"烛

---

1. John Ruskin（1819—1900），英国艺术评论家、诗人、作家。——编者注
2. Miriam Rothschild，个人通讯。

光摇曳的屋子"）的内部解剖结构里，或者是古怪的、令人着迷的跳蚤器官。跳蚤阳茎那巴洛克式复杂精巧的结构大概也是她眼中的世界奇观之一——尽管，可能是为了与之相呼应，她为自己的《昆虫组织图集》（*Atlas of Insect Tissue*）这本书的封面选择了一张雌性跳蚤交配腔的特写镜头。

我觉得米瑞亚姆具有一种稀有的、很容易被传统教育所磨灭的原创性思想。作为一个自学者，她能够使自己保持勤学好问的学习热情，与不同寻常的广泛兴趣相结合。但其中也有一些更为特别的品质，稀有而难以定义：一种强大的、综合性的想象力，与一种诗意的，甚至是情绪饱满的敏感性相辅相成。也许这就是为什么不同于多数科学家，她能够像天使一样，以一种清晰、富有表现力、精准的风格进行写作，她自称这种风格是从最喜欢的作家马塞尔·普鲁斯特那里学来的。她的个性在她献给父亲的那本生动描绘寄生生物的书《跳蚤、吸虫与杜鹃》（*Fleas, Flukes and Cuckoos*）中体现得淋漓尽致。当国家授予她女爵士的称号时，米瑞亚姆以其标志性的漫不经心的态度接受了这项荣誉。她给我寄了一张印有大跳蚤背着一群小跳蚤图案的明信片。我猜我大概是那些小跳蚤中的一只吧，如果是这样的话我会很骄傲地趴在那里的。

她父亲的遗愿之一是发起一项计划来记录那些"值得保护的"野生生物栖息地——那些"好地方"，他是这么称呼的。他希望能让新成立的国家信托基金对购买国家地产产生兴趣。当信托表现得对此完全不感兴趣时，他专门成立了一个特别的自然保护区促进会，然后自掏腰包买下大片的荒地进行保护，启动了整个进程。他眼中的很多"好地方"是指忽略其他因素，优先有利于蝴蝶和蛾子。比如沃尔顿沼泽林

　　　　　　　　　　　　彩虹尘埃：与那些蝴蝶相遇

地，罗斯柴尔德希望从荷兰重新将橙灰蝶引进到那里；还有湖区的米索普沼泽，记录显示那里有豆灰蝶的一个特殊变种，它的雌虫是电光蓝色而不是普通的褐色。离家较近的"好地方"包括查尔斯采到过银弄蝶的那些地方。但是阿什顿丘却不在其中，大概是因为他想让此地保持私密，认为自己宽阔的领地只是比较普通的乡下而已吧。如果这些地方在当时就被建成了自然保护区，而不是半个世纪之后，那么蝴蝶的保护工作可能已经领先于其他野生生物相当多了。可结果，英国在1914年跑去打仗了，这个计划于是被搁浅。两次世界大战让自然保护被搁置了半个世纪。

在阿什顿丘的另一次私下的午餐当中，米瑞亚姆向我寻求帮助，因为她以为我是一个"自然保护区方面的专家"，希望我帮她重新找到那些失落的"罗斯柴尔德保护区"，并写一本关于它们的书。她觉得人们或许可以为了恢复其中的部分区域而做点事情，也许可以通过针对土地所有者制定一些奖励性的税收政策来实现。我答应给她做一段时间的研究助手。搞定这件事之后，她又说起另外一些事情，比如吡嗪在帮助我们记忆味道时所发挥的作用、住宅区的失窃问题，以及当地警察的无能，还有近期在外太空发现了氰化物分子。"这给我那篇关于六点斑蛾的文章收了个很好的尾。"她说。

查尔斯·罗斯柴尔德的很多"好地方"都消失了：有一些现在成了耕地或郊区，还有一些最终如他所愿地成为了自然保护区，但是少了很多他当初想要保护的蝴蝶。1900年英格兰田野中的繁盛景象在区区一百年后就失色不少。我们合作出版的《罗斯柴尔德的保护区》

（*Rothschild's Reserves*）一书，米瑞亚姆为其拟了副标题"时间与脆弱的自然"的那本书中讲述了这个故事。[1]

在我看来，这是米瑞亚姆为她的父亲写一本私人传记的完美契机，就像她在《亲爱的罗斯柴尔德大人》（*Dear Lord Rothschild*）中为她大伯沃尔特做的那样。[2]但是，让我惊讶的是，她刚开个头就停下了。"我回想了一下觉得很糟糕。"她在我们的一次电话当中声称他们的通话总是很别扭，末了永远是"咔"的一声，接着就是忙音。"那都是太久以前的事了，现在没人会感兴趣了。"她转而提出将我们宏伟计划的创始人的事迹写上那么几页纸，那样也就行了。我尽力去劝阻她。我反驳道，一定会有大量的人对查尔斯·罗斯柴尔德、英国自然保护区的实际创建者那神秘莫测的形象感兴趣。他那些"失落的保护区"是乡间田野的历史上最璀璨的遗珠之一，假如他还活着，假如没有两次世界大战，假如国家信托对野生生物能像对豪华古宅一样感兴趣。不，米瑞亚姆坚持道，现在没人关心这些了。于是我们的书变得很像没有王子的《哈姆雷特》：关于宏伟计划说得很多，但是关于幕后的那个人却语焉不详，令人失望。

她之所以从来没有为自己敬爱的父亲著书立传，还有别的原因。米瑞亚姆身体不好，她的视力正在逐渐衰退，也不想再活太久。更严重的

---

1. Miriam Rothschild and Peter Marren（1997），*Rothschild's Reserves: Time and fragile nature*. Harley Books, Colchester, and Balaban Publishers, Rehovot. 关于'Rothschild's Reserves'的细节现在可以在 www.wildlifetrusts.org/rothschildsreserves 上获取。

2. Miriam Rothschild（1983），*Dear Lord Rothschild: Birds, butterflies and history*. Balaban Publishers and ISI Press, Philadelphia.

是，她文笔中曾经流淌自如的那种熨帖和优雅也在慢慢地离她而去。她努力地写作，然后换个思路，再写一点，接着又把思路换到另一个方向上。或许归根结底这是个太让人痛苦的话题。她说也永远不会给自己写传记。特灵和阿什顿丘的柜中藏着太多咯吱作响的骷髅：她父亲的自杀、勒索她大伯的罪犯、她母亲的一家在纳粹手中遭到毁灭，这其中的最后一件摧毁了她对上帝持有善念的信仰。阿什顿丘见证过（她说的）至少三宗离奇的死亡。水槽中出现过一个鬼魂，抓住了她的手。这所房子如今阴气森森，由于被爬山虎叶子所覆盖，它的很大一部分近乎从人们的视野中消失。这座正在消失的房子正是对于查尔斯·罗斯柴尔德逐渐褪色的记忆的恰当比喻。既然他的手稿多已佚失，而所有认识他的人都已死去，那么他的故事恐怕再也没法写了（尽管我觉得某人某日会写一下米瑞亚姆的故事）。

《罗斯柴尔德的保护区》一书的发布会于1997年10月在皮卡迪利广场的索瑟兰书店举行，整个罗斯柴尔德家族无论老幼都来参加了，但这不算结束。米瑞亚姆说服了皇家学会来支持我们的想法，选择了十多个"失落的保护区"进行重建。我们希望它会成为千禧年中一个应景的项目，这份许诺（如同当年一样）会从一个世纪末持续到下一个世纪末。当时自然环境研究委员会（NERC）的负责人约翰·克雷布斯爵士（Sir John Krebs）似乎有兴趣，甚至点名叫人负责领导项目，只要我们能筹集到，按照他计算的，大概四千万英镑的资金。负责这个项目的人非杰瑞米·托马斯（Jeremy Thomas）莫属，正是此人将嘎霍灰蝶重新引进英国，并且在近距离地揭示英国蝴蝶的生活习性方面比任何人做得都多。但是我们没能拿到所需的经费。后来，杰瑞米告诉了我这是怎么回事儿。看起来，我们的这个大计划被一层层报到了内阁里。负责的大臣显然支持这个计划，但当时恰逢梅杰政府换届前夕的紧张关头，受到报纸的抨击，全国上下很不待见。罗斯柴尔德这个姓氏，在1912年曾经是百试百灵的敲门砖，现在却因特权而饱受诟病。假如媒体听说四千万的彩票钱要被花在一个"精英阶层"罗斯柴尔德的项目上，那还能像话？就这样，米瑞亚姆的复兴保护区计划再次成为一件"本来可能"的事情。野生生物信托基金会在2012年庆祝他们的百年纪念时，对这位具有远见卓识的人致以敬意，他开创的这项事业在他逝世整整50年后终于开花结果。而蒂姆·桑兹（Tim Sands）的《荒野信托》（*Wildlife in Trust*）一书，则恰如其分地将纳撒尼尔·查尔斯·罗斯柴尔德的肖像放在了开篇。[1]

米瑞亚姆的蝴蝶

在《人物词典》（*Who's Who*）中关于她的条目里，米瑞亚姆将"观察蝴蝶"列为她的"爱好"。孩提时她做过一个梦，梦见花朵魔幻般地脱离了枝条，变成蝴蝶飞向天空。它们是她的"梦幻之花"。长大后作为一名科学家，米瑞亚姆观察蝴蝶的时候一向都是带着明确目标的。她想知道它们的色彩如何形成，又有什么作用；她想知道有些蝴蝶那微妙的气味背后的成因，以及它们彼此之间如何交流。她选择的研究方法是借助于生物化学。由于这样的工作需要先进的设备，而米瑞亚姆

---

1. Sands, op. cit.

一般又是在家里工作，她便将很多合作者拉拢到自己的网络里来，有时是从牛津大学或英格兰其他的大学，有时是从海外。米瑞亚姆着迷于蝴蝶和蛾子手中那座隐秘的"化学军火库"。只要我们能检测到它们的气味，她写道，我们就能"听见成百上千的（蛾子）在夜幕中疯狂地相互呼唤"。[1]如果你轻轻地挤压一只瓢虫，那种气味会在你的手指上萦绕几天。有的蝴蝶也会玩儿同样的把戏。雄性暗脉菜粉蝶会释放一股强有力的、经久不散的"柠檬马鞭草"气味；孔雀蛱蝶能散发出一种类似麝香的气味，会让人想起巧克力来。纳博科夫写下了这些"来自不同物种的微妙香味——香草、柠檬、麝香，或是一种像霉味儿却又有些发甜的难以形容的气味"。[2]蝴蝶似乎是靠在空中喷洒或者涂抹留下这些气味进行交流，它们的味道被神秘的化学物质吡嗪刻在了记忆中。一些蛾子在几百码外就能察觉到这种化学信号。早期的昆虫学家将这种无形的痕迹称为蒸气（最擅长释放这种气味的事实上就叫作蒸气蛾[3]），他们还将一只处女雌蛾放在纱布笼里，以此从四面八方吸引雄蛾过来。外面有一个世界，是我们这些可怜的人类难以用自己的感官去察觉到的。"我们肃然起敬，又嫉妒万分，"米瑞亚姆写道，"尝试着用我们低劣的双耳去捕捉滴答声与流水声之外的声音，在我们一无所知的化学信号世界里徒劳地探寻。"[4]她喜欢想象存在着一顶"气味的大伞"，在夏日里阳光明媚的一天，笼罩在一片草原上，其中有些气味很诱人，有些

---

1. Miriam Rothschild (1991), *Butterfly Cooing Like a Dove.* Doubleday, London, p. 67.

2. 该引用来自于纳博科夫的自传 *Speak, Memory*，被引用于 Rothschild, *Butterfly Cooing,* p. 57。

3. 即 *Orgyia antiqua*，属鳞翅目毒蛾科，正式中文俗名为古毒蛾。——译者注

4. Rothschild, *Butterfly Cooing,* p. 67.

是警告，每一个都是一种编码的通信方式，蝴蝶用触角和敏感的足来拾取它们，并且凭借本能去理解。

前几代昆虫学家已经成功地破译了蝴蝶的部分颜色代码：有些表示"小心"或者"别碰我"，有些则是作为伪装或者模仿另一种更为危险的昆虫，比如蜜蜂或者胡蜂。他们知道有些物种将卵产在有毒的植物上，而植物的毒素会从幼虫传递到成虫体内。你甚至可以通过小心地从体液中取样，来检验一个种类的味道是否糟糕。据我所知，米瑞亚姆从没有像 E. B. 福特教授那样走极端，通过咀嚼各种蝴蝶和蛾子来判断哪些是真的难以下咽，哪些是在虚张声势。不过她的确证明了这些化学物质在蝴蝶身上存在的广泛程度。英国蝴蝶中有许多种类具有警戒色，就是说，它们非常耀眼，以此来突显自己不好惹这件事。它们通过鲜亮的警戒色来彰显自己的毒性，例如，雄性红襟粉蝶那耀眼的圆斑，不仅仅很像禁止我们靠近的路牌，而且真的具有这样的功能。这种蝴蝶体内含有令人刺痛的芥子油，是幼虫从树篱植物叶片中摄取并传递到体内的。欧洲粉蝶那同样糟糕的味道来自于卷心菜等芸薹属植物的苦味油脂。蝴蝶和毛毛虫都能灼烧任何啄食它们的鸟类的舌头。化学物质似乎还有第二个重要的功能：它们能阻止细菌或者真菌感染，就像内置的抗生素。米瑞亚姆发现，六点斑蛾幼虫时通过食用野豌豆积累了大量氰化物，甚至可以抵御病毒性疾病。

毒性最强的蝴蝶和蛾子常常含有红色素。米瑞亚姆想知道红色是不是比其他颜色更容易被记住，尤其是当它与不愉快的体验联系起来时。至少对她的鼻子来说，唯一一种绝不会记错的气味是灯蛾，尤其是豹灯蛾[1]，它有着明亮的红色后翅，还能发出我们用耳朵就能捕捉到的、具有防御性的嘎嘎声。豹灯蛾能在很多恶劣的环境中活下来。米瑞亚姆写过其中一只，它被蝙蝠抓到、咬住又吐出来，坚持了很长时间并完成了自己的产卵任务，之后才撒手人寰。更加吃苦耐劳、毒性更大的是君主斑蝶，以能够跨越北美洲完成长途飞行而闻名，它的幼虫以马利筋——位列世界最毒的植物之一——为食。照旧与一位大学里的生物化学家合作，米瑞亚姆成功地证明了君主斑蝶会从植物中隔离并储存使人心脏停跳的毒素（强心苷）作为自身防护的一种方式。你得饥不择食到什么地步才会想去吃一只君主斑蝶啊。[2]

为了使自己对蝴蝶颜色和气味的研究更加便利，米瑞亚姆开始在阿什顿丘的温室里繁育蝴蝶，包括工业级体量的欧洲粉蝶、君主斑蝶和翅膀很宽很漂亮的美洲蝴蝶——釉蛱蝶[3]。但她为童年记忆中那些野生蝴蝶的缺失深感痛惜。如同东英格兰的很多地方，阿什顿丘曾经未受破坏的土地在战争期间饱受荼毒，过去的草场被犁为耕地，天然林场遭到砍伐。米瑞亚姆在花园里种上了能够吸引蝴蝶和蛾子的花，比如欧亚香花芥、红缬草和烟草。但现在房屋以外的田野里很少有什么能够吸引它们的了。"放眼望去没有一朵花，现代农业的推土机、除草剂和人为造成的水土流失已经将所有的花从我儿时熟悉的田野中清空了。我们

---

1. 即 *Arctia caja*，属鳞翅目灯蛾科，正式中文俗名为豹灯蛾。——译者注

2. 米瑞亚姆·罗斯柴尔德最易懂的一本关于蝴蝶与蛾子的化学防御的论著是 *"British Aposematic Lepidoptera"*，是出自 John Heath 和 A. Maitland Emmet 于 1985 年主编的 *The Moths and Butterflies of Great Britain and Ireland, Volume 2, Cossidae-Heliodinidae.* Harley Books, Colchester, pp. 9-62. 中的序言。

3. 此中文俗名为对鳞翅目蛱蝶科釉蛱蝶亚科 *Heliconiinae* 的统称。——译者注

生活在一张台球桌上。"[1]

　　幸运的是，有一块被称为"深草区"的区域，幸免于除草剂的破坏，因此可以作为那些消失的花朵的一块种子保留地。米瑞亚姆的解决方案在当时是个创举，她从这样的地方获取野花的种子，然后把它们播种到事先从贫瘠无花的田野中开垦出的地块里。用她自己的话说，她成为了一个"种草园丁"，一名"以草为波，以花为沫"的草场创造者。这种做法十分有效，同时也启发了其他人，其中包括查尔斯王子，他将她的方法应用在自己位于海格洛夫的花园里。当米瑞亚姆的草场花园在切尔西花卉展上亮相后，这种方法流行了起来。地方政府现在例行地用她那被称作"农场主噩梦"的混合花种在公共户外空间播种。私人地主和农场主也用野花种子来培育新的草场，对于诸如草原眼蝶和不幸被起错名字的普通蓝眼灰蝶这样的蝴蝶，那里已经成为了它们的庇护所。

　　重回阿什顿丘的蝴蝶中有一种是米瑞亚姆的最爱——大理石白眼蝶。她长久以来怀疑这种生活在白垩土地和石灰岩山坡上的披着黑白格子的蝴蝶是有警戒色的；它明亮的色彩一定带有某种警告的作用。由于她养的一只十分温顺的鸟拒绝食用这种蝴蝶及其幼虫（据记录，尽管老鼠会毫不犹豫地把这两样大快朵颐），这种推测进一步得以印证。但是大理石白眼蝶的幼虫吃草，与牛羊啃食的是同一种草。如果这种蝴蝶有毒，那么它是从哪里以何种方式获得毒素的呢？米瑞亚姆在几乎是她

---

1. 细节参见：Helmut F. van Emden, John Gurdon（2006），'Dame Miriam Louisa Rothschild 1908-2005'. *Biographical Memoir, Fellows of the Royal Society*, 52.

能够承担的最后一项研究中找到了答案。最终通过检测、提取和测试大理石白眼蝶的毒性成分，发现它是一种叫作黑麦草碱的化学物质。它在自然界中不是来自于草，而是由一种支顶孢属的真菌合成的，这是一种长在草上的霉菌，尤其喜欢长在紫羊茅上，这种大理石白眼蝶的幼虫十分偏爱长着穗状花和窄叶子的紫羊茅。看起来通过这种蝴蝶能够探测到这种真菌，然后选择有正确"气味"的草趴在上面。它在全世界面前所展示的那种自信让这种蝴蝶能够比家族中其他相对驯顺的成员更加自由地飞翔。我记得米瑞亚姆告诉我大理石白眼蝶又回到阿什顿时带着的那种愉悦，而她最终发现它的秘密时就更加兴奋了。我希望这样不会显得太矫情，假如我说这最后的发现是天赐的礼物的话。就是说，会不会是因为重新创造了阿什顿的鲜花田野，迎回了翩翩起舞的蝴蝶，所以大自然在回报她呢？

沃尔特大伯的蝴蝶

可能一位博物学家所能获得的最大的荣誉，就是当他的名字被用于命名一个新物种。米瑞亚姆的伯父，沃尔特，罗斯柴尔德勋爵，曾多次获此殊荣。他的留名之处包括长颈鹿的一个亚种、一种天堂鸟、一种深红色的嘉兰和一种华美的拖鞋兰，以及——可能没那么讨好人——一种白色肠道蠕虫。他的名字也被赋予了一种蝴蝶和一种蛾子，两者都是体形适中而且色彩绚烂。黄绿鸟翼凤蝶（*Ornithoptera rothschild*）那宽阔的翅膀上，令人热泪盈眶的丛林绿色和闪烁的金色镶嵌在幽暗的阴影里，就像阳光倾泻在林间的地面上。罗斯柴尔德资助了前往新几内亚岛阿尔法克山脉的考察，这种蝴蝶就在那里被首次发现。他喜爱大个的、色彩丰富的蝴蝶，就像他喜欢大型的、怪异的动物一样（他在自己位于特灵的公园里圈养着最爱的食火鸡，至少在其中一只攻击了他父亲之前如此）。他本人则命名了世界上最大的蝴蝶，亚历山大鸟翼凤蝶（*Ornithoptera alexandrae*），以亚历山大皇后之名。至于同名的蛾子，那是蚕蛾的一整个属（*Rothschildia*），每一种的翅膀都绘着粉色、深红色和奶油色交织成的炫目斑纹，还有透明的"窗"，其形状让人联想起阿兹台克人的黑曜石匕首来。这些蛾子翅膀的前顶角有斑点，看起来像蛇头，甚至是（有人这么说过）小短吻鳄。*Rothschildia* 属蛾子的颜色会让你想起华丽的锦缎、重磅真丝和皇家礼服来，接着会想起鲜血和跳动的火光。它们这种亦真亦幻的华贵外表，正是对一位杰出人物的恰当比喻。

沃尔特·罗斯柴尔德净身高六英尺三英寸（约 1.9 米），体重二十二英石（约 140 千克）。他的侄孙女汉娜记忆中的他是一位"气宇轩昂的大汉"[1]。米瑞亚姆能记起他是如何碾过特灵的大理石门厅，"像一架装着小脚轮的大钢琴"般喘着粗气。[2] 到了晚上，他那大象般的鼾声就在走廊中回荡着。沃尔特·罗斯柴尔德其实在晚上比在白天吵闹多了，因为一般话很少，就算说起话来也是慢吞吞的，夹杂着大量长长的停顿，还会盯着地面寻找灵感。跟他谈话很困难，近乎不可能，尤其是他还无法控制自己的声音，于是那些漫长的寂静就会被蓦的一声大嗓门打

---

1. Hannah Rothschild（2009），*The Butterfly Effect*. www.hannahrothschild.com/web/images/butterflies.
2. Rothschild, *Dear Lord Rothschild,* op. cit.

破。他在将想法转化为语言方面困难重重，他们家人开始意识到沃尔特完全不适合做生意。用米瑞亚姆的话说，"他在财经方面的全无天赋"，他那顽固的沉默、迟钝和放空，还有对博物学那种近乎病态的喜爱让他只适合做一件事情，而在那件事情上他是无与伦比的。那件事情就是他的私人博物馆。[1] 在那里，沃尔特的种种机能障碍可以被他那"独有标签式的狂妄自大"所盖过。不可或缺的是，沃尔特有着惊人的记忆力以及足够多的（但不是花不完的）财富。到他一生的末尾，他的博物馆保存了史上最大的动物、鸟类和昆虫的个人收藏。清点明细后得到的几乎是天文数字，其中包括 225 万号做好的蝴蝶和蛾子标本（但是"没有重复"）、30 万副鸟皮、20 万枚鸟蛋和 3 万本科学书籍。沃尔特和他的弟弟查尔斯，以及他的馆员和助手们，命名了其中 5000 个昆虫新种，里面有很多是蝴蝶，基于这些收藏出版的书籍及发表的文章数量多达 1200 种。

罗斯柴尔德家族，不论在英国还是法国，都是热忱且任性的收藏家，喜欢用奇珍异宝堆满他们的房间。和沃尔特一样，亨利男爵是一名动物爱好者，却颇具讽刺意味地获得了一份有名的头骨收藏；爱德蒙男爵收集名贵的版画和石头；费尔南德男爵则沉迷于古董文物（其实就是高端艺术品）。但是沃尔特以其狂热程度让所有人都黯然失色。他的收藏从幼年早期就开始了。像他的弟弟查尔斯一样，他最开始的热情献给了甲虫。接着很突然地，没有任何原因，就转到了蝴蝶上。按照米瑞亚姆的说法，可能它们是研究进化更好的素材。特灵公园的房子里开始摆

---

1. 同第 118 页脚注 2。

满了蝴蝶柜、玻璃面的展柜和来自世界各地的一批批昂贵的蝴蝶标本。沃尔特最终得到了家族的允许，放任他去做想做的事情。他一生未婚，还放弃了许多其他责任，以便快乐地安定于一种固定的日常模式："每天花十四小时去做全然令人费解的工作——对昆虫的尾巴尖儿进行技术性的描述——不时地被激烈的争吵打断。"[1]他所资助的时期可能是历史上捕捉蝴蝶最为盛行的一个时期。在资助高峰期时，几乎到处都有沃尔特资助的采集者；当时有一张地图，用红点标记着罗斯柴尔德资助的采集者们的行踪，密密麻麻的，看起来就像是这个世界得了麻疹一样。托运的一批批国外蝴蝶的包裹，每一份都用一层层的纸巾仔细打包好，从全世界的各个角落启程前往特灵，准备接受沃尔特和他忙个不停的昆虫馆馆员卡尔·乔丹的镜头和显微镜的检阅。不用像那些普通人一样需要排队等着自己的文章被同行审阅、获得发表，罗斯柴尔德拥有自己的专业期刊，《动物学新刊》（*Novitates Zoologicae*），来记录每个发现的正式细节和描述。

沃尔特个人的采集活动集中在欧洲和北非。他从没见过自己最爱的鸟翼蝶中的任何一种在它们自然栖息地中的样子；相反地，它们是由胆略过人的探险者们采集送给他的。比如美国的威廉·多尔蒂博士（William Doherty, 1857—1901），他冒着恶劣的天气和一阵阵的高烧在林中露营，与当地人讨价还价，扛着他的枪，还要设置陷阱。像多尔蒂这样的人最乐意远离文明社会了，尽管那可能——而且在他身上确实如

---

1. 同第 118 页脚注 2。

此——折损其寿命。在雨林中采集，再好的体格也会日渐衰弱。多尔蒂变得越来越阴郁、紧张和宿命论，失去了生活的乐趣，最终死于痢疾，享年 44 岁。[1]

罗斯柴尔德的另一位采集者，赫伯特·凯利-韦伯斯特（Herbert Cayley-Webster）船长，后来声称自己击退了"在浅滩上划独木舟而来的无数食人族"，他的人在海滩上遗尸不少。整晚，他都被"宴会锣鼓的恐怖噪声"吓得睡不着觉，火光中晃动着土著人黑暗的身影，在那里烤食着他朋友们的尸体。[2] 但是最成功的可能要数阿尔弗雷德·斯图尔特·米克（Alfred Stewart Meek, 1871—1943）。正是米克拿下了巨大的亚历山大鸟翼蝶的第一号标本，用大号铅弹将这只冲天翱翔的蝴蝶轰了下来。这头标本全是窟窿，没法寄给罗斯柴尔德大人了，但是神通广大的米克成功地在马兜铃那蜿蜒的藤蔓上找到了它的卵。知道自己稳操胜券之后，他成功地培育出了一批完美的标本，让自己美美地赚了一笔。在当时未被开发的新几内亚雨林采集蝴蝶是一项艰难的甚至很危险的工作。有些最让人梦寐以求的蝴蝶需要用诱饵从树冠上引诱下来。米克弄清楚了哪种黏糊糊的粪便可以吸引特定的蝴蝶，哪些蝴蝶会被彩色纸张甚至是一只钉在灌木上死去的同伴所迷惑。他付钱给当地部落里的人，让他们帮他找到最好的采集地点，还要为他采集蝴蝶。其中一个人用捕猎天堂鸟用的毒箭射到了华美的奇美拉鸟翼凤蝶

---

1. 参见 Rothschild, *Dear Lord Rothschild,* op.cit., pp. 177-180.
2. Cayley-Webster（1898），*Through New Guinea and the Cannibal Countries.* Fisher Unwin, London. 看这本书得带着一丝半信半疑的态度。

(*Ornithoptera chimaera*)[1] 的第一号标本。[2] 最终米克通过他的蝴蝶生意攒够了钱，在昆士兰买了一座养牛场，后来退了休，在一座可以俯瞰邦代海滩的庄园里颐养天年。

那些没法让米克等人为他采集的，罗斯柴尔德大人会去买。他是位挥金如土的买家。他像篦头发一样横扫各大拍卖行寻找昆虫宝藏，付大笔的钱给那些高端卖家，比如巴黎的勒莫尔特［Le Moult，亨利·夏里埃尔（Henri Charrière）的书《蝴蝶》（*Papillon*）中那位收藏蝴蝶的人物的原型］。罗斯柴尔德被认为是所有顾客中最好、最稳定的一位，而且当然了，也是最有钱的一位。通常只要一收到某些有意思的标本，标本商就会直接原包寄给他，请他先挑走自己想要的。沃尔特·罗斯柴尔德的办法可能显得贪婪，就像一个惯坏了的孩子把好玩意儿堆成一堆，但他的收藏是有目的的。他只拿走他想要的，来做科学性的比较，阐明蝴蝶的样貌和族系。如今每个人都知道"生物多样性"这个词，但是它近乎成为了一个缩略语，而不外乎是对生命之多种多样的一种诺亚方舟式的模糊感受。要想知道它真正的意义，没有比检视一份大型的蝴蝶收藏更好的办法了。它们翅膀上所承载的进化、色彩中书写的历史，全都在标本柜的抽屉里便捷地展示了出来。如果你能克服对死虫子那种莫名其妙的反感，让那种魔法生效，它就可能在你的心里打开一扇窗子。如米瑞亚姆·罗斯柴尔德（她很了解沃尔特的收藏）

---

1. 这种鸟翼蝶此处译作"奇美拉鸟翼蝶"，取其种名"chimaera"的含义，即希腊神话中喷火的双头怪物"奇美拉"。——译者注
2. Albert Meek（1913），*A Naturalist in Cannibal Land*. Fisher Unwin, London. 罗斯柴尔德如是评价他："米克是一位勇敢面对危险，泰山崩于前而面不改色的人。"

所说，"突然视野就开阔了，地平线延展开来——茅塞顿开，新的想法成形，整个思维'飞了起来'。"[1]

使得罗斯柴尔德勋爵的海量藏品幸免于收藏品以往被拆解、被拍卖、被遗忘悲惨命运的是他的决定：将其留给国家或者说国家想要多少就给多少。包括英国藏品在内的标本，现在保存在国家自然历史博物馆新建的达尔文中心。"它的重要意义，"米瑞亚姆·罗斯柴尔德写道，"在于将整个鳞翅目在你眼前完全呈现出来——它的多样性和复杂性，从一个大陆到另一个大陆，从一个遥远偏僻的海岛到另一个海岛，从沙漠、森林、草原和山区精心遴选而来。这些藏品中还蕴含着一个难以定义的因子：沃尔特因子（爱叫什么叫什么吧），一丝兴趣和好奇的气息，肯定是被以某种方式钉在了这些蝴蝶当中的。"既然爱叫什么叫什么，那我想称它为罗斯柴尔德效应。

---

1. Rothschild, *Dear Lord Rothschild,* op. cit., p. 152.

第七章　金猪蝶：那些蝴蝶们的芳名

　　你有没有好奇过"蝴蝶"（butterfly）这个词是怎么来的？说到底，蝴蝶跟黄油（butter）能有什么关系？曾经有过各种试探性的解释，但是很少有十分令人信服的。有个人猜想最开始的"黄油–飞虫"（butter-fly）是黄色的，像鲜黄油一样黄，所以估计就是亮黄色的硫黄钩粉蝶了——严格来讲是雄性硫黄钩粉蝶，因为颜色较浅的雌虫看起来更像人造奶油。但凭什么是硫黄钩粉蝶成为了所有蝴蝶的先驱呢？黄色不是蝴蝶最主要的颜色，身着褐色、蓝色或者白色的蝴蝶远多于此；另一个理论指出，"butter"来自于撒克逊语词汇"beatan"，意为"扇动"。这是一类靠扇动（而不是嗡嗡嗡地高速振动）翅膀来飞行的昆虫。你有时会听到一种论调说，"butterfly"是由"flutterby"[1]讹传而来。但是"flutterby"是个现代词语，而"butterfly"却古老得不可估量，语言学家已经证明

---

1. "flutterby"即翩跹而过之意。——译者注

了"butterfly"比"flutterby"早出现至少一千年。然而还有一个提议说，最开始的名字一定是"beauty-fly"[1]。这个还是说不通，"butterfly"里的"butter"可不是美丽的意思。我们唯一有理由相信的是，"butter"意思是黄油，"fly"意思是飞虫。

根据《牛津英语词典》（*Oxford English Dictionary*），"butterfly"一词起源于古英语 butterfleoge，出自写于约 1300 年前的一本盎格鲁–撒克逊人的手稿中。[2]即使在那时，它很可能已经是一个很普及的词了，因为这个名字在几种北欧语言中很常见。它在古荷兰语中叫"botervlieg"，在古德语中叫"buttervleige"。在荷兰语中是一个不太雅致的名字"boterschijte"——或者说"黄油–屎"。这真是个恶毒的毁谤，因为蝴蝶几乎不"拉屎"，它们摄取的多数淀粉在发酵后和盐分一起转化为能量。倒是它们的幼虫名声在外，是个实实在在能拉的主儿。但除非它们病入膏肓了，否则毛毛虫拉的东西都是又硬又脆的——不像黄油。

甲虫咬人，蜘蛛结网，它们的名字根本上的意思就是"撕咬者"和"结网者"[3]。蛾子们是被人很不友善地用它们的"蛆"来命名的——那些人们误以为会啃食我们的羊毛袜子和套头衫的小蛆虫，蛾子们被命

---

1. "beauty-fly"即美丽飞虫之意。——译者注
2. www.insects.org. 关于"butterfly"一词，我见到过最详细的讨论是 Anatoly Liberman（2007）在"Whilhelm Oehl and the Butterfly"，http://blog.oup.com/2007/08/butterfly 上面写的一份评论。
3. 甲虫的英文是 beetle，是由 biter（撕咬者）引申而来；蜘蛛的英文是 spider，是由 spinner（结网者）引申而来。——译者注

名为"啃食者"[1]。但对于蝴蝶来说，我们需要忘掉咬和嚼，反之，要想想那些古代部落是怎样看待这些翅膀明艳的昆虫的。另一个表示蝴蝶的古德语词"Schmetterling"，可能包含着一条线索。它来自于"Schmetter"，一个表示奶油的方言词，因此这个词就有了一种类似于黄油飞虫的含义："奶油小飞虫"。更有提示性的是另一个来自中欧民间俗名——"Milchdieb"或者说"偷奶贼"。偷盗牛奶或者乳清，根据条顿神话来看，是女巫们会做的一件事，她们趁夜深去挤牛乳，以此来劫掠那些有钱的农场主。有没有可能，蝴蝶一度是与挤奶联系在一起，或者会被黄油搅拌桶的气味所吸引呢？在东欧的传统农场上，有着关于白色蝴蝶围着牛奶桶飞舞的记载。有可能它们是被牛奶中的某种外激素吸引——或者也可能是被它的颜色，就像紫闪蛱蝶会被水坑或是车顶的反光吸引一样。我们知道蝴蝶在民间的形象并不总是那么正面的。比如说，它们在一些乡下地区被视为扫把星。有一则民间故事，说的是一只白色蛾子会在女巫睡觉时飞离她的嘴巴，继续她的恶行。[2] 这些故事是一个时代微弱的回响，那时的大自然里一定充满了迷信，还有恐惧。

我们知道，除了少数的作物害虫之外，蝴蝶对人类是无害的。在全世界范围内，蝴蝶都以它们轻灵、优雅的舞步和靓丽的翅膀给人留下了深刻的印象。但是，同样的原因也使它们成为了自然界中最贴近人们对仙女或者鬼魂之想象的东西。我们现在觉得同样美丽动人的蜻蜓，直

---

1. 蛾子的英文是 moth，是由 muncher（啃食者）引申而来。——译者注
2. 一只白蛾子从沉睡的女巫嘴里飞出，是在欧洲和北美（某些特定种类的大型蛾类在这些地方被称为"巫婆"）通行的一个传统说法。在诸如 Arthur Quiller-Couch（1895）的"The White Moth"之类的诗歌中对其也有影射。

　　　　　　　　　　　　　　　　　彩虹尘埃：与那些蝴蝶相遇

到 20 世纪还被视为恶魔的代言者。[1]它们看起来就像长了翅膀的螫针，而那双巨大的眼睛仿佛能够逼视你的灵魂。蛾子也一样，其中包含一些地球上最可爱的昆虫，却也曾经因为使人烦恼忧惧而在圣经中遭到含沙射影地挞伐，它们被视作昆虫中的铁锈。蜘蛛也是，被戴上一顶冤赛窦娥的邪恶高帽，直到今天依然摘不掉。或许我们得用同样的视角来看待"蝴蝶"这个词。它们不是"飘然过"，不是"美而飞"，也不是黄油色的春日使者。它们更像是不祥的灵魂状生物，对奶牛场里的牛奶表现出一种反常的喜爱。

英文里蝴蝶和蛾子的名字多数富有诗意，但有时也很含混。现在谁还会发明比如"将军""阿尔戈斯"，或者"发丝"这样的词汇，或者在描述某种蝴蝶时使用"云雾缭绕"或者"如镀银般"等字眼呢？我们理所当然地接受了这些名字，也就不觉得怪了。蝴蝶的名字常被认为是维多利亚时代出现的。事实上，要比那还早。我们很容易忽略它们有多贴切。

比如"发丝"[2]，如今我们多半会说"发线"，却失去了"丝"字当中的那种活力，至少在我耳朵里，那就像一次飘摆、一道闪电，或一条浅色的线以不规则的轨迹穿过了暗色的背景。这些小型的、主要生活在林地的蝴蝶后翅上那条不规则的白线，在蝴蝶收起翅膀时确实看起来像

1. 全世界关于蜻蜓的民间传说可参见：Jill Lucas（2002），*Spinning Jenny and Devil's Darning Needle.* 自出版，Hudderfield. 还有一份英国范围内的总结参见：Peter Marren, Richard Mabey（2010），*Bugs Britannica.* Chatto & Windus, London, pp. 131–139.
2. 指灰蝶科线灰蝶亚科的昆虫。——译者注

在颤动，每个翅膀末端的小尾巴都使得这种效果更为显著。有一个种类的蝴蝶叫作离纹洒灰蝶，它的白色发丝甚至发生了扭动，就像有人试着用最细的笔刷在上面写了一个歪歪扭扭的"W"一样。我们大可以猜想，不管是谁想出了"发丝"这个词，他一定是在这种蝴蝶的自然栖息地观察过，并且亲眼看到了这种标志性的翅膀如何抖动。

我刚开始爱上蝴蝶和它们有趣的名字时，觉得自己至少懂得它们之中的一种，那就是"贝母"[1]。我的父亲是个园艺高手，他告诉了我贝母是什么。那是一种百合，他说，长着下垂的铃铛状花朵，花呈粉红色，缀着格子式的花纹。我找到了一张图，好像是在灯泡的包装盒上，留意到这种盒子形的花是如何与蝴蝶长了同样的花纹。可是，到底是此花以蝴蝶为名，还是恰恰相反呢？

"fritillary"或者"fritillus"的原意，似乎既不是蝴蝶也不是百合，而是一种木质或者象牙质地的盒子，带有棋盘格的花纹，是用来摇骰子的。[2]它发出一阵悦耳的响声，然后将骰子咔嗒嗒地掷过赌桌。被人记住的是这种花纹，然后英语化成为"fritillary"，作为"格纹"的另一个说法。给这类橙褐色底儿上点缀着黑斑的、明艳美丽的蝴蝶起这么个统称是个愉快的选择，抓住了它们的某种优雅和俏皮。童年抓蝴蝶时，小伙伴们管它们叫"frits"。跟"flits"（轻快地掠过）谐音，而且听起来也挺对劲儿。

我同样自己弄明白了"argus"是何人何物。当时我还从没有见过真

---

1. 即fritilary，用在蝴蝶上则为豹蛱蝶类的统称。——译者注
2. Geoffrey Grigson（1955），*The Englishman's Flora,* Dent & Sons, London, pp. 402-404.

彩虹尘埃：与那些蝴蝶相遇

正活的红边小灰蝶，也没见过与此无关的苏格兰红眼蝶，[1]但我知道两者的原型都是希腊神话中一个有点吓人的角色：算是个超级牧羊人，头顶上长满了一大堆眼睛，像葡萄一样。这让他能够眼观八方，成了牧羊工作中的一项巨大优势。也同样意味着他可以搞个轮岗制，一些眼睛闭上的时候，其他的就睁着保持警戒[2]。蝴蝶我是知道的，只有两只眼睛，和我们一样，不像牧羊人阿尔戈斯一样有着独特并且——用进化论的术语来说——高度非概然性的结构。但是，在自己真正的那双眼睛之外，小个子的红边小灰蝶还有大量的假眼，遍布在它翅膀的下表面：黑色小圆点，每一枚都围着一个白圈，前翅上有六枚，后翅上有十二枚。这些就是它的"阿尔戈斯"之眼。不外乎就是鳞片的各种排布嘛，它们当然是看不见的，但是你想想，这么一堆目不转睛的"小眼睛"很可能造成捕食者——比如一只饥饿的云雀吧——片刻的迟疑。要不然，这只困惑的鸟也可能不辨东西地啄向这些假眼中的某一只，而不是真正的眼睛。一只蝴蝶就算翅膀被撕破了也能将就着过，但是让鸟啄到脑袋上可就吹灯拔蜡了。阿尔戈斯，我觉得，真是给这类蝴蝶取的一个相当好的名字。它同样是一个很好记的名字——比起"小褐蝶"或者"精巧墨染蝶"之类也就是我们如今可能会给它的称呼，要强多了。

相反地，现代英语里的名字，就像给瓢虫或者蜻蜓之类的昆虫起

---

1. 红边小灰蝶的英文俗名为"Brown Argus"，苏格兰红眼蝶的英文俗名为"Scotch Argus"，见附录。——译者注
2. "Argus"即阿尔戈斯，是希腊神话中的百眼巨人，全名 Argus Panoptes。他是天后赫拉的仆人，曾杀死女蛇妖厄喀德那。后来受赫拉指派，看守宙斯的情人伊娥，被宙斯委派的赫尔墨斯用计杀死。——译者注

的那种，更偏实用主义而非诗意。它们与艺术或者神话没多少瓜葛，在人们起名的各种出发点中，仰慕之情的成分可没有辅助鉴定的成分大。就蜻蜓而言，它们中的许多名字是基于飞行习惯而取的。有一个类群叫"掠水蜻蜓"[1]，因为它们贴近水面飞行的习性而得名；另一类叫"驯鹰蜻蜓"[2]，会沿着水塘的边缘巡飞；"飞奔蜻蜓"[3]在水面上方掠来掠去；而"追击蜻蜓"[4]在水塘上空追捕它们的猎物。要是蝴蝶也沿着这个思路命名的话，大概就会有滑翔蝶、冲天蝶以及飘动蝶什么的了。

熊蜂的名字就更无聊了。它们中的许多是根据屁股末端的那簇有颜色的毛来命名的——这么说吧，此屁股就是"bumblebee"的"bum"[5]——比如米色尾熊蜂和红尾熊蜂。如果还能再无聊点的话，要数瓢虫的名字最缺乏想象力，主要就看有几个斑，你就从二星瓢虫开始数吧，一直数到二十四星，这中间多半的数字瓢虫都占。以此类推，蝴蝶本也有可能是以斑点或者尾巴来命名的。

经常有人指出，蝴蝶的命名不科学。大理石白蝶与大白蝶并无关联，红将军蝶不是白将军蝶的近亲，而褐色阿尔戈斯蝶也与苏格兰阿尔戈斯蝶毫无相同点[6]。但是相反地，它们却具有不同寻常的"文化共鸣"。

---

1. 即蜻蜓目（*Odonata*）蜻科（*Libellulidae*）的众多种类。——译者注

2. 即蜻蜓目（*Odonata*）蜓科（*Aeshnidae*）的众多种类。——译者注

3. 即蜻科赤蜻属（*Sympetrum*）的种类。——译者注

4. 即蜻科蜻属（*Libellula*）的种类。——译者注

5. 熊蜂的英文俗名是"bumblebee"，此名来自于它们多毛的腹部末端，即"屁股"（bum）。——译者注

6. 大理石白蝶即大理石白眼蝶；大白蝶即欧洲菜粉蝶；红将军蝶即将军红蛱蝶；白将军蝶即隐线蛱蝶；褐色阿尔戈斯蝶即红边小灰蝶；苏格兰阿尔戈斯蝶即苏格兰红眼蝶。——译者注

彩虹尘埃：与那些蝴蝶相遇

蝴蝶的名字让我们进入了一个科学与艺术相交汇的世界，常常创造出那些令人心动神驰的名字，是一片禁绝了 N 星瓢虫或者熊蜂屁股的天地。

蝴蝶名字"演化"所用的时间长得出奇。我们从通常的起始点，以都铎王朝时期的医生托马斯·莫菲特那令人头晕目眩的描述作为开端吧。在他于 1589 年左右撰写的关于"下等生灵"的论著《昆虫剧场》中，莫菲特明确表达了自己对于蝴蝶的欣赏，把一整个章节都献给了它们。[1] 但是尽管他能够为二十多个种类的蝴蝶绘制粗略的木版画，却一个名字也没起。他很难描述它们，因为当时没有昆虫解剖学方面的词汇。取而代之地，莫菲特利用自己对鸟兽的了解来描述蝴蝶，于是他的蝴蝶们就有了"肚皮"，还有"口鼻"和"喙"，也有了"犄角"或者"头管"，因为它们的触角就像牛角一样伸出来。

莫菲特懂得或自以为懂得关于蝴蝶的一点确凿事实。他知道某些种类要比其他种类活得更久，并且以一种"日渐衰弱的姿态"迎来寒冬。龟纹蛱蝶们能够挨过了最冷的几个月份，因为莫菲特发现它们在他家的"窗户、墙缝和墙角里，会像蛇和熊一样，睡上一整个冬天"。他相信那个老故事，某些大型的蛾子会在夜里攻击沉睡的蝴蝶，用翅膀拍打它们，"就像暴君们压榨、凌虐他们的子民一样"。

既然它们没有名字，莫菲特就动用了他的文学天赋，来尽量还原它们的颜色和花纹。例如，在记录孔雀蛱蝶的翅膀时，他看到了"四块硬

---

1. 即第十四章 "Of Butterflies"，见于 Thomas Moffet, *The Theatre of Insects or Lesser Living Creatures*. 1658 年版本的再版，Da Capo Press, New York, pp. 957-975.

石（即钻石）在蓝紫色的边框中闪闪发光"，它们"闪耀着星辰般奇异的光辉，并且向四周迸射出彩虹般的火花"。你可以将它看作蝴蝶中的"皇后或是至宝"，他指出。

他对小红蛱蝶则没有那么钟爱，它们缺少孔雀蛱蝶那种绚烂的色彩，但他确实记录下了它与那些多半时候足不出户的女士们的皮肤的相似之处："自然生就此（蝴蝶），披着一件驼毛呢混纺的外衣（即高档布料的服装），但是它想要鲜活的色彩，因为翅膀是那由黑红色褪变为黄色和赤褐色的色彩，它的美丽更多在于柔软的皮肤，而不是华贵的服饰。"

他同样倾慕豹蛱蝶，尤其是那些后翅嵌着珍珠般的银斑的种类。其中一种很特别地"展现出一列罕见的、闪着蓝光的东方珍珠，前面的翅膀是一种接近火焰的黄色，像火一般燃烧（着）"。很难确定他说的到底是哪一种，不过有可能是珠缘宝蛱蝶，一种曾经很常见的春季蝴蝶。

就是在这样更多地归因于艺术而不是科学的词句里，蝴蝶们第一次走进了那些充满好奇心之人的意识中。像孔雀蛱蝶、荨麻蛱蝶和珠缘宝蛱蝶这样色彩艳丽、珠光宝气的蝴蝶，展示了"自然之优美"。但是既然对它们一无所知，任何人能够做得最好的事情就是，用莫菲特的话说，"去赞美慷慨神明的杰作——他是这些丰厚财富的创造者和给予者"。[1]

笨拙的标签，而不是名字，同样也贴在伟大的博物学家约翰·雷（1627—1705）的作品中，这位埃塞克斯的牧师兼博物学家开始着手给

---

1. 'Of the Use of butterflies', Thomas Moffet, op. cit., pp. 974-975.

彩虹尘埃：与那些蝴蝶相遇

各种各样的昆虫分门别类，尽管他在蝴蝶和蛾子以外并没走出多远。他意识到没有名字是不可能通达顺畅地谈论蝴蝶的。他只知道几个乡下的土名，像是贝母蝶、龟壳蝶、"彩绘女士蝶"、"孔雀眼蝶"，以及更加令人惊讶的"小荒地蝶"。但是雷更偏爱拉丁文的描述性小标签，虽然它们具备学术性，但既不实用，也缺乏想象力。例如，他给大理石白眼蝶做的标签，翻译过来就是"中型蝴蝶，翅膀具备美丽的黑白色杂驳斑纹"。[1]

没人会这么叫它。幸好同时代至少还有一个人看到了要为那些无名之物取名字的必要性。我们前面已经提过他了。他就是收藏压扁了的蝴蝶的那位，埃丽诺·格兰维尔的赞助人和朋友——詹姆斯·佩蒂弗。

佩蒂弗需要为蝴蝶命名。他做出了实际行动，在自己出版的名为 *Gazophylacia*（或者说"珍宝箱"）的昆虫名录中发表了关于蝴蝶和蛾子的简短描述和简笔版画。似乎正是佩蒂弗为我们提供了蝴蝶命名的基本词汇表："发丝"、"阿尔戈斯"、"贝母"、"硫黄"、"将军"，还有"褐蝶"。他取的那些全名当中经受住时间考验的并不多，而且他总是随随便便地改来改去。但是至少，对于给每种蝴蝶都取一个正式的英文名字的这种想法，佩蒂弗是功不可没的。[2]

他早期的一些努力的核心思想与雷的描述性标签很接近，比如他的

---

1. 英国蝴蝶段落的完整译本见于：C. E. Raven（1950），*John Ray: Naturalist.* Cambridge University Press, Cambridge, pp. 407-415.

2. 全面的总结见于：A. M. Emmet, 'The Vernacular Names and Early History of British Butterflies'，即 Emmet and Heath (1989), *The Moths and Butterflies of Great Britain and Ireland,* Volume 7, (1), The Butterflies. 的前言章节。Harley Books, Colchester, pp. 7-21.

"长黄圈的褐眼蝴蝶"（阿芬眼蝶）或者"小型金色有黑斑的草地蝴蝶"（红灰蝶）。佩蒂弗还有一个以标本赠予人的名字来命名物种的习惯，比如"汉德利的褐色蝴蝶"，现在都管它叫珠弄蝶。其他的就以首次发现的地方来命名，比如恩菲尔德之眼指的就是林地带眼蝶，还有滕布里奇美希眼蝶，不久后简化为美希眼蝶。他的第一号美丽的金凤蝶标本是"由我那聪明的朋友提勒曼·博巴特先生抓到的"，并以当时的国王威廉三世来命名为"威廉王室蝶"，大概因为它是从圣詹姆斯宫的御花园里抓来的。仅仅半世纪之后，当比利王 [1] 开始被人们淡忘，这个名字就被改成了金凤蝶。

在佩蒂弗所有被遗忘的名字中，我最为惋惜的就是"hog"[2]（他似乎把它念成"og"），是取给那类胖乎乎的小蝴蝶，也就是今天所说的弄蝶。作为最像蛾子的蝴蝶，它们长着一张大"脸盘"和一双黑黑的小眼睛，确实像猪仙子摇身一变的样子，尤其是它们翅膀上黄褐色的污斑，将丰满的躯体衬托得格外显眼，像只蜂鸟一样。佩蒂弗只知道两种小猪蝶：大个儿的"云雾猪蝶"和体形稍小、色泽较亮的"金猪蝶"。后来它们分别被重新命名为"小赭弄蝶"和"有斑豹弄蝶"，这是根据它们特有的一蹿一蹿的飞行方式起的。也许"弄蝶"比"猪蝶"听起来更尊贵吧。就这样，哎呀，咱们的小飞猪飞走啦。

到了1748年，本杰明·威尔克斯的《英国蝶蛾志》出版之时，许多蝴蝶已经拥有了沿用至今的名字，包括红点豆粉蝶、红襟粉蝶、浓褐

---

1. 威廉三世在苏格兰和北爱尔兰的部分百姓口中被爱称为"比利王"（King Billy）。——译者注
2. 即"猪"之意。——译者注

豹蛱蝶和紫闪蛱蝶。所有这些名字都包含一种颜色，而可能值得注意的是，本杰明·威尔克斯和他的很多"蝶蛾人"同道都是职业画家，他的名片上对自己的介绍是"历史作品和肖像油画"家。[1]像红点豆粉蝶和浓褐豹蛱蝶（High Brown Fritillary）这样隽永的名字想必灵感来源于画家的颜色感知力和想象力了（"high"的意思是色彩浓厚，不是指代高飞的习性[2]）。而"银洗豹蛱蝶"[3]这个名字则完美地描绘了这种蝴蝶后翅上挥洒的珍珠光芒和倾泻的银色洪流，你几乎可以透过它来看到威尔克斯的画笔下还原出的那种效果。

　　摩西·哈里斯（Moses Harris, 1730—约1788）画出了可能是历史上最美的蝴蝶画，他似乎对取名有着独到的天赋。[4]这在他为蛾子取的那些名字里体现得最清楚，其中包括像"白日奇观蛾"和"永结同心蛾"这样的创举[5]。哈里斯的独特之处在于他有时会解释自己脑海里的东西。例如，此前被称作"伦敦之眼"或者大阿尔戈斯蝶的那种蝴蝶，被他重新命名为"墙蝶"[6]——不是因为它的翅面图案（尽管那确实很像砖块），而是因为"它时常停落在田埂上，要么就可能停在墙边上；出于

---

1. Michael A. Salmon（2001），*The Aurelian Legacy.* Harley Books, Colchester, pp. 110-112.

2. 浓褐豹蛱蝶的英文俗名是 High Brown Fritillary，里面有"high"这个单词。——译者注

3. 即绿豹蛱蝶，其英文俗名为 Silver-washed Fritillary，见附录。——译者注

4. Peter Marren（1998），'The English Names of Moths'. *British Wildlife,* 10（1），29-38; Marren（2004），'The English Names of Butterflies'. *British Wildlife,* 15（6），401-408.

5. 白日奇观蛾即 *Dichonia aprilina*，属鳞翅目夜蛾科，英文俗名（来源于法文）为 Merveille du Jour；永结同心蛾即 *Lycophotia porphyrea*，属鳞翅目夜蛾科，英文俗名为 True Lover's Knot。——译者注

6. 即赭眼蝶，英文俗名为 Wall，见附录。——译者注

这个原因，管它叫墙蝶"。他还把"门卫蝶"[1]作为一个恰当而讨喜的名字取给了一种喜欢沿着"小径或者草地的树篱边"飞行的蝴蝶。其他具有相当原创性的名字包括斑点林蝶、银钮蓝蝶（"钮"字用在它那小小的、钻石般闪亮的光斑上正合适）和坎伯维尔美人蝶[2]。哈里斯还为我们命名了一种勃艮第公爵蝶，但是这一次，他很不幸地忘了告诉我们这名字指的是什么。

所以说，大多数的蝴蝶名字不是维多利亚时代出现的。它们来自于维多利亚之前的一个世纪，广泛地出现在乔治王朝时期——有的或者还要更早：威廉三世治下或者"安妮女王的臣子"。到了18世纪末期，早些年的那种天马行空的诗意开始淡去。乔治王朝时期的最后一本经典蝴蝶书籍——威廉·卢因的《大不列颠蝶类志》，为我们带来了"大蓝蝶"和"小蓝蝶"[3]——与"阿多尼斯"和"银钮"比起来真是呆板。卢因还将哈里斯的一个"创作"："抹布或油腻豹蛱蝶"，改成了更加乏味的"沼泽豹蛱蝶"[4]。此前名叫"维氏半哀蝶"的一种格纹蝴蝶（名字源于一种黑白两可的丧服形式）变成了"巴思白蝶"[5]。卢因的解释是，来自巴思的一位女士在绣活儿上绣了这种蝴蝶作为纪念。但是不管谁到

---

1. 即提托诺斯火眼蝶，英文俗名为 Gatekeeper，见附录。——译者注

2. 银钮蓝蝶即豆灰蝶，英文俗名为 Silver-studded Blue；坎伯维尔美人蝶即黄缘蛱蝶，英文俗名为 Camberwell Beauty，见附录。——译者注

3. 大蓝蝶即嘎霾灰蝶，英文俗名为 Large Blue；小蓝蝶即枯灰蝶，英文俗名为 Small Blue，见附录。——译者注

4. 沼泽豹蛱蝶即金堇蛱蝶，英文俗名为 Marsh Fritillary，见附录。——译者注

5. 巴思白蝶即云斑粉蝶，英文俗名为 Bath White，此处的 Bath 是英国的一个城市名，而非洗浴之意，见附录。——译者注

　　　　　　　　彩虹尘埃：与那些蝴蝶相遇

那个城市想要一睹巴思白蝶的真容，恐怕都是去自找失望的。

　　我们之所以仍在使用 200 年开外的蝴蝶名字，可能就是拜两件幸事所赐。其一是 19 世纪开篇的几年里，阿德里安·霍沃斯的《不列颠鳞翅目昆虫》（*Lepidoptera Britannica*）的出版。这本书在那个世纪余下的时间里成为了蝴蝶分类的标准教材，并且在某种程度上，敲定了蝴蝶的英文名字（尽管霍沃斯更希望你们使用林奈的拉丁名）。那个世纪里发现的寥寥几种新蝴蝶自然而然地进入了这个既有的体系：苏格兰红眼蝶、山地红眼蝶、刺李洒灰蝶、埃塞克斯豹弄蝶。霍沃斯本人做出了一些明智的更改：相比斑点弄蝶，他更喜欢银弄蝶；还有，也许没那么情愿地，他把此前一直使用的珍珠弄蝶改成了银点弄蝶。

　　第二件幸事是理查德·索斯（Richard South）的《英伦诸岛蝴蝶志》（*Butterflies of the British Isles*，1906）一书广受欢迎，经久不衰，它的标杆地位保持了 70 年。[1] 作者秉持着保守的观点，以及坚持使用前人流传下来的名字的良好意识。从此再没有人正经地想过要改名了。看起来我们很喜欢自己取下的这些怪异的、掉书袋的蝴蝶名字。我们可能不太爱琢磨这些名字——昆虫学家们总的来说可都不是什么语言学权威——但是和现代的名字不一样，它们承载着人们在蝴蝶身上所倾注的情感的见证。那些被遗忘的先贤的精神在它们身上传承不息，即便现在我们只是把它们当作标签罢了。

---

1. Richard South (1906), *The Butterflies of the British Isles*. Warne Wayside and Woodyland Series, London.

仙女与牧羊人的离去

长久以来，你要是敢管一个蝴蝶叫红点豆粉蝶而不是 *edusa*，就别怪昆虫学同道们觉得你不靠谱。拉丁文名是科学上唯一正确的名字，英文名字仅限于科学家之外的人使用。然而即使对于科学家来说，拉丁名字的意义也不大。极少有书会将版面或者精力用于解释这些名字的意思，以及为什么这些种类要这么取名。但至少对于创造它们的人来说，还是有些意义的——而且不像英文名，我们知道这些起名字的人是谁，因为他们的姓氏缩写就跟在双名法的学名后面。而且如果你深入发掘的话就会发现，它们往往并不是冷冰冰的科学，反而蕴含着同样的浪漫情感，只是巧妙地伪装在一门学术语言背后而已。你会发现其中的类比，包括与仙女和牧羊人、与赛特和魔鬼、与镜子和珠宝，甚至是与思想和梦境的类比。拉丁文与英文同等重要，也是蝴蝶的文化标志的一部分。

习惯上来讲，那些体形较大、色彩较丰富的蝴蝶，尤其是蛱蝶科的，多以女性形象来命名的。她们多数都不是历史人物，而是奥维德、维吉尔等古典诗人作品中的公主或者小女神之类。与蝴蝶一样，仙女也应该是美丽、优雅的，将快乐带入其他人生活的。她们被与春天、鲜花盛开的小树林还有山间牧场联系在一起——这些地方当然是蝴蝶良好的栖息地了。举个例子，孔雀蛱蝶（*Inachis io*[1]），是以伊娥（Io）命名

---

1. 此种现在的学名是 *Aglais io*，见附录。*Inachis io* 是本物种最初发表时的属名组合，现在已经移动到了 *Aglais* 属。——译者注

的，她是一位美丽的少女，被宙斯勾引，又被他的妻子报复，然后变成了一头小母牛［伊那科斯（Inachis）就是伊娥（Io）的父亲］。隐线蛱蝶（*Ladoga camilla*），纪念的是卡密拉（Camilla）——维吉尔的《埃涅阿斯纪》中一位骁勇善战的公主（是因为"将军"这个名字需要一位巾帼英雄来呼应吗？）。*Cynthia*[1]，小红蛱蝶的学名，与其说是个人物，不如说是种灵感，是位缪斯。这个名字在18世纪的抒情诗人中间很受欢迎。它还是女猎神黛安娜——伟大的荒野女神的一个别名。[2]

最为溢美的名字是给豹蛱蝶留着的。里面包括了美惠三女神：珠缘宝蛱蝶是欧佛洛绪涅（Euphrosyne），欢声笑语的使者，可能暗指一个人要是在一年中乍暖还寒的那几天里看到这种明艳的蝴蝶会是怎样的心情；第二位是阿格莱亚（Aglaia），美丽与辉煌的化身，这个名字授予银斑豹蛱蝶正合适；第三位女神，塔利亚（Thalia），已经被用在另一种昆虫上了。但是只需要稍加更改就可以使之符合规则，于是它就变成了*Athalia*，这位女神掌管音乐和歌曲，黄蜜蛱蝶便是以她为名。看到稀有的黄蜜蛱蝶，恐怕就是会情不自禁地唱上两句吧。

为了与它们较为朴素的颜色相称，眼蝶一般都被赋予了男性的人

---

1. *Cynthia* 是小红蛱蝶所在的亚属（属以下的一个分类阶元）名，音译则为"辛西娅"，是一个常见女名。——译者注

2. A. Maitland Emmet（1991），*The Scientific Names of the British Lepidoptera: Their history and meaning*. Harley Books, Colchester. Emmet 是蝴蝶与蛾类名称含义方面的权威；这本关于它们拉丁文学名的书，是一本学术性的代表作品。

格。它们是住在森林中的赛特[1]，是长着山羊腿的怪物。与它们晦暗的体色相一致的是，这些蝴蝶常常成为阴暗或者不幸人物的象征。比如提托诺斯火眼蝶的名字 *tithonus*，来源于一个年轻人，他向众神祈求永生，结果发现其实是个诅咒。他得到的不是永恒的青春，而是永恒的衰老；因年龄的增长而面黄肌瘦的他开始祈求死亡，用坦尼森的话说，因为他正在被"残酷的不朽"所慢慢侵蚀。

另外一个阴郁的名字是 *Maniola*，这个属包括草地灵眼蝶，它的意思是"逝者的小小阴影"，或者我们可以叫作，"小鬼魂儿"。这种蝴蝶的灰暗翅膀让人想起逝者灵魂所栖身的冥府之黑暗。同样的想法还被欧洲群山里飞翔的一类颜色更深的蝴蝶所勾起，那就是品类繁多的 *Erebia* 属下的种类，以厄瑞玻斯[2]得名，那是神话中阳间地下的黑暗领域。英国的两个种类之一，苏格兰红眼蝶（*Erebia aethiops*），名字的另一半来自埃塞俄比亚人，这在当时是对皮肤较黑的种族的通称；另一个物种，山地红眼蝶（*Erebia epiphron*），是基于一个意为"有思想的"的希腊语词。那也同样是受这种蝴蝶阴沉的色调启发，尽管要把它与一些外观非常近似的欧洲种类区别开确实需要动动脑子。况且想到我们国家仅有的这种真正的山地蝴蝶可能很快就要成为气候变化的受害者了，心情也的确开朗不起来。

---

1. 即 Satyr，希腊和罗马神话中的森林之神，眼蝶亚科的学名 Satyrinae 即命名于此。在希腊神话中它被称为萨提罗斯（Satyros），长有马尾、马耳和马的阴茎；在罗马神话中有基本对等的概念，称为弗恩（Faun），下半身为山羊腿，头上生有羊角。它们是最下等的森林神，掌管丰收和性欲。——译者注

2. 即 Erebus，希腊神话中的原始神之一，幽冥神。他掌管着阳间和冥界之间的黑暗领域，阳间的人死后即通过这片区域到达冥界，他的名字也成为这片领域的代称。——译者注

眼蝶中的一个例外是美希眼蝶，名字来自于一位女性人物——塞墨勒，一个受众神垂爱的凡人，尤以亨德尔的同名歌剧闻名。与我们的主题很应景的是，塞墨勒的故事是个悲剧，因为宙斯一在她面前现出完整的本相，她就在烈焰中灰飞烟灭了。有可能是巧合吧，但是雄性的美希眼蝶确实有一副烟熏火燎的外表，而它喜欢停落在小径上的习性，会让人想起那部歌剧里最有名的一个唱段："你去何方"。

任何观察过弄蝶的人都会知道，它飞行时不同于其他蝴蝶那样飘荡，而是翅膀一顿猛扇，几乎就是一阵嗡嗡嗡，更像是蛾子而非蝴蝶。有斑豹弄蝶的动作让昆虫学家雅各布·胡布纳想起了古代戏剧中的舞者，他们围着舞台蹦来跳去，时不时地停下来把手臂张开，做出一种喜悦或悲伤的姿势。这样的演员被称为 Thymelicos[1]，于是根据这个，*Thymelicus sylvestris* 这种弄蝶的名字意思就是"森林中的小小舞者"（这里显然是搞混了，因为有斑豹弄蝶实际上更偏爱草密林稀的草原）。另一方面，小赭弄蝶会从栖枝上飞起来驱逐入侵者，再落回原位休息，这点很像蝇虎的习性。胡布纳又想出一个名字，将这种蝴蝶叫作 *Ochlodes*，意为"骚乱的"或者"不守规矩的"，既指代它那种不安的飞行姿态，也描绘出它的"个性"。杰瑞米·托马斯则将有斑豹弄蝶描述为一种"精壮的小型蝴蝶，闪着金光横冲乱撞"。[2]

一个更不吉利的名字 *Erynnis*，被留给了珠弄蝶，它有着从路面起飞向上飞行的习性，带着一种被托马斯比喻为"飞机从编队里脱离出

---

1. 拉丁文词语，意为"剧院的"。——译者注
2. 来自 Jeremy Thomas，Richard Lewington (2010)，*The Butterflies of Britain and Ireland*. British Wildlife Publishing, Oxford, p. 30.

来"的动作。[1] 对于另一位德国昆虫学家弗朗兹·施兰克来说，这种躁动不安的行为让人想起三位复仇女神"厄里倪厄斯"[2] 来，她们追捕那些作奸犯科之辈，从天涯到海角纠缠着他们，直到她们的受害人疯掉为止。在施兰克诗意的想象中，这就是珠弄蝶的宿命，永远被看不见的复仇者追逐着。它的种名 *tages* 指的同样也是一种行为怪癖。在神话里，塔格斯[3] 是一位拥有老者智慧的男孩，他突然从地上站起来，指导伊特鲁里亚人预言之术。

赭眼蝶是另一种喜欢在步道的裸露土壤上晒太阳的蝴蝶，并且同样有着一个令人毛骨悚然的名字。那就是 *megera*，以复仇三女神之一的墨纪拉为名，她怀着满腔的嫉妒和恶意，紧紧盯着那些奸夫淫妇不放。它在现代的属名比较温和——*Lasiommata* 或"长毛的眼睛"，这提醒着人们，蝴蝶是人们根据收藏的插了针的死标本进行描述的，因为即便赭眼蝶确实长着"眼睫毛"，没有放大镜也很难看见。

丹麦昆虫学家约翰·克里斯蒂安·法布里修斯（Johann Christian Fabricious, 1745—1808）是第一个将蝴蝶编排成由近缘种类组成科的人，也是第一个将蝴蝶和蛾子区分清楚的。许多取给我们国家蝴蝶的拉丁文名字都是源于他写下的简练描述（这些描述常常基于伦敦的收藏）。"法布"似乎很喜欢双关和类比，往往是较为隐晦的那种。可能

---

1. 同第 141 页脚注 2。
2. 即 Erinyes，为希腊神话中复仇女神的总称。三位复仇女神分别为不安女神阿勒克图（Alecto）、嫉妒女神墨纪拉（Megaera）和报仇女神提希丰（Tisiphone）。——译者注
3. 即 Tages，罗马神话中的人物，伊特鲁里亚宗教的创教先知。——译者注

彩虹尘埃：与那些蝴蝶相遇

他是怀念起自己那份编绘纵横格字谜游戏的职业了。比如他给紫闪蛱蝶取的逗趣名字 *Apatura iris*。"Iris" 很好解读，她是彩虹的拟人化形象，暗指雄蝶身上令人炫目的紫色光晕。但是 "*Apatura*" 真是个谜，它显然是个人为矫饰出来的词，可能是颠倒了字母顺序，最可能的解释是法布里修斯采用了希腊语 "apatao"，意思是欺诈。紫闪蛱蝶的紫色披风是一个 "时而闪现，时而遁形" 的谜题；此刻这只蝴蝶还是昏暗的褐色，下一刻就变成了让人泪目的闪亮紫色。但是法布里修斯同样也成了一个骗子，他把原本的词语变成了一个自造词。你可以说，他这是在与蝴蝶共鸣，围绕着骗人的想法开了一个学术上的小玩笑。据我们所知，这在 18 世纪的丹麦似乎显得聪明有趣。

人们最觉得对不住的蝴蝶是那些最小的——灰蝶和弄蝶——林奈在他的第六本也是最后一本蝴蝶名录中把它们归类到了 *Plebejus* 属里，意即平民。它们是蝴蝶中的平民百姓，是卑微的工农阶级，没比衣蛾强多少。接下来这种侮辱愈演愈烈，灰蝶所在的族群被重命名为 *Plebejus parvi*，即穷苦百姓；就连两种菜粉蝶都被看作是高一等的阶层。这套分类系统已经被丢进垃圾桶很久很久了，但是平民的标签却始终贴在 *Plebejus argus*，也就是豆灰蝶的学名身上——这种蝴蝶身上美丽的银色 "饰钮" 看起来与它名字中隐含的低贱身份可不太相符啊。

作为某种补偿，我们国家几种最小的蝴蝶有了异乎寻常的美丽名字。它们当中最小的一种，枯灰蝶（*Cupido minimus*），是以丘比特这位手拿弓箭扇着翅膀的小爱神命名的，这在某种程度上就显得很恰当。最出人意料的一个是卡灰蝶的名字 *Callophrys rubi* 或曰 "黑莓丛中的美丽眼眉"。再靠近些你就会知道为什么：每只漆黑的眼睛上方都有一些散落的彩虹色鳞片，就像埃尔顿·约翰戴的迷幻眼镜一样，同时眼睛周围还有白色的镶边，仿佛这种蝴蝶化了妆似的。

第八章　看见红色：将军蝶

　　彩虹的七色光当中，最具有视觉冲击力的要数红色。这种代表着火和危险的颜色具有某种瞬间吸引人眼球的能力。它充满了警告和危机。我们的消防车是红色，警示灯是红色，红十字会标识也是红色。如果我们想让什么东西在很远处就能被看见，比如邮箱或者（从前的）电话亭，就会把它涂成红色。可能因为红色太显眼了，以至于很少有野生动物是红色的：即使所谓的红松鼠和红鹿[1]，其实也只是具有一种红棕色的色泽，作用在于隐蔽而非宣示。

　　蝴蝶中红色的种类也不多见。在英国，其实在整个欧洲大陆亦然，只有一个种类具有纯正鲜亮的红色图案，好像喷溅而出的血一样：将军红蛱蝶。这种红色，一定要描述的话，在黑色（或者说接近黑色）、白色和表面一层蓝色炫光的反衬下愈发鲜艳。飞行的时候，

这条电光闪闪的鲜红色带看起来忽明忽灭，就像救护车的顶灯一样。纳博科夫所称的这种"瑰丽的、丝绒与火焰交织的生灵"身上的醒目颜色，使得将军红蛱蝶一眼可辨。人人都认识它，而且似乎从古至今皆是如此，因为它是目前为止被艺术还原得最多的蝴蝶。你会发现它在三四个世纪以前的荷兰花鸟画上停落和飞舞，再往前，还出现在中世纪的圣诗集和祈祷书的边框上。将军红蛱蝶从来都是一种引人注目的蝴蝶。

它同样是一种成功的蝴蝶。作为一种长距离迁飞的蝴蝶，它是世界上分布最广的物种之一。在英国，就像在欧洲大陆上一样，它是花园里的常客，尤其在夏末时分。当它集中精神，在常春藤的花丛中或者腐烂的苹果上吸取汁液的时候，就会忽略我们，我们此时可以靠得很近，欣赏到那副纤瘦的、一看就很脆弱的身躯里蕴含的力量。胸部——驱动翅膀的那一块，具有皮革一般的质感，像一个由坚固的韧带捆扎起来的小袋子。这些韧带鼓动着翅膀，让将军蝶踏上了飞越陆地与海洋的长途旅程。看着它那"L"形的喙在花朵的蜜腺中震动，让人想起的不太像只舞动的蝴蝶，反倒像一台发动机在摄入燃料，可能是一架轻型飞行器吧，高辛烷的燃料被倒进了那小小的化油器里。

既然红色是这种蝴蝶最为显著的属性，为什么它是以海军高级指挥官来命名的呢？这与将军蝶能够且确实会飞越海洋这件事并无关联；远在它那惊世骇俗的迁飞旅程为人所熟知，甚至为人所察觉之前，它就已经拥有这个名字了。通常的解释是"Admiral"由"Admirable"讹误而来。他们说这才是原本的名字：红色可敬蝶，可敬的将军。[1]简洁而又恰当，这个解释令人满意，看起来像是个事实。它确实是被复述了一遍又一遍，而且具备了作为一个事实的全部要素，除了一条：它不是真的。

"将军蝶"是英国最古老的蝴蝶之一。它的出现可以追溯到18世纪初的文字记载中。很有可能这是一个民间的土名，如果事实成立的话，这个名字在部分北欧国家，尤其是在德国和荷兰（回想一下，"蝴蝶"一词在这两个国家也通用）也通用的。幸运的是，18世纪的博物学家詹姆斯·佩蒂弗在他的一本插图"宝藏"名录中偶然提及，我们因此粗略地了解到"将军"的意思。这种类比不是指海军指挥官本人，而是他的旗帜。[2]佩蒂弗把"将军"一词用在那些翅膀宽阔、色彩集中在角上而其余部分都是素色的蝴蝶身上——这很像英国的红色船旗。他用此名称呼几种非欧洲的蝴蝶，但是将军们的教父，这么说吧，他最早以"将军"命名的就是将军红蛱蝶，是它们之中最鲜艳夺目的。佩蒂弗写下这些是在1707年英苏合并运动的时间左右，那时诞生了一面新的国旗：米字旗。不论是否是巧合，米字旗（还有荷兰国旗也是）飘扬着与我们的蝴蝶一样的颜色——红色、白色和蓝色。

到了18世纪50年代，林奈开始他的动物、昆虫以及植物拉丁文

---

1. Emmet，Heath (1989)，*Moths and Butterflies*, Volume 7(1), pp. 192-193. Emmet, A. Maitland (1989), 'The Vernacular Names and early History of British Butterflies'，如上文所引。Volume 7(1), *The Butterflies*, pp. 7-21. 现代作者中 E. B. Ford (1945)，在他著名的 *New Naturalist* 里的一卷 *Butterflies* 里，以及 T. G. Howarth (1973)，在当时的标准教材 *South's British Butterflies* 中得到了相反答案。

2. Emmet, op. cit., p. 192.

双名法系统的时候，将军蝶在整个北欧都成了这种蝴蝶的俗名。林奈也知道它叫 "Admiral"，尽管作为一名优秀的国际学者，他将其拉丁化为 *"Ammiralis"*。只有法国人管它叫了一个不一样的名字 "Le Vulcain"，来自伏尔甘 [1]——诸神的铁匠，在红色的火光和蓝白色的热铁中转动着他的黑暗熔炉。在英格兰部分地区它还叫作市参议员蝶（Alderman），可能是因为市府的长袍有着相同的颜色，也可能是因为 "Alderman" 和 "Admiral" 在字母组成上比较相似。但是许多作者还是喜欢叫它 "可敬蝶"，相信或者说愿意相信，这才是它真正的名字。

将军红蛱蝶的学名没那么出名，但它同样是个令人难忘的名字。它叫 *Vanessa atalanta*（是我从小就知道的一个 "拉丁" 名字，尽管我很可能念的是 "atlanta"，而非 "atalanta"）。

Vanessa atalanta 是一个配得上这种蝴蝶的名字，而且它发自心灵。它是约翰·克里斯蒂安·法布里修斯笔下另一个隐晦的名字。"Fab"，他的姓氏以缩写形式如是出现在自己所命的学名之后，是个亲英派。他频繁地造访伦敦，来观赏这里著名的昆虫收藏，在这儿结交了很多朋友。也许是由于备受礼遇，他给这个蝴蝶中最受欢迎的种类取了一个 "英语的" 拉丁名——*Vanessa*。法布了解并且欣赏英裔爱尔兰作家、讽刺文学家乔纳森·斯威夫特（Jonathan Swift）的作品，*Vanessa* 最早出自于他的史诗《坎狄纳斯和文莎》（*Cadenus and Vanessa*）。此诗写于 1713 年，但是 13 年后才发表。它是一篇自传体的爱情诗，被包

---

1. 即 Vulcan，罗马神话中的火神和工匠之神，在希腊神话中对应的人物为赫淮斯托斯（Hephaestus）。——译者注

　　　　　　　　　　　　　彩虹尘埃：与那些蝴蝶相遇

装成关于仙女和牧羊人的奇幻故事。伪装之下是一段现实生活中的洛丽塔式故事，关于中年的斯威夫特与他十几岁的女学生埃斯特·凡鹤利（Esther Vanhomrigh）的风流韵事。文莎是他对她用的昵称，由"Van"和"Esther"组合而来。或许在他的心中，这还是"Phanes"[1]的一个双关语，那是希腊的一个创世前的神明，生命的创造者，有一个女性的衍生名"Phanessa"。"phainos"一词同样意味着"闪耀者"；它是蛾子的法文名之一，"phalène"——是指蛾子看起来像在反射窗口或者手电筒的亮光。可怜的埃斯特（文莎）死得很早，时年35岁，直到那时斯威夫特才发表了这首诗。在他心目中，或许对法布里修斯而言亦然，文莎这个名字结合了审美情趣、卓越才华，还有一条年轻的生命在盛放之中戛然而止的悲戚，就像蝴蝶一样。你可以想象法布读着这首诗，猛地捕捉到一句话："何时耶！文莎乃绽放。其卓绝兮，仿佛阿塔兰忒[2]之星。"瞧，现成的，这就是他取的名字：*Vanessa atalanta*。[3]

那么阿塔兰忒又是谁呢？在18世纪，每个年轻学者都在夜以继日地翻译维吉尔和奥维德的时候，她是一个有名的神话人物。作为亨德尔最不出名的歌剧之一的主角，她是一位传奇的女猎手和运动员，拿着神话里相当于奥运金牌的跑步、射箭和标枪奖牌。她美丽动人，但同时作为阿尔忒弥斯的女祭司，也是不可侵犯的：要知道她可是个危险的女人。阿塔兰忒的神话故事里回荡着血与火。受够了那些死缠烂打的求婚者的她，向他们所有人发出了死亡竞赛的挑战。意志坚决的奔跑

---

1. 即法涅斯，希腊神话中从混沌中诞生的第一位神明，雌雄同体，是生命的创造者。——译者注

2. 希腊神话中美丽而又英勇的女猎手。——译者注

3. Cadenus and Vanessa 的全文可在 www.luminarium.org 上获取。

者们拔足起步，却都被阿塔兰忒的飞毛腿追上，没过多久，他们搬了家的脑袋就插在竞技场周围立着的杆子上淌血了。唯一一个在她冷漠的情感中赢得一席之地的男人是位运动员同仁——墨勒阿革洛斯，但他很快也落得个悲惨的下场：在亵渎一位女神后葬身于烈火之中。爱情与渴望、鲜血与烈火的元素，全都掺杂在 *Vanessa atalanta* 里，这一定让法布里修斯私心里很是满足。其中的情感力量并没有被时间所抛弃。"Vanessa"依然是个相当常见的名字，而我每当想起那位左翼的女演员瓦妮莎·雷德格瑞夫——"红色瓦妮莎"——一定会好奇她的父亲迈克尔爵士是否也对蝴蝶感兴趣。

来自地狱的蝴蝶

在感召阿塔兰忒那炽烈的灵魂时，法布里修斯一定也回想起了关于将军红蛱蝶的民间传说，里面充满了不祥的预兆。过去的几代人为蝴蝶和蛾子赋予了魔法和神话的色彩。即使科学给出的新的合理化解释正在改变我们对于生命的看法，恐惧的逆流依然湍急不息。大自然中也许充满了有用的植物和迷人的动物，但它也同样很危险。将军红蛱蝶的翅膀会让人不由得想起黑暗中的火焰，它能够作用于艺术家的想象。很早的一只将军红蛱蝶飞翔在 1330 年左右问世的《勒特雷尔圣诗集》（*Luttrell Psalter*）[1] 的边框上。它正在被一只虚构的鸟追捕，语境是一篇

---

1. 作者乔弗里·勒特雷尔爵士（Sir Geoffrey Luttrell, 1276—1345），林肯郡厄恩汉姆（Irnham）村的采邑领主。——译者注

关于大卫的圣诗，他祈祷自己能从敌人手中解脱出来。[1] 估计这只蝴蝶代表邪恶一方，被一个化为鸟形的天使驱逐而走。画家选择将军红蛱蝶是因为它已经背上了那种名声吗？它是圣诗中"虎狼之辈，反复小人"的合适形象吗？

一个世纪之后，在皮萨内洛于 1440 年左右所作的一幅年轻女性的肖像画中，一只更为写实的将军红蛱蝶飞翔在康乃馨和耧斗菜的上空。这名女性很可能是吉内维拉·埃斯特[2]（画家在肖像画里还加上了一株 *ginievre*，刺柏，暗指着她的名字）。这幅画是在画中人死后绘制的，可能是依据逝者的面部模型而画。吉内芙拉死时 21 岁，传言说是被毒杀，有人说是她丈夫干的。在"花的语言"中，耧斗菜的花环暗指死亡，康乃馨则可能代指纯真无邪。[3] 蝴蝶，通常是一只白色的蝴蝶，有时会在这类画作上找到一席之地，代表复生的希望。但是选用将军红蛱蝶说明另有他故，会不会是代表着地狱烈焰，那个谋杀她的凶手终将迎来的命运呢？

早期的荷兰花卉画大师老安布罗修斯·博斯舍尔特（Ambrosius Bosschaert, 1573—1621），常常在他的画中画上一只将军红蛱蝶。这几乎成了他的艺术签名。人们发现他画的将军蝶通常是翅膀半合地停落在一根折下来的花枝上，与花瓶或花篮保持一定距离。他画翅膀用的

---

1. 参见大英图书馆网站：www.bl.uk/online gallery/sacredtexts/luttrellpsalter and Michelle Brown（2006），*The World of the Luttrell Psalter*. British Library, London.
2. Ginevra d'Este（1419—1440），意大利贵族，费拉拉侯爵的女儿。——译者注
3. "Butterfly" in Lucia Impelluso (2003), *Nature and Its Symbols*. J. Paul Getty Museum, Los Angeles, pp. 330—332.

是自己所有作品中那种标志性的谨小慎微，但是蝴蝶的身体却总是看着不对劲儿。尤其是头部，就像鸟的一样，口器扭曲得近似鸟喙。如果他画中的花朵代表生命之美，那么蝴蝶是象征着死亡吗？我们只能猜测而已，但是博斯舍尔特的将军红蛱蝶在半扇阴影中停落在一朵为群体所排斥的枯萎的花上，这种遗世独立的样子有着同样的说服力。生命中的一切都有它的对立面，而蝴蝶可能就是花朵的香甜必然招致的对立之物。人们很容易怀疑，它的美丽就是最邪恶的那一种。[1]

在荷兰大师们两幅稍微晚些的画作中，这一点是确信无疑的。耶稣会的画家丹尼尔·塞赫尔斯（Daniel Seghers）的画作《圣母子与两只蝴蝶》里，一只蝴蝶是纯白的，而另一只就是将军红蛱蝶。圣母玛利亚的眼光凝视着白蝴蝶的方向，而圣子的手举起来，好像要去捉它。然而出人意料的是，他的眼睛没有看着白蝴蝶，而是看着远处黑暗中飞舞的有红带的那只。这位画家似乎是借助两种反差强烈的蝴蝶来阐述一种道德观点：白色那只代表完美无瑕的灵魂，而红色的则是罪恶和诱惑的化身。将军蝶飞舞在画面右侧的远端，这块区域在最后审判日题材三联画的传统中是留给地狱的。塞赫尔斯可能是在告诉他的罗马天主教教众，天主教徒必须力争向善而警惕罪恶。白蝴蝶同样可能代表纯洁无瑕的圣子，而红色的代表的则是对他死于十字架的一种预言。[2]

第二幅画是简·戴维森（Jan Davidszon）作于 1670 年左右的《龙虾与果实》，其中有一只将军红蛱蝶飞舞在一堆令人垂涎的以煮熟的大

---

1. Irving F. Finkelstein（1985），'Death, Damnation and Resurrection: Butterflies as symbols in Western art'. Bulletin, *Amateur Entomologists' Society,* 44, 123—132.
2. 同上。

彩虹尘埃：与那些蝴蝶相遇

龙虾为主菜的食物上方。蝴蝶的红色对应着龙虾的红色，这可不是巧合。这幅画的主题是"暴食"这种罪行，说明的道理是贪婪会使人失去虔诚。巨大的红色龙虾是魔鬼形象的替身，魔鬼我们都知道：红色皮肤，长着一对很像龙虾的角。这只蝴蝶则是魔鬼的一种分身，是昆虫中的墨菲斯托，这也会有助于强调画中的信息。唯恐还有人心存疑虑，画里还有一只打翻的高脚杯，说明看不见的贪吃鬼已经吃太多了，正在桌子底下打呼噜呢。[1]

弗拉基米尔·纳博科夫回想起 1881 年，铺天盖地的将军红蛱蝶是如何出现在俄国的干草原上，最远直到北极圈里，那一年俄罗斯正因为沙皇亚历山大二世遇刺而陷入瘫痪。[2] 当人们注意到它那似乎预示着灾难的翅膀花纹时，这种蝴蝶落得了"死亡信使"的名声。后翅的下表面上有一个清晰的"8"字图案，旁边是一个较为扭曲但仍然可以识别的"1"字图案（这些图案在一些个体上比另一些个体要清晰）。一旦"看到"它，张开的翅膀上就拼出了完整的"1881"年——国运注定的一年。同样的一组数字成为了它西班牙语名字 Numerada 的灵感来源。从此以后，将军红蛱蝶就被迷信的俄国人称为"死亡之蝶"。只要将军红蛱蝶大量出现，农夫们就开始画十字。正是因为脑子里装着这件事，纳博科夫才在他的小说《微暗的火》（*Pale Fire*）里，将一只"有深红色条纹的暗色蛱蝶"放在约翰·谢德的袖子上。任何懂得这一隐喻的敏锐

---

1. 同 152 页脚注 1。
2. Brian Boyd，Robert Michael Pyle（2000），*Nabokov's Butterflies: Unpublished and uncollected writings.* Allen Lane, London, p. 676.

读者都会意识到，约翰·谢德快要死了。[1] 可能这也是为什么电影《西线无战事》（*Quiet on the Western Front*）的结尾，是战士伸手去够停在战壕胸墙上的一只蝴蝶，只落得被狙击手一枪打穿了脑袋的下场。

将军红蛱蝶的不祥之名似乎并没有被带入英格兰，除非英格兰北部的黑暗蝴蝶"女巫"说的就是这种蝴蝶。我们可以欣赏这种蝴蝶，它就像一位美丽悦人的访客，在花朵和成熟的水果上大快朵颐，在卑微的荨麻上产卵。但接下来你会好奇，它那亮丽的红色带斑是如何出现的，又有什么优势。显而易见地，红色是警告色。它通常代表着这种昆虫有毒，不能吃。红色的朱砂蛾就有这样的一种策略，而且它确实携带着幼虫从赫赫有名的有毒植物千里光那里收集来的毒素。但如果这就是将军红蛱蝶绯红色带的全部功能的话，那它就是虚张声势，它吃的是无毒的荨麻，据我们所知，这种蝴蝶对饥饿的鸟而言可是样美味的零食。[2]

有时一种容易被捕食的蝴蝶会通过模拟有毒的物种来防御敌害。但如果是这样，将军红蛱蝶是在假扮什么呢？至少在欧洲，它和任何其他的蝴蝶都不相似。那么你就会好奇，它那精细的花纹——绯红的色带、白色的条纹、缭乱的灰蓝色，还有下表面神秘的黄色三角形是如何产生的？线索可能就隐藏在它翅膀下表面的花纹中，当蝴蝶休息时——也就是最易受到攻击时——是可见的。它的亲戚龟纹蛱蝶和孔雀蛱蝶

---

1. Vladimir Nabokov（1962），*Pale Fire*. Modern Classics edition, Penguin.
2. 将军红蛱蝶是米瑞亚姆·罗斯柴尔德眼中"高深莫测"的蝴蝶之一，是一种明显无毒的蝴蝶，但却可能含有某些源于荨麻的驱避物质。Miriam Rothschild（1985）in Heath, Emmet, *Moths and Butterflies,* Volume 2, op. cit.

的下表面暗淡无光，以此来隐藏自己。但是将军红蛱蝶的下表面也保留着那些鲜艳的色带，它的伪装顶多算局部的。

根据亨利·沃尔特·贝茨的观察，蝴蝶翅膀上的图案是大自然的碑铭，上面有待人来阅读的故事。[1]就将军红蛱蝶而言，菲利普·豪斯（Philip Howse）教授最近在他古怪而精彩的著作《蝴蝶：灵魂的来信》（*Butterflies: Messages from Psyche*）中提出了一种奇思妙想的"翻译"。豪斯教授长久以来专注于研究蝴蝶和蛾子的翅膀斑纹，试图发现它们的生物学信息和含义。在某些情况下，他的脑海中开始形成一幅画面，很像是那些点线交织而成的，会忽然显示出一只猴子或者一条金鱼的3D图片。他猛然间在将军红蛱蝶身上看到的东西差点儿让他一屁股坐到地上。[2]

其中的诀窍，按豪斯的话说，不是用我们的眼睛去观察这种蝴蝶，而是去想象，如饥饿的鸟这样的捕食者看到的它会是什么样子。我们知道鸟类"看"的方式和人类不一样：它们不需要看到全景，只是对特定的图案或者颜色做出反应。这才是真正的关键元素：它们在视野中是相互独立的。如豪斯所说，鸟类，就像自闭症人群一样，不具备"整体"的感知力："一只鸟去看一只蛾子的时候，看到的首先是细节——眼斑、

---

1. Henry Walter Bates（1864），*The Naturalist on the River Amazons*. John Murray, London.
2. Philip Howse（2010），*Butterflies: Messages from Psyche*. Papadakis, Winterbourne, Berks, p. 170. "我试着在自己脑海中设置一块干净的白板，不带任何先入为主的观念去观察翅膀上的图案。"

胡蜂式的条纹或者其他碰巧出现的东西。"[1] 我们可以猜想，这样的细节在鸟类的记忆中留下的印记，决定了一只蝴蝶是该被当作食物对待还是应当避开。就将军红蛱蝶而言，向鸟类传达信息的应该是各种颜色的组合，并非仅仅是红色带斑而已。有什么其他的动物有着同样的基本色彩、排列方式也一样呢？有一种：金翅雀。它的喙基部周围有着同样的一抹红色，环绕着黑漆漆、闪蓝光的小眼睛，后面是一圈白带，跟着是黑色的领和头顶。那么有没有可能，在那一瞬间，一只捕食的鸟会把一只停落着但有所警觉的将军红蛱蝶错当成一只金翅雀？

将军红蛱蝶常常在常春藤、黑莓和蓟的灌木丛中取食和休息，雀鸟也常在此类地点觅食，尤其是夏末秋初。想象一下，如果你是一只正在觅食的金翅雀，用锐利的三角形的喙这儿戳戳、那儿探探，这时你看到了什么东西？有可能是口吃的，停落在叶子中间。蝴蝶"沙"地抬起了前翅，那一瞬间雀鸟看到了一幅粗糙的画面，是近乎真实尺寸的它自己：闪蓝光的小眼睛，还有锐利的三角形喙的模糊图像，一应俱全。你想想，这鸟就要后退了吧。蝴蝶则活着飞舞到第二天。

这甚至不算是将军蝶的全部防身解数。豪斯再一次若有所思地注视着它后翅上的红带，里面点缀着一列黑点，还有深色的荷叶边，像小小的腹足，让人想起长着一排黑洞洞的呼吸孔（气门）的毛虫，尤其是特定的、取食有毒藤蔓的新世界毒毛虫。同样的图案在翅的下表面也隐约再现。将军红蛱蝶在世界上分布范围极广，一直延伸到了中美洲热

---

1. 同第155页脚注2，p. 96及个人通讯。在 Howse（2013），'Lepidopteran Wing Patterns and the Evolution of Satyric Mimicry'. *Biological Journal of the Linnean Society*, 109, 203-214, 以及一篇即将发表的关于将军红蛱蝶的论文中阐述更为深入。

带地区。它必须找到一种招数来抵御这个星球上南拳北腿的捕食者们，因此它会在自己的武器库里开发出不止一种技能。

不是所有人都同意豪斯的观点，有人提出蝴蝶翅膀上的图案主要是帮助它们识别自己的同类。就个人而言，我相信豪斯教授说到了点子上。毕竟，世上有的蛾子看起来像危险的蜜蜂或者胡蜂，有的毛虫很像蛇，甚至还有的昆虫，从不同角度观察的话，形象会突然变幻成蟾蜍、猫头鹰，甚至有一例变成了一只小而机警的鳄鱼。如果它们进化的目的是给捕食者带来疑虑和困惑，那么一只蝴蝶翅膀上粗糙的金翅雀脸谱可能耍的也是同样的把戏。但不论是什么进化途径形成了这些华丽的红色翅膀，其结果都有口皆碑。想到这些能勾起人们如此久远的艺术遐思的绯红闪光的同时，还在与其他动物玩着心理游戏，真让人心生愉悦。将军蝶翅膀上闪烁着的警示语告诉我们，事物并非总是双眼所见的那样。如果它们也能迷惑我们人类，那对于未来的将军蝶就再好不过了。

第九章 烈火与硫黄：蝴蝶与想象

　　早期关注英国蝴蝶的作家们关心一个问题，如今鲜有人会想到——他们想知道蝴蝶存在的意义。他们分析道，蝴蝶一定怀有什么目的，否则上帝从来就不会创造它们。这是一个问题，因为不像蜜蜂等昆虫，蝴蝶能够给予人类的东西微乎其微。清教徒医生托马斯·莫菲特手上有个药方，上面写着蝴蝶的"毒粪便"可以和茴香、猪血，以及羊乳酪混在一起，疗效很好。[1] 但是蝴蝶屎不管有毒没毒，都很难弄到。除此之外在百无可依的情况下，学术人士退而提出上帝赐予我们蝴蝶的其他理由。又一次地，莫菲特觉得他找到了答案。通过"涂抹上使任何袍服都为之黯然的色彩"，蝴蝶"撕下了"罪恶的骄傲，而它们短暂的一生则教导我们注意自己每况愈下的身体。蝴蝶们真是骨鲠谏臣。人人都

---

1. 莫菲特的蝴蝶疗法和他关于蝴蝶用途的随笔记录于：*Theatre of Insects or Lesser Living Creatures*, pp. 974-975, facsimile edition（1967）. Da Capo Press, New York.

应该谦卑，还要做好死亡的准备，托马斯·莫菲特的蝴蝶如是说。[1]

到了 17 世纪 90 年代，约翰·雷在写《昆虫历史》的时候，人们还很难相信上帝赐予我们蝴蝶单纯是为了愉悦我们。正如雷那著名的表述：

> 你问蝴蝶的用处是什么？我会回答：装点世界，愉悦人眼——像无穷的金珠般点亮乡间的乐土。凝视它们精致的美丽和多彩，就是去体验最真的快乐；带着探寻的眼光去注视大自然鬼斧神工设计出如此优美的色彩和形态，就是认可与热爱上帝的艺术印记。[2]

约翰·雷在大自然的作品中看到的是上帝的思想。对他来说，蝴蝶是完全温和善良的，除了臭名昭著的菜粉蝶们。与他同时代的一些人同样被蝴蝶生命周期的早期阶段——毛虫和蛹——给迷住了，它们没那么美丽，却有其他的东西教给我们。通过将基督教哲学与更老的经典"蜕变"思想结合起来，它们在低调的幼虫蜕变为天使般的蝴蝶的过程中看到了一面镜子，映照着人类灵魂从出生到死亡再轮回到重生的旅程。这一点与它们显而易见的美丽同样重要，也是最初引领人们对蝴蝶产生兴趣的东西。这种比喻在我们生活的世俗年代里仍然千变万化，无处不在。只要世界上还有文学，低到尘埃里的幼虫与高高在上的蝴蝶就会一直充实着人们的想象。

比起造物主的想法，今天的博物学家们更关心蝴蝶在生物学上扮

---

1. 同 158 页脚注 1。
2. 被引用于：Charles E. Raven（2nd ed, 1950），*John Ray Naturalist: His life and works.* Cambridge University Press, p. 407.

演着什么样的角色。假如所有的蝴蝶明天就灭绝，会有什么不一样？很有可能没有太大差别。没错，蝴蝶是传粉者，但是远没有蜜蜂重要。[1]每一种似乎是专为蝴蝶的舌头设计的、花蜜深藏在一根长长的管子里的那种植物，都更依赖昼行的蛾子——比如斑蛾，而不是蝴蝶。估计特定的寄主专一的寄生物会随着它们的蝴蝶受害者一同灭绝，可能有些蟹蛛也要饿肚子。但是至少在英国，似乎没有其他的生命形式依赖蝴蝶而生存了。以人类为中心来看，答案仍然与约翰·雷的一样：蝴蝶是"好"虫子，因为它能让我们开心。

这不是断言说蝴蝶在生物学上无用。它们的成虫是鸟类、老鼠、蜥蜴和蛙类的食物，也是大量的捕食性昆虫和蜘蛛的食物，而幼虫和蛹就更不用说了。蝴蝶存在的必要性相比其他多数生命形式而言不多不少。它们代表一种随着开花植物进化而来的生命形式，并已蓬勃发展成百上千万年。繁盛，而非有用，才是进化的衡量标准。你可以归到一起来说，蝴蝶之所以存在是因为它们能。

人们似乎从茹毛饮血的日子里，就开始对蝴蝶以及外貌接近蝴蝶的蛾子们感到好奇。举个例子，比利牛斯山脉里有一幅洞穴壁画，一度被认为是猫头鹰，但却明显更贴近另一种夜行性生物——目天蛾；[2]不远处的第二个山洞里，有另一幅粗糙的轮廓，像是另一种翅膀上带眼斑的

---

1. 参见：bees.pan-uk.org/other-pollinators. 通常来说，蝴蝶的舌头太光滑，花粉沾不上去。亦有例外，比如君主斑蝶会不知不觉地在舌头或者足上携带马利筋的有黏性的花粉。特定种类的蛾子能够成为高效的传粉者，比如斑蛾和长喙天蛾。同样并非所有的蜜蜂都是最佳传粉者。
2. Philip Howse（2010），*Butterflies: Messages from Psyche*. Papadakis, Winterbourne, Berks. pp. 12-13.

彩虹尘埃：与那些蝴蝶相遇

昆虫：孔雀蛱蝶。可能正是这些眼睛勾起了有想法的洞穴画家的兴趣：那些一眨不眨的眼球，仿佛带着敌意凝视着外面的世界。或许石器时代的人们将这些长着可怕眼睛的昆虫融入了他们的世界观和神秘的宗教仪式里。我们恐怕永远都不会懂。

　　程式化的蝴蝶大约在 4000 年前开始在代表克里特岛的米诺文明的某些工艺品上反复出现。米诺人显然注意到了蝴蝶的形状与他们文化中的关键象征之一——双刃斧的相似性。关于这种斧子的意义存在争议：很明显它是某种宗教的象征，因为这种斧子的图像和残骸曾经出现在寺庙遗址的出土物中，它们似乎被认为是雷神或者地母的标记。但其影响却是将蝴蝶引入了米诺人的信仰体系。言外之意，蝴蝶的翅膀上有某些神圣的东西。[1]

　　古希腊人更进一步地将蝴蝶完全等同于他们的灵魂观念——蝴蝶与灵魂用的是同一个词 "psyche"。[2] 一些用来描绘这种关系的图像让人很别扭。雅典时期，大约公元前 600 年的一个彩绘罐子上，两个赤裸着的黑皮肤人物正在参与某种淫秽的仪式。左侧的人一边吹着芦笛，勃起的阴茎一边滴落着精液……精液随即变为蝴蝶。[3] 哲学家赫拉克利特认为灵魂是由液体蒸发而来。其他的哲学家（包括柏拉图）相信灵魂与精液是以某种方式联系起来的，而这个古董罐子上的图案似乎表明同一

---

1. Malcom Davies，Jeyaraney Kathirithamby (1986), *Greek Insects*. Duckworth, London, pp. 99–109.

2. 例如，Lucia Impelluso (2004), *Nature and its Symbols.* 中的 'Butterfly' 章节。Paul Getty Museum, Los Angeles, pp. 330–333.

3. Davies and Kathirithamby, op. cit., with an image on p. 105.

种观点。这种信念源远流长，露着阴茎的男人和蝴蝶在罗马时期的石刻画像上再度现身。

蝴蝶同样出现在古埃及的坟墓里，尤其出现在大英博物馆墙上的一块石膏上。这种石膏以前是奈巴蒙的坟墓的一部分，那是一位生活于公元前 1400 年左右的"粮食主簿"。[1]它展示着一幅尼罗河谷里的日常狩猎场景。奈巴蒙放下了清点谷物的工作，与家人外出一天，在沼泽里捕鸟。这天他显然过得很开心，因为周围全是鸟类，包括伯劳和白鹭，他提着其中三只的腿（而他的猫抓着另一只的翅膀）。这一场喧闹也惊扰到了一群翅膀角上长着白点的红色大蝴蝶。它们飞舞在奈巴蒙夫人正在采摘的荷花与芦苇上方，可能是要排列成孟菲斯家中一尊花瓶的样子。这些蝴蝶十分写实，易于观察，可以认出是桦斑蝶（*Danacus chrysippus*），君主斑蝶的一个有迁徙性的近亲，如今在非洲和中东仍然可以找到。也许，在自己的墓室里如此突显这些蝴蝶，这位粮食主簿是希望它们可以陪伴他轮回转世。他显然很喜欢蝴蝶。既然人类一直在试图区分相似的物种，奈巴蒙就给他的桦斑蝶取了一个特别的名字。

我们甚至从庞贝城的废墟里找到了可以识别的蝴蝶。在保存于公元 70 年的火山灰下的、那些曾经装饰着富有之家地面的马赛克图案中，有一幅画有命运之轮上的骷髅头。其中寄语是"死亡警告"或"人终有一死"。夹在车轮与头骨之间的是一只蝴蝶，艳丽多彩的翅膀上面缀着蓝色的小圆斑和黄色与白色的半月纹。又一次地，画家似乎从一只

---

1. 大英博物馆的珍宝之一。参见：Richard Parkinson (2008), *The Painted Tomb-Chapel of Nebamun.* 大英博物馆的在线网站：www.britishmuseum.org/explore/galleries/ancient_ egypt/room_61.

彩虹尘埃：与那些蝴蝶相遇

蝴蝶那里得到了灵感，并尽自己所能来还原柳紫闪蛱蝶（*Apatura ilia*）的斑纹和紫色光泽了。[1] 骷髅与蝴蝶以相似的搭配出现，从古代一直到文艺复兴时期。它们象征着死亡和来生；象征着当我们的时辰到来时，一定都想实现那种从卑贱的蠕虫向飞升的翅膀的转变。

希望与天谴

蝴蝶是中世纪那些图文并茂的书籍上非常常见的装饰物。褐色或白色的蝴蝶飞舞在《黑斯廷斯祈祷书》（*Hastings Book of Hours*）的彩绘插画周围环绕的枝叶之间，这是 1480 年左右为黑斯廷斯勋爵（就是莎士比亚的《理查三世》里掉了脑袋的那位）所作的一本心血之作。[2]

更多不祥的蝴蝶出现在希罗尼穆斯·波希著名的三联画《快乐花园》中，此画作于 1500 年左右，画得非常仔细、精准，尽管天然的躯体被替换成了小恶魔的身躯。在中间一格里，一只长着荨麻蛱蝶前翅的生物从刺苞菜蓟（一种大花的蓟）里吸吮花蜜。在它四周，一大群罪人在享受着生活乐趣，做着爱，狼吞虎咽地吃着草莓，还骑着珍禽异兽结队而行。波希的准确意思并不总是那么清楚，但是他似乎选中了蝴蝶，与鲜艳的松鸦、戴胜和啄木鸟一道，作为表示肉体诱惑的符号。[3] 波希笔

---

1. Howse, op. cit., pp. 44-45.

2. 大英图书馆的珍宝之一，参见：Janet Backhouse（1983），*Hastings Hours: A fifteenth century Book of Hours made for William, Lord Hastings, now in the British Library.* Thames & Hudson, London.

3. William Gibson（1973），*Hieronymus Bosch.* Thames & Hudson, London.

下的罪人们不仅被他们的人类伴侣吸引，也被所有的珍奇动物、周围环绕着的鸟类和花朵所吸引。但在这场愉快的盛会之外，我们能看到而他们不能的，是这一切将引向何方。不远的角落里即是地狱，就在第三格，等待着他们颤抖的灵魂。另一种可能的解读是波希的龟纹蛱蝶做出了救赎的承诺，但是这些罪人并无兴趣，因为他们都忙着作孽。这就是一切的下场，波希向人们解释道，伴随着一声叹息，他眼珠一转，将笔刷蘸在红色颜料罐里，画下又一个恶魔。

为了将这种观点表达得更明确，"花园"中的鸟兽在地狱一格里都有着可怕的对应物。那里居住着我们的第二种蝴蝶：一只恶魔般的草地灵眼蝶。它似乎是在主持一场婚礼——除了一点，与中间一格里半透明的年轻女子相反，这位新娘面目丑陋。颜色黯淡的草地灵眼蝶像是被与地下世界联系在了一起。根据德国昆虫学家弗朗兹·施兰克 1801 年所写，它是"幽暗的普罗塞尔皮娜"，哈迪斯的王后之子。[1] 将这种蝴蝶划入意为"小鬼魂"的 *Maniola* 属的其中之意，施兰克可能也是在利用"mania"一词，即为《快乐园》画龙点睛的那种失心的狂乱。波希笔下的草地灵眼蝶是一个来自地狱的魔鬼，而当它将自己尖嘴猴腮的面孔转向那位畏畏缩缩的新郎之魂时，你几乎可以听见它说，"我告诉过你的。"

根据天主教神父们讲述的故事，叛逆天使们被逐出天堂时失去了他们光辉的翅膀，从此披上了象征邪恶的丑陋外表。老彼得·勃鲁盖尔

---

1. A. Maitland Emmet（1991），*The Scientific Names of the British Lepidoptera: Their history and meaning.* Harley Books, Colchester, p. 157.

彩虹尘埃：与那些蝴蝶相遇

（Pieter Bruegel the Elder, 1525—1569）在他的画作《叛逆天使的堕落》（*Fall of the Rebel Angels*）中捕捉到了这一瞬间。在高高的云端，邪恶之主正被圣米迦勒（以他的红十字来识别）率领的一群天使击退。反叛者正在我们的眼前变成各种蜿蜒蛇行或是挣扎扑动的模样，有些长着昆虫的翅膀，其他的更像是蝙蝠。但是他们的领袖路西法，仍然生着原来那副光辉的翅膀。[1] 那是一种欧洲凤蝶的翅膀，尽管画家夸大了尾突的长度，可能是为了达到那种凶险的效果。勃鲁盖尔可能是在提醒我们路西法（意为"光之使者"）在他堕落前的那些光辉岁月中曾经的美丽。再过一会儿，他将失去光辉的翅膀，变成我们熟知的那个头上长角、形似蝙蝠的怪物。

博学的德国画家、版画家阿尔布雷希特·丢勒（Albrecht Dürer, 1471—1528）能够以极其精细、写实的手法描绘动植物；但同时，像勃鲁盖尔一样，他也会在自己的画中画上昆虫来表达道德观点。在他的大幅帆布油画《三贤来拜》（*The Adoration of the Magi*）中，观者很容易漏掉圣母玛利亚裙子旁边飞舞的两只蝴蝶。浅色的是只严重褪色的小红蛱蝶，估计丢勒会管这个物种叫作"Belladonna"；另一只是那种"金光闪闪的蝴蝶"，即红点豆粉蝶，而且不管是不是巧合，这只蝴蝶是雄性。画家安排的位置说明它们存在的意义在于与圣母子形成回响，以此来强调画面所传达的信息。丢勒一定已经通晓了他的希腊哲学，这种哲学认为每个人的身体内都包含着一个以蝴蝶为象征的灵魂。但是蝴蝶

---

1. Irving L. Finkelstein（1985），'Death, Damnation and Resurrection: Butterflies as symbols in western art.' *Bulletin, Amateur Entomologists' Society*, 44, 123-132.

同样也是一种广为人知的比喻，寓意着生命的短暂和死亡的必然。肉身的存在如同蝴蝶的生命般转瞬即逝，只有灵魂才是不朽的。丢勒允许蝴蝶进入自己的画面，是提醒我们虽然崇拜只是时光中的一瞬，但是上帝的荣光却是经久不变的。这幅图像既瞬间又永恒。[1]

从古代一直到欧洲文艺复兴，有一条共通的线索贯穿于这些具有象征意义的蝴蝶中。实际上，这条线索一直延伸到近代早期，正如我们在讨论将军红蛱蝶时已经提到过。整个荷兰的黄金时代里，画中的蝴蝶作为暗语，指代着天主教关于生与死、救赎与天谴的信条。蝴蝶可能象征着善念或是邪恶，取决于其物种和在构图中的角色，但无论何种用法，它们都是被引用来增加深度和意义的。

如此看来，似乎画家们长久以来都能在蝴蝶身上看到某些精神层面的东西。它们以其色彩和优雅的飞行姿态，被与其他有翅膀的生命体区别对待；它们是大自然赐予我们的，是最接近我们关于灵魂观念的事物了。从古代到近代的各种文化中，蝴蝶都代表着人类灵魂中肉眼可见的那一部分。

普赛克与她的帮手们

我对人们关于灵魂的想法感到不自在。在我小的时候，他们不光告诉我我有一个灵魂，还说这是我最宝贵的部分。当我死亡时，我的身体会腐朽，但是灵魂会被带走，去往天堂或者地狱取决于这辈子顺不顺。我不喜欢听这种话，即使作为一个孩子，我也宁愿自己死得踏实一

---

1. 同 165 页脚注 1。

彩虹尘埃：与那些蝴蝶相遇

点，不要做一个没有实体的阴魂，虚无缥缈地飘来荡去。但是据我发现，还有其他可能的选项。有人说更有可能我的灵魂会转世投胎到其他生物身上，如果我是好人的话，做只良家淑女养的荷兰猪；如果不是好人，就做一头挨饿挨打的驴子；再不就变成一只蠼螋、一只卑微的蠕虫什么的。佛教对善报恶报的分配方式似乎与基督教差不多。过了一阵，我开始怀疑自己的灵魂，假如它真存在的话；是否会让任何一位信仰中的神明产生哪怕一点点兴趣，假如他们真存在的话。灵魂的概念离开了上帝似乎就全无道理。因此，如果上帝不存在的话，那么就也没有灵魂。当然除非你相信超自然的力量，而等到你发现在地垫上蹒跚着、往你的圣诞袜里塞礼物的不是圣诞老人而是你爸爸的那天，你也就不信了。

对于如今坚定的无神论者来说，灵魂是一种比喻，一个便于用来表示我们最深刻、最强烈情感的词——爱、欲望、怀疑、痛苦。但即使遵循这种弱化的定义，你也总会遇见些没有灵魂好像也能凑合着过的人。没有哪个活人见过灵魂，所以没人能带着自信说出它是什么样子。这对于中世纪的画家来说是个问题。既然他们没法描绘出真家伙来，就必须找到某种化身或视觉上的象征。要寻找一种灵魂的象征，显然要去大自然里。

对于同样无法想象的圣灵，圣经为画家们提供了一种恰当的象征，那就是鸽子。也许这个选择与这种鸟柔软的气质、令人宽慰的咕咕叫声，或一对与想象中的天使般的翅膀相关。如圣经的读者们所知，耶稣在约旦河里受洗的那一刻，上帝之灵以鸽子的形象从分开的云朵里降临，据马太福音所说，其周身环绕着轻快的电闪。另一只鸽子回到了方舟上的诺亚身边，嘴里衔着一根橄榄枝，告诉这位先贤洪水开始退去，快到让动物们下船的时候了。这里的鸽子和橄榄枝都是和平的象征。

要让灵魂具象化是一个更为艰巨的挑战，因为它根植于我们的内心，不能像只鸟一样在外面飞翔。灵魂是情感的一种表达，是来自内心的东西，接近梦的观念。心理学一词即源自希腊语中表示"灵魂"的词语"psyche"。根据弗洛伊德所说，"psyche"一直存在于无意识当中，会在睡梦中被释放出来时，这时深层情感就像池底泥土里的气泡一样涌现。心理学家之于梦境好比药物之于身体，但是，即使是弗洛伊德也无法告诉我们"psyche"长什么样。圣经也帮不上忙，据说发明了潜伏在我们体内的"非物质存在"这一观念的苏格拉底一样没办法。第一个在灵魂与蝴蝶之间建立了准确联系的是亚里士多德，那位"自然哲学家"。[1]他注意到蝴蝶是如何从凝结的露珠——这是他对它们起源的解释——变为贪婪的爬虫，然后经历一个明显是"死了"的棺材阶段，蛹期（*nekydallos*[2]或曰"小尸体"），再到这种生物从"坟墓"中爬出来，伸展开艳丽的翅膀飞入蓝天的高潮一刻。亚里士多德认为这种转变揭示了敏感的灵魂（拉丁文为 *anima*）是如何驱使着这种昆虫走完从蠕虫到完美成虫的复杂旅程的。他教导人们：所有生命皆是如此，包括人类也是一样。与蝴蝶不同的是，我们生来具有理智。但是，正像蝴蝶从蠕动、爬行到展翅飞翔的过程一样，人类灵魂最终将完成从肉身的解放通向完美的旅程。因此，我们在罪孽深重的毛虫状态下过完尘世生活，

---

1. 亚里士多德关于灵魂的论述见于：classics.mit.edu/Aristotle/soul.

2. 希腊语。

而只有在肉身死去之后，我们的灵魂才得以解脱，进入精神世界。

这个不朽的灵魂常由蝴蝶来代表。有一只这样的蝴蝶就落在维也纳的贝多芬墓上，作为伟大艺术永垂不朽的象征。接受古典主义熏陶的画家们在尝试创作普赛克[1]的形象时，会赋予她年轻女性的样貌，但长着一对昆虫翅膀——蝴蝶或者蛾子那圆润、有脉的翅膀。在一些改编中，她没有翅膀，但是一只富有深意的白色蝴蝶却在其周围盘旋着。在画家眼中，普赛克是一种双重身份的存在，是无瑕的女性躯体与完美的白色蝴蝶的结合。而即使当理性的人们慢慢不再相信这一套时，像卡诺瓦这样的艺术家仍然在塑造她的形象。因为抛去一切其他因素不谈，这位裸体的蝶女还是令人赏心悦目的。

如 蛾 扑 火

即使回到 16 世纪 90 年代，在科学还远远没有驱散迷信的浓雾之前，托马斯·莫菲特就已经开始嘲笑那些坚持认为"死者的灵魂会在夜晚飞翔并寻找光亮"的"蠢人"了。[2] 莫菲特的宗教信仰告诉他要排斥那些不基于圣经的解释，而幽灵在黑暗中徘徊这样的说法在他眼里像个笑话。我们也是一样，除非到了某些灾祸临头的时刻，比如至爱亲朋的突然离世。那时至少有片刻，我们感觉自己需要将目光投到理性之外，希望生命在尘世之外终归还有某种存在。

---

1. 希腊神话中的一位凡间美女，与阿芙洛狄忒之子厄洛斯相爱，经历坎坷后终成正果。——译者注
2. 莫菲特关于蛾子的观点可参见修订版：*The Theatre of Insects*, op. cit., p. 975.

信教的人竭力在自身之外探索，希望找到生命的意义，渴望得到宽慰或者救赎，期盼某种外部的、神圣的力量来赐予他们希望或宽恕。这正是人类的本性，觉得死亡并非一切的终结；想要知道身后的远方还在发生的一些事情，即使那不一定是天堂或者地狱。一群迁飞的蝴蝶在"一战"期间飞越了西线战场，这让很多战士想起了阵亡的战友与往生的灵魂；让整件事越发辛酸的是，这些蝴蝶全然不受战争影响，它们的美丽仍然完好无损。[1] 丧子的母亲们有时会将一只到访的蛾子视为她们刚刚死去的孩子。归根结底，蛾子们身处黑暗却寻求光明。

古往今来的许多诗人与作家曾经影射过那似乎栖居在蝴蝶或者蛾子身上的"灵魂"。在这方面，没人比弗吉尼亚·伍尔芙（Virginia Woolf）写得更千回百转，她在一只将死的蛾子身上瞥见了这种"神圣能量"在一个微不足道的小小身躯之上的作用，"仿佛有人拿起一颗纯洁生命的小念珠，轻若无物地为它装点上绒毛和翎子，放手任它起舞摇曳，来向我们展示生命的真谛"。[2] 对她来说，在它扑打窗子、接着突然臣服于死亡的过程中，有某种外部力量在发挥着作用。亚里士多德看到的也是如此吗？对弗吉尼亚而言，这蛾子似乎是几周后终止于河中的一连串想法的一部分，她就是在那时投河自尽的。她的遗作《飞蛾之死及其他》（*The Death of the Moth and Other Essays*）在死后得以出版。

---

1. 白色的蝴蝶能够大量出现在西线战场天翻地覆的景色里，要感谢水芹——它们幼虫的食料植物——在空旷的地面上激增。正如罂粟花代表着牺牲一样，白蝴蝶成为了和平的象征。另一方面来说，"战壕之蝶"，就像是一片片白色的卫生纸一样风中飞舞。

2. Virginia Woolf（1942），*The Death of the Moth and Other Essays*. Hogarth Press, London.

　彩虹尘埃：与那些蝴蝶相遇

蛾子们怪异的行为令我们困惑。对于蝴蝶我们可以观察它们白天的活动：比如吸食花朵、在热石头上晒太阳，甚至在傍晚时分开始休息，那时它们有些会群集而栖，将草茎变成蝴蝶公寓。我们之所以会与蝴蝶产生共鸣，因为我们也喜欢畅饮、晒太阳，还有睡觉。但是蛾子作为夜行性生物，它们的生活我们无从得知，除了在窗格上或是廊灯下偶然发现它们呆滞地挤在一起的那些时刻。蛾子们冒着生命危险——事实上，它们好像很欢迎死亡——不可救药地投入到烛火的诱惑当中去。我们现在已经忘记了当年千家万户无比熟悉的——烧焦蛾子的气味。而且不只是气味，W. H. 哈德森将蛾子燃烧的声音形容为"窸窸窣窣，（像）夜间的梦境般模糊"。[1] 它们围着燃烧的蜡烛转啊转，好似卫星们绕着木星一般（纳博科夫所述），越来越接近它们炽烈的命数，直到陷入灼热的蜡油中，最终实现了自己那众所周知的愿望，变得破败不堪。当然，好在我们知道蛾子并不"想要"这类东西。人工光源只是干扰了它利用月亮之类的天然灯光进行导航的能力，于是这种昆虫就如蜘蛛钻进插孔般，无药可救也无可避免地被引向了它的末日。[2] 但是民间故事历来如此，会从正确的观察中得出错误的结论，认为蛾子是在自杀。一些人将这燃烧着的昆虫比作一个被圣光引向天堂的灵魂；另一些人在其中看到在基督徒去见上帝的路上那等待着他的磨难：圣女贞德遭受火刑，可能是吧（在说完她的例子之前，我们可能会想起大群的白蝴蝶伴随着她

1. W. H. Hudson, *Green Mansions,* quoted in Miriam Rothschild（1991）, *Butterfly Cooing like a Dove.* Doubleday, London, p. 46.

2. Paul Waring（2001）, *A Guide to Moth Traps and Their Use.* Amateur Entomologists' Society, London.

的军旗杀入战场的传说）。唐·马奎斯，装扮成蟑螂解说员的样子，声称曾经收到过飞蛾本尊的来信："宁愿享受一时的快乐／绚烂地燃烧殆尽／也不须长久地存活……"[1]

米瑞亚姆·罗斯柴尔德高度赞扬了巴尔蒂斯一幅题为"Le Phalène"（飞蛾）的画作。乍看之下很难在这幅十分古怪的画中找到飞蛾。我们能看到的只是一个青春期的少女裸身站在她的卧室里，伸手够向油灯的方向。这时我们注意到，一只超自然的蛾子（更像是魂魄而非实体）在油灯的光亮中闪烁着。同时完全被忽略的，是另一只更不显眼的、远处更为写实的蛾子静静地趴在床褥上。[2]巴尔蒂斯从未解释过他的画，但他似乎是在暗示观察事物有两种角度：梦想与现实。对于哲学家和诗人有时还有画家来说，梦想才具有更强的情感冲击力。超自然的蛾子与梦幻的蝴蝶激发着我们的想象力，它们从心灵深处引发思考。现实中的蛾子则更容易被忽视，就把它们交给昆虫学家和绘图师吧。

蝴 蝶 之 梦

英国人慢慢地不再将蛾子和蝴蝶视作灵魂，不再将它们当作仙女，这大概是怀疑论日趋增长的一个标志。维多利亚时代的人们喜欢仙子，不见得是因为他们相信其存在，而是因为，就像 20 世纪的科幻迷一样，他们喜爱奇幻世界。维多利亚时代的仙女长着和人一样的外形，

---

1. Don Marquis, 'Archy and Mehitabel', quoted in Rothschild（1991）, op. cit, p. 49.
2. 'Candles', in Rothschild（1991）, op. cit, p. 46.

　　　　　　　　　　　　　　　　　彩虹尘埃：与那些蝴蝶相遇

在魔法加持的夜幕世界里，她们用一盏白炽灯微微发着亮光。一些画家笔下呈现的仙女长着色彩鲜艳的、常常是从真实的蝴蝶或者蛾子那里复制来的翅膀，带有眼斑的天蚕蛾翅膀是她们的最爱。真实的蝴蝶有时也来凑个趣儿，化为长着翅膀的仙马，拉着橡果大小的马车划过天空。画家约瑟夫·诺埃尔·佩顿（Joseph Noel Paton）受《仲夏夜之梦》的启发，画了两张巨幅的帆布油画，画面中仙子和真实的虫子混在一起，很难分清哪个是哪个。[1]仙子王后的一个侍者长着金凤蝶般的翅膀，让人想起勃鲁盖尔的反叛天使，只不过这个天使实在太好看，足够登上《花花公子》杂志内页的。仙子国王戴着一顶蝴蝶帽子。这些诚然都是梦境，他们也因此免于受科学的限制。

我常常梦到蝴蝶。它们证明了梦境是彩色的。我的夜间访客们有着浓烈的色彩。将军红蛱蝶闪烁着炽烈的红色；具有异国风情的青凤蝶，身上的丛林绿夺人眼目、栩栩如生；还有闪蝶，这些以睡眠之神为名的巨大蓝色蝴蝶，它们的光彩在南美洲的阳光下忽明忽灭。我觉得我的蝴蝶梦是关于希望的：我会站在一棵开花的大树、一棵名副其实的生命之树下面，被它的芳香醉得双眼迷离，望着如云似雾的蝴蝶们被花朵吸引过来。我记得它们大多是我熟悉的种类，但却是不太可能实现的搭配——紫闪蛱蝶、金凤蝶和豹蛱蝶共同享用着同一种花朵。但有时候——尤其是在那些蛾子多得让人透不过气的深度梦境中——鸟翼蝶会来，带着在我睡梦之外从未出现过的更大、色彩更加狂野斑斓的形象出现。灌木丛变成一株挂满灯光的圣诞树。但如果这些就是承载我

---

1. 苏格兰国家美术馆的网站上有这两幅的轮廓：www.nationalgalleries.org/collection.

所憧憬的梦境，我所憧憬的又是什么呢？抓住它们，大概是吧。至少有时我会记得自己离开那棵变幻莫测的大树片刻，冲回家里去拿我的捕虫网。要是能把这些梦幻蝴蝶带走，展好翅插成一排，估计事情就圆满了，但就是永远够不着它们，或许我的网上有个窟窿。多数时候我只要看着它们就很高兴了。

我不是什么心理学家，我对梦的解读坦率直白。我爱蝴蝶，曾经我爱它们的方式就是想要去占有它们。在我眼里，它们不是任何东西的象征，也不是与蝴蝶无关的愿景和欲望的伪装。但是，从这样的梦里醒来之后，我确实怀疑过，就像其他所有收藏过蝴蝶的人一样，自己真正寻求的是什么。我们是不是自欺欺人地说，这是在追寻一个正规的科学研究客体？这是不是一个不肯释怀的童年幻想？或者说到底，这是不是驱使我们射杀动物或者捕鱼——乃至残害鸟类的一种返祖性质的野蛮本能？在另一种意义上，这与追求梦想是否有关？我们都想找到自由自在的天地。对于那些性格上更合群的人来说，可能是一场足球赛或者一段俱乐部舞蹈。对我而言，在我混沌未开的少年时代里，那就是出门去置身于蝴蝶之中。梦中的蝴蝶在我脑海中飞来飞去，即使身处某些林子或者山坡上，追踪真实的蝴蝶时也是如此。就算是现在，我似乎也记得与某些蝴蝶邂逅的场景，但几乎确定都只是梦罢了。再者也可能恰恰相反。当我在哥斯达黎加第一次碰到一只巨大的闪蝶沿着林间小路慢悠悠地飞行，翅膀每扇动一下都像警车的蓝色顶灯一样闪动的时候，却感觉自己完全像在做梦一样。看着一只紫闪蛱蝶张着翅膀晒太阳，阳光忽然点亮了它那炫目的光泽时也是一样的，我觉得应该掐自己一把。但这种效果靠的是与自己的思绪独处。有同伴的时候，现实立刻就会把你拉回来。朋友就是用来阻止你做梦的。

内心的蝴蝶

米瑞亚姆·罗斯柴尔德曾经梳理过各类诗编文集，寻找那些被用来形容蝴蝶的词汇。这是她列出的单子：

简单	金光闪闪	天使般的
喜庆	无忧无虑	懒散
令人晕眩的	纯真	无精打采
愚蠢	无与伦比	优美[1]

我要在里面加上"温文尔雅"和"毫无价值"。

而在关于蝴蝶的比喻中我们可以找到：

优雅	优美	灵魂
自然	自由	快乐
纯洁	蜕变	脆弱
重生	希望	

我认识一位卓越的自然保护主义者，他以爱好青蛙闻名于世。名声

---

1. Rothschild（1991），op. cit., p. 131.

传出去之后，人家每当要给他送礼物，送来的东西一成不变，一准儿是某种两栖动物。没过多久，这个可怜的人就在满架子石膏青蛙的瞪视中无处遁形了——他的房子里到处都是青蛙。同样的原因，我父母的房子最后也搞得到处都是蝴蝶的画像，饼干盒和罐子上也是，挂历和小摆件儿上也是。我的生日贺卡上万年不变地都是蝴蝶，他们觉得这样可以取悦我。甚至还有人送了一盒真蝴蝶，看中的是它们那"秋日的色彩"，就挂在门廊的电话上，这让我想起了菲利普·拉金的诗句，"满盒的蝴蝶看起来如此丰富多彩，仿佛整个夏天安详地死在那里。"[1]

我曾经列过一个名单，总结了能在超市里找到的所有蝴蝶图像，比如有机食品上、保健食品货架上，还有很贴切的——在成块包装的黄油上。因为蝴蝶具有独特的形状，我们若想认出它，一个简单的轮廓足矣。我们将它们与阳光和自然以及关于安全、卫生和健康的暗示联系起来。蝴蝶传达的信息之一是天然。例如，洗发水瓶子上的大理石白眼蝶，暗示着本产品相比竞品含有更多的天然成分和更少的化学添加剂，毫无疑问会让你的头发闻起来更清新，也更适合户外使用。我们不需要对真正的大理石白眼蝶做任何了解，就能看懂这种信息。

另一种蝴蝶——君主斑蝶——被用来为开放大学做宣传。在其中一张海报上，一位看上去很聪明的中年女人在苦思冥想。估计她是在想自己应不应该像广告上说的那样，"就读开放大学，改变她的生活"。附近飞舞着的蝴蝶象征着知识，这足够明显了，它同样暗示着知识带来的蜕变和自由。这类图片中最厉害的是可以一句话也不用说，立刻使消费

---

1. 可参见：Philip Larkin（1988），*Collected Poems*. Faber & Faber, London.

者产生相应的反应。广告商们是贩卖人类灵魂的商人，是社会潮流的敏锐观察者。他们所做的调查会告诉他们人们想要什么，然后他们聘请艺术家来创作适当的愿望隐喻。广告牌上这些蝴蝶的确切含义大可模棱两可。它可以是自由、快乐、自然，或者任何与蝴蝶具有微弱相关性的事物，但是其中的信息永远是正面的。蝴蝶可卖座了。

当然，真实的蝴蝶从任何实际意义上来讲都不"自由"。它们缺少自由意志，是本能和基因的俘虏。现实生活中没有哪只蝴蝶是高兴或悲伤的，也不是"纯真"或者"有希望"的，更非"懒散"或者"天使般"的。蝴蝶甚至并非特别"易碎"；它们的身体可以承受严重的损伤，正如季末那些褪色而褴褛的"幸存者们"所提醒我们的那样。但是蝴蝶确实有翅膀，可以飞翔。我们中的很多人一定有时会向往拥有一对类似的翅膀，来摆脱这副受困的躯壳。就像瑞亚，一部 20 世纪 70 年代情景喜剧中温迪·克雷格（Wendy Craig）的角色一样，那部剧的名字——正因如此——叫作《蝴蝶》。凡·高在画《监狱的中庭》（*The Prison Courtyard*）的时候肯定怀揣着同样的想法，画中的犯人们在监狱那压抑的高墙内绕圈行进。最能拨动心弦的还是在他们弯腰驼背、戴着灰帽子的头顶上方凌空飞舞的小白蝴蝶。它们是自由的象征吗？或者说代表着这种行尸走肉的状态之外的生活吗？

蝴蝶同样以某种模糊却有力的方式代表着自我实现。人人都喜欢健康。几年前，自然英格兰（政府的自然保护机构）正在认真地传播一种观念，将大自然作为"身心健康"的休闲疗养中心——一间"绿色健身房"。这种理念就是，你越是与自然亲密接触，就会越健康（自然英格兰的医学顾问，很高兴地说，是一位博德医生）。其他人推崇的是新世纪的观点，认为人们通过自然可以更加了解自身。在研究蝴蝶的过程中，我在一个自助网站上读到这句话：只要你停下来倾听时，蝴蝶就会具有一种力量，教你去感受自己的内心，从而做出人生中正确的选择。例如，通过在花园里观察荨麻蛱蝶和孔雀蛱蝶，你可以拿自己的生活去与它们比较，向自己提出很难解答的问题。你像它们一样富有活力吗？你像它们一样快乐、无忧无虑，或者一样满足吗？这就表明，蝴蝶的飞舞似乎是以某种神秘的方式与我们的灵魂相互联通的。这告诉我们，改变没必要"伤筋动骨"。新世纪的观点中认为蝴蝶对人有所帮助的另一种途径是治疗性锻炼。比如说，你可以试着用毯子把自己包起来，做一个自己的"茧"，然后慢慢地解脱束缚，像一只蝴蝶一样钻出来。感觉好点儿没？

那么，如果这对你管用，那说明它是有效的。信念，他们说，对于疗效举足轻重。相反地，你可能会认同马克·吐温说的"当我们想起其实我们都是疯子的时候，谜团就会消失，人生的意义就解释通了"。[1]

也许蝴蝶仍以某种方式代表着灵魂。我们已经变成了消费者和自我信仰者，但还是寻求某些常规以外的东西。无论如何，我们仍旧在追求着有所隐喻的蝴蝶。

---

1. www.sensationalquotes.com/Mark-Twain. 很明显这是写在他的一个笔记本里的。

第十章　绿豹蛱蝶和珠缘宝蛱蝶：
有关蝴蝶的绘画

　　在照相机问世、人们可以给活蝴蝶拍照之前，蝴蝶的标准图像都是颇为失实的。它展示的不是蝴蝶活着的时候，而是死了以后在博物馆里插着针的样子——翅膀被平展开，与身体成 90 度夹角，这种姿势对任何一种蝴蝶的韧带都是一项严苛的考验。但让我们一眼认出是"蝴蝶"的反而是它的形状，不管是蝴蝶结还是意大利人称为"farfalle"（名自 farffla，一种蝴蝶）的那种意面。然而真正的蝴蝶将翅膀平展开只是为了晒太阳，况且有些蝴蝶也从不这么做，而是翅膀紧闭停在那里。即使是翅膀大张的时候，相比插针的标本，其向下倾斜的程度也更大，后翅要更靠近身体得多。

　　野外指南上如此展示蝴蝶主要有两个原因。首先，它们是依照博物馆里不飞不动的标本而非活蝴蝶绘制的；此外，指南的主要任务是帮助鉴定，把所有的蝴蝶用同一种方式展示出来才能最好地达到目的。这是插图与艺术的根本区别。绘图者的任务是给出标准化的、相互之间可供比较的图像。艺术家尝试展现的则是栩栩如生的蝴蝶——或其神韵——以及人眼所感知的蝴蝶。

20 世纪以前，许多画家是在类似静物画那种构图精美、但却人为设置的背景中展现蝴蝶。蝴蝶的主体往往画得准确而精美，但却以某种不真实感飘荡在半空中。没有照片和慢镜头影像的指导，画家们对于蝴蝶真实的飞行姿态并无清晰的概念（它们通过在三个维度上振动翅膀来飞行）。因此，这些画中的蝴蝶大多数看起来更像是没有插针的死蝴蝶。即使在最伟大的画家，比如约翰·柯蒂斯和摩西·哈里斯笔下，这些蝴蝶看起来也更像一个肖像，而不是一只会动的活虫子；你能感觉到它们并不是真正活着。它们是画家的傀儡，是整体构图中的一件物品，尽管是非常精美的物品。

最早将蝴蝶画得很精准并且是为了蝴蝶本身而不是将其作为装饰或者象征物的人之一，是约里斯（也叫乔治）·赫夫纳格尔［Joris（or Georg）Hoefnagel, 1542—1601］，一位来自布兰邦特（也就是现在的荷兰）的旅行画家。像多数计件工作的画家一样，东家让画什么他就画什么。他以绘制微型画而出名，跟中世纪的绘卷渊源很深——赫夫纳格尔被称为最后的绘卷画师——绘卷中包含观察仔细、笔触翔实的动物、植物及昆虫。他最重要的佣金来自奥地利皇帝鲁道夫二世，要求他绘制皇帝艺术宝藏室里的珍奇物件。赫夫纳格尔着手工作，而且既然皇帝要的是严格的精确性，他便用尽浑身解数来为那些昆虫藏品绘制恍若回生的图像。他的诀窍是在每个标本下面画上阴影，产生一种三维的错

　　　　　　　　　　　彩虹尘埃：与那些蝴蝶相遇

视效果，使得这些干透了的蟑螂和甲虫好像要从纸面上走下来一样。同样他也画蝴蝶，比如一只逼真的黄蜜蛱蝶趴在木架子上，旁边则是一位长着翅膀的丘比特对着一个似乎是普赛克的裸女耳语着什么。这是一只既真实又神秘的蝴蝶——一只象征着灵魂的、真正的豹蛱蝶。赫夫纳格尔是绝无仅有的，尽管他那子承父业的儿子雅各布是第一个拿起了放大镜的人。但是我们今天所理解的那种科学，并不是他们的目标。相反地，雅各布将他父亲的错视昆虫画和这一行当中的其他技法整合成了一种操作指南，一种"画家范例"，或者叫"习字帖"。[1]

英格兰通常大大落后于欧洲的潮流，直到一个世纪甚至更久以后，英国的画家们才开始将蝴蝶加入到他们的作品当中。这起因于一位荷兰画家，玛利亚·西比拉·梅里安（Maria Sibylla Merian, 1647—1717），她是一位地图画师的女儿，成长于版画工坊里的铜盘子和各种工具之间。梅里安生活在法兰克福，直到 1685 年，刚刚离了婚的她带着两个女儿移居荷兰，加入到一个"原始"新教徒的社群当中。她在那儿获得了一份体面的生活，作为花卉昆虫画的画师与教师，同时制作与售卖画家用的颜料，声誉日渐鹊起。紧随在她出版的第一本画册《花卉图鉴》（*Blumenbuch*，或曰《花卉第一书》）之后的就是惊世骇俗的《毛毛虫之书》（*Raupenbuch*），关于毛虫"和它们不同寻常的花卉食谱"。毛虫不像蝴蝶成虫，它们很难保存，所以梅里安画的是活的。她最有名的作品是《苏里南昆虫的变态或变形》（*Metamorphosis or Transformations of the Insects of Surinam*，苏里南即荷属圭亚那），完成于年近六旬时。

---

1. 引自一篇关于 Georg 或者 Joris Hoefnagel 的维基百科词条。

其中包括 60 版来自热带南美洲的植物、动物和昆虫，十分养眼。梅里安借助她众多教友的生意往来，于 1699 年扬帆远航去了遥远的殖民地。据她之后的回忆，"每个人都惊异于我居然还活着，多数人都会死于那里的炎热天气……"[1] 她那些后来被刻版并手工上色用于出版的水彩画，是前所未见的，代表着与活昆虫的近距离接触，与展柜中那些昆虫标本截然不同。它们的构图沿袭了荷兰大师正式的花卉画，但是梅里安的昆虫们可不是"静物"。它们在素色的背景中飞来舞去，停落在一片有咬痕的叶子或者一堆水果之间，而毛虫们则在草木上蠕动爬行。梅里安喜爱天然的图案和形状，尤其是螺旋和卷曲。她笔下的蛾子和甲虫的触角扭曲盘绕，就像她画的葡萄树和西番莲的卷须、蜥蜴的尾巴，还有甘薯的根一样。对梅里安的《苏里南昆虫的变态或变形》一书有需求的读者远远不限于阿姆斯特丹的学术圈。有一本被汉斯·斯隆爵士买走了；另一本入选了温莎的皇家收藏。她的作品启发了英格兰的第一代昆虫画家，比如詹姆斯·佩蒂弗，并且由此为 18 世纪以来昂贵的蝴蝶书提供了艺术模板，将自然与人工结合起来，全都编排在一种和谐美妙的构图当中。

梅里安的风格以及她对昆虫的生命周期近距离的研究启发了一位名叫维斯（Weiss）的德国画家。他从汉诺威漂洋过海来到伦敦，将名字改成了伊利扎·阿尔宾（可能是来自于 Albion，也或许是关于 Weiss、

---

1. Susan Owens 所写的关于 Merian 的文章可见于：David Attenborough and others（2007），*Amazing Rare Things: The art of natural history in the age of discovery*. Royal Collection Publications, London, pp. 138–175.

　　　　　　　　　　　　　　彩虹尘埃：与那些蝴蝶相遇

white 或 albino 的一个双关语）。[1] 阿尔宾有老婆和至少三个孩子要养活，并且从他的《蜘蛛自然志》中一幅鲜衣怒马的肖像版画来看，他有着社交上的野心。阿尔宾开始按梅里安的风格作画，饲养蝴蝶和蛾子来画，并且将所有的龄期都加入到他的构图中。他甚至把那些有时会取代蝴蝶、从蝶蛹里钻出来的寄生蜂和寄生蝇类也画进去。

将画家的创作转变为刻版的过程费时费力，代价高昂。画家初始的水彩画必须由版画师拷贝到一块铜板上进行覆墨和印刷。铜是一种软性的金属，一块板子印有限的份数就会报废。当然了，刻版只是做一个轮廓，尽管图案和光影可以借助剖面线来还原。至于作品的彩色复本，除了手工上色以外别无办法，画家通常会雇助手来干这活儿。阿尔宾的女儿伊丽莎白，就成了这种二次艺术方面的高手。为了补偿他在时间、颜料、纸张和铜板方面的投入，画家需要找到订购人。幸运的是，当时的富裕阶层对于这类图画已经有了现成的需求，即使是像阿尔宾的《英国昆虫自然志》这样黑白图三十先令一套、彩图三基尼[2]一套的也照买不误，"一半做订金，一半货到付清"。他的订购人中有贵族成员和皇家学会的会员，甚至包括王室。他们中的一些允许自己的名字作为资助人出现在特定图版上，这样可以进一步抵消画家的开销。比如，皇家学会会员约翰·菲利普·布雷恩的名字，就与一块大龟纹蛱蝶凹凸不平的刻版联系起来，画里还有一枝被啃得破破烂烂的榆树叶子。德高望重的莎拉·博德维尔——拉德诺女伯爵，则与阿尔宾硫黄钩粉蝶和暗脉

---

1. Ernest Radford, *Dictionary of National Biography*, www.oxforddnb.com. 关于他在汉诺威的出身的信息可参见 Christies 网站：www.christies.com/lotfinder/lotdetails.

2. 英国旧时货币名，出现于 1633 年，于 1816 年退出流通货币行列。——编者注

菜粉蝶的生命周期的图版相伴——这是一个相当有吸引力的构图。但是当她死后，阿尔宾便精明地擦掉了她的名字，换成了别人的。

阿尔宾的画在彼时是值得称赞的，但那个世纪后期注定会有更出色的作品涌现，比如出自本杰明·威尔克斯和摩西·哈里斯这样天才画家手笔的作品。这些乔治王朝时期英格兰的产物共有的引人注目的一点，是它们更为奢华，因此也更昂贵，贵得不讲道理。可以说，它们是受艺术的驱使而不是为科学服务的。在 18 世纪 40 年代为两本华丽的蝴蝶书绘制插图的威尔克斯，对蝴蝶图案的构图和制作方面与深化科学知识方面给予了同等的关注；实际上，他的代笔人坦率地认为他"才疏学浅，无法胜任书籍的写作"。[1]可是威尔克斯画的蝴蝶比阿尔宾的更富神采和活力；他画中的水果饱满鲜嫩，花朵鲜艳悦人。而他的《英国蝶蛾志》，一份手工上色的副本要卖到九英镑，相当于一名农工或者用人三个月的薪水。

可以说，乔治王朝时期最好的图书是摩西·哈里斯的《蛹者录》，首次出版于 1766 年。[2]它那著名的卷首插画是哈里斯本人的一幅肖像版画，画中他斜倚在一片林地中，旁边椭圆形的盒子里展示着他的昆虫战利品，而一位同行的采集者（可能还是哈里斯自己）在附近的小径上昂首挺胸地走着。每个对开的图版都经过精心的编排，通常带有艺术性的装饰，比如一瓶花，或者以小红蛱蝶为例，它的周围是一些碎陶器片

1. Michael A. Salmon（2001），*The Aurelian Legacy: British Butterflies and Their Collectors.* Harley Books, Colchester, pp. 110–112.

2. *The Aurelian* 的修订版，由 Robert Mays（1986）编辑，Newnes Country Life Books 公司出版。

儿、一只旧的陶土烟斗和一个画家用作调色板的那种废弃贻贝壳（碎陶罐的用意可能不是很明显：小红蛱蝶是在蓟上面取食和产卵的，而蓟一般长在垃圾堆上）。展示鬼脸天蛾的图版是献给哈里斯"天资聪颖的友人和资助者"德鲁·德鲁里的，这可能是两人之间讽刺性的玩笑。《蛹者录》的图版内容全面，这说明哈里斯像阿尔宾一样，繁育出了每个种类，研究了它们自然的姿态。所有这些画家面临的挑战是将技艺上的精准与艺术的要求融合起来，去创造一些既逼真又满足品位需求的艺术品。艺术与科学的重要程度，对于研究蝴蝶而言平分秋色。

摩西·哈里斯对蝴蝶的热爱催生了他的"色轮"，是设计来帮助画家解析蝴蝶翅膀上的各种颜色之间是如何相互影响的。他的小册子——献给约书亚·雷诺兹的《颜色的自然系统》（*The Natural System of Colours*），首开先例地用英语解释了如何仅用红黄蓝这三种最"原始"的颜色，就能调制出那些微妙的色调（他的原词是"色度"）。[1] 以同样的方式，他提出了如今所谓的"减色调色法"，通过原色的叠加就可以调出黑色。哈里斯在老一辈的昆虫学家中地位崇高：他的手绘和版画作品中，有一些在当时乃至后来很长时间里都无可比拟的蝴蝶图像；他似乎为英国蝴蝶，特别是大型蛾类起了一些较为诗意的名字；他复兴了老蝶蛾学会，还设计了第一本昆虫学家用的笔记本，里面第一次援引

---

1. 哈里斯的小册子的全名为 "The Natural System of Colours Wherein is displayed the regular and beautiful Order and Arrangement, Arising from Three Primitives, Red, Blue and Yellow. The manner in which each Colour is found, and its Composition, the Dependence they have on each other, and by their Harmonious Connection are produced the teints, or Colours, of every Object in the Creation"。

了林奈的双名法"拉丁名"。与此同时，通过研究蝴蝶的天然色彩，他还提出了一套新的创造和混合颜色的方法。

最后一位本着同样的精神来画蝴蝶的画家是亨利·诺埃尔·亨弗莱斯（Henry Noel Humphreys, 1810—1879）。[1] 他的水彩画体现着同样完全的蝴蝶、花卉布局，但是他画的花不再插在瓶里，也没有单纯用来装饰的陶土烟斗和贻贝壳了。亨弗莱斯画中的一切都有着确切的目的：传达信息。在他为约翰·奥巴代亚·韦斯特伍德画插图的《英国蝴蝶及其变形》（*British Butterflies and Their Transformations*，1841）一书中，图版是先用平版印刷出来然后手工上色的，因此相比早期的铜质刻版，对水彩画的还原程度更高。这同时意味着更为低廉的价格。

亨弗莱斯和他的祖先们一样，靠作画谋生。尽管身为一个观察蝶蛾的高手，他的主要兴趣还是在中世纪的彩绘和文物（他是古代钱币方面的权威）上。与他同时代的约翰·柯蒂斯（John Curtis, 1761—1862）则恰恰相反，约翰是一位昆虫绘画与版画方面的专家，而且只画昆虫，历时超过四十年之久。[2] 他是第一个完全按照科学性的要求来描绘它们的，在每一个细节上都力求精准无误（他曾经指责别人的画，说里面少画了一根刚毛；难道说他知道这个种类长了十三根刚毛，而不是十二根）。从这个意义说来，柯蒂斯是史上第一位全职的昆虫绘图师，而他大量画作都发表于同一个固定期刊《英国昆虫学》（*British Entomology*）。他与那位知名度更高的本家（但不是亲戚）威廉·柯蒂

---

1. Howard Leathlean (2004), 'Henry Noel Humphreys', *Oxford Dictionary of National Biography*.
2. Salmon, op. cit., pp. 138-139.

斯——《植物学杂志》（*Botanical Magazine*）的绘图师在昆虫学界等位。约翰·柯蒂斯，而非摩西·哈里斯或者亨利·诺埃尔·亨弗莱斯，代表着昆虫绘图的未来。科学与艺术之间的鸿沟这时已经宽到无法跨越了。不论结果好坏，蝴蝶绘图已经成为昆虫学研究身边的"女仆"了。

在我 12 岁的时候，我父亲在二手书店为我买了本旧书。它就是 F. W. 弗洛霍克（F. W. Frohawk, 1861—1946）的《英国蝴蝶全书》（*The Complete Book of British Butterflies*）：纯绿色布面书封包裹之下的一本看上去很严整的大部头。多年来它是我最珍视的一本书，是唯一一本用全彩来描绘和说明每种蝴蝶各个生命阶段的书，以及所有重要的变种或者"偏差个体"。[1] 按照数学般精准的方式排列馆藏标本绘制蝴蝶，确立这一标准的正是弗洛霍克。他同样会画活的蝴蝶，采用半色调整洁地临摹出正在产卵的、在一根枝桠上熟睡的、在常春藤叶子或高草中停落着过夜的各种姿态蝴蝶。他的速写中甚至留心到了风从哪个方向吹来。据我所知，弗洛霍克的作品是最早表现蝴蝶在野外生活状态的画作。基于此以及其他很多原因，他乃是现代蝴蝶艺术家的先驱。

弗洛霍克天赋异禀，多才多艺。他不仅是当时最好的绘图师之一，养蝴蝶的手艺也鲜有人能与之比肩。他是第一个将英国蝴蝶的所有种类都从卵饲养到成虫的，包括嘎霾灰蝶，饲养这个种类需要完成一些复杂的实验性工作，其中涉及蚂蚁窝和核桃壳。据自然历史博物馆的

---

1. F. W. Frohawk（1934），*The Complete Book of British Butterflies*. Ward Lock, London. 此书是基于同一作者上下两册的一套巨著：*The Natural History of British Butterflies*，由 Hutchinson 于 1924 年出版。

蝴蝶类馆员诺曼·莱利所说，"他的魅力让业余鳞翅目学者们都围着他转"。[1]

可能是由于他那不同寻常的名字，我想象中的弗洛霍克是个相当大气而典雅的人，样子可能有点儿像夏洛克·福尔摩斯。实际上的弗里德里克·威廉·弗洛霍克矮壮结实，长着一个大方脑袋。他戴着厚厚的老奶奶镜片，一只眼睛近乎失明。拿着网子和速写本去野外的时候，他会穿一件自己设计的粗花呢夹克，多加了口袋，再外加一件马甲，搭配羊毛马裤，腿肚子上套着厚袜子或者绑腿（夏季的大热天穿这个够厚的）。他有时会在一个口袋里揣个弹弓，称其为"捕捉小型鸟类最有效的武器"。[2] 他也没想象的那么富贵，像多数专职绘图师一样，只能勉强糊口而已，主要靠着为菲尔德或自然历史博物馆工作赚取收入。他同样为期刊《昆虫学家》画了大量的插图，但这些都是无偿的。他的第一任妻子年轻时便去世了，把两个女儿留给他照顾，而为了给第二任妻子和第三个女儿买房子，他被迫将自己的蝴蝶收藏卖给他的朋友罗斯柴尔德大人。那种感觉一定是失落的，尽管这使得一定时间之后，这些蝴蝶能够作为国家收藏的一部分被保存起来。

弗洛霍克真是命途多舛。他出版了三本蝴蝶书，每一本都是自然历史出版物中的经典，但是一本也没赚到钱。第一本，他的代表性杰作——权威的上下两册《英国蝴蝶自然志》（*Natural History of British Butterflies*），从每一个意义上来讲都是一本棒极了的书。书中对开的彩

---

1. 引自 Norman Riley 在 *Entomologist*,（1947）80, 25-27 中为 Frohawk 写的讣告。
2. June Chatfield (1987), *F. W. Frohawk: His life and work.* Crowood Press, Ramsbury, p. 39.

色图版是对英国蝴蝶生活史全阶段的首次完整记录。他为了完成这本书花了四分之一世纪，而到了 1914 年他 53 岁那会儿，就在他终于画完最后一张图，写完最后一句话，将这本巨著寄到他的出版商那里时，战争爆发了。第一册的文字和图版都已经编排好可以付印了，可是战时的纸张短缺使得出版进程叫停。等到战争结束以后，人们脑子里想的是别的事情，出版这本书的事儿又拖了六年，一直拖到 1924 年。为了覆盖这本书昂贵的成本，出版商坚持要获得足量的订购才肯印刷。罗斯柴尔德大人又一次插手进来，通过买下其中图片的原稿帮助了这位身无分文的作者。

为了他的下一本书《英国蝴蝶全书》更薄、价格更亲民（我那本），弗洛霍克不得不全部重新画一套开本较小的图版。书中所需的几百幅图一定又让他多画了几年。这本书于 1934 年由沃德·洛克出版公司（Ward Lock）出版，接着四年后他的第三本也是最后一本书问世，同样是自己绘图的《英国蝴蝶变种集》（*Varieties of British Butterflies*）。这本是关于稀有和反常变形的，这对于收藏家们来说真是个香饽饽。彼时弗洛霍克已经 77 岁了。一直斜着眼睛看镜筒把他那只好眼睛的视力毁掉了，从此他被迫放弃了手头的工作。而且，就像他的第一本书成了第一次世界大战的牺牲品一样，他的第二和第三本书成了"二战"的受害者。1940 年最后一个星期天的夜里，纳粹空军用燃烧弹轰炸了伦敦的出版业中心。这两本书的库存连带着所有的画稿和彩色图版全都葬身火海。因此这些书就永远无法再版了（有生之年里他的一本关于英国鸟类的杰出专著也遭遇同样的命运）。"这对我来说是个严重的损失。"弗洛霍克用他那种淡然的笔触记录道，"不会再有贵族伸出援手，近期也不会再有什么可做的了。"战争结束时他病倒了，一年以后去世。在他位于萨里郡黑德利村的坟墓上插着木制十字架，上面雕着一只已经破旧不堪的黄缘蛱蝶。说到蝴蝶施加在某一类英国人身上的神秘魅力，他可算是其中首当其冲的了。

在过去，全职的蝴蝶绘图师可以在杂志和博物馆找到工作，还可以为烟草公司画烟盒卡片。如今主要是为野外指南画插画，间或有些报酬较好的画邮票或者海报的差事。一本野外指南可能需要上千幅图——每天画两到三幅，每周不停连续地干，大概要两年才能完成。若不是具备鲜有的奉献精神的昆虫学家，其他的人来做的话很快就会放弃了。蝴蝶和蛾子的色彩难以捉摸，其中很多质感和光泽难以用画笔来还原。而且不只是色彩，过去的绘图师很少重视描绘这种昆虫的躯体，而是倾向于将其中一种作为所有种类的模板。但是不同种的蝴蝶身体细节是不一样的，尤其是它们的质感和刚毛，颜色有微妙的差别，在显微镜下能看到它们的足和触角各种不同的细节。由于今天公众对精确度具有较高的期待，已没有走捷径的余地。许多人仍然倾向于图片而非照片，因为一个技艺精熟的画家能够精妙地强调关键特征，同时又不会歪曲彼此间的共性。他不再满足于像以前那样描绘一幅平面的轮廓，而是将光源从某个角度打来，形成一种略为造型化的效果，这样翅脉就在翅膀的表面上稍显隆起，力求营造一种更为真实的感官印象。昆虫的翅膀很少有真正平坦的。比如蜻蜓的翅膀融合了某种水翼式的构造，如果画成平面的会显得粗糙泛略。画家还必须把错综复杂的翅脉网络搞清楚，因为蜻蜓专家很快就能发现任何错误。但是想想整天都干这个，几乎每天如此，余生皆是如此。真想知道有没有哪怕一个人肯这么做。

眼下这个时代里的弗洛霍克就是理查德·莱文顿。他如今六十多岁，但是看起来至少年轻十年，职业生涯的大部分时间里，他都在画昆虫，尤其是蝴蝶、蛾子和蜻蜓。不同于过去的某些绘图师，莱文顿从来没有收集过蝴蝶。相反的他饲养蝴蝶，并在从没有画家成功捕捉到过的将军红蛱蝶那美丽的蛹的灵感启发下画出了它们生活史的全部阶段。从此以后，他为多本野外指南画了大量插画，包括一本非常有挑战性的关于小蛾类（极为庞杂的"小型鳞翅目昆虫"）的指南，书中多数种类都比大拇指甲盖儿还小。他在一扇大窗子后面作画，窗外就可以望见牛津郡家里的花园，他的速写簿架在倾斜的画板上，水粉颜料、调色板和体视显微镜则放在右手手肘边，使得他在动下一笔之前可以看一眼镜筒。[1]他偏好在自然光下工作，可是一旦太阳落山，就会打开一盏安在架子上的素色光台灯。他通常画的是从朋友或者馆藏那里借来的整过姿的标本，但有时会有一些活的小蛾类静静地停在那里，让他为自己画肖像。

针对大型蛾类来说，莱文顿打破常规，展现它们的自然姿态，而不是插针展翅的样子。而当我提出这个显而易见的问题时，他坚持说，不，他从没感到过厌倦——呃，几乎吧。对他来说，每一种小蛾子或者蜉或者蜂都是截然不同的。他热衷于挑战。比如，他研究出了如何更好地绘制光泽闪亮的灰蝶，办法就是逐层涂上水彩，这样看起来像活着时一样闪亮和反光。他能够用一种好似打破绘画局限性的方法捕捉紫

---

1. 引自一位作家于 2013 年 10 月对理查德·莱文顿在其位于牛津郡的家中进行的采访。关于莱文顿本人对于美术相较于摄影优势的看法可参见：Lewington（2011），'Artwork versus Photography, Set Specimens versus Natural Posture'. *Atropos,* 43, 3-11.

闪蛱蝶的炫光。在我为写这本书而采访他的时候，他正在为一本新的野外指南绘制蜜蜂插图。可以肯定的是，它们与蝴蝶一样难画，但会者不难，它们彼此区别其实很大。

　　如今蝴蝶绘图的局限不在于画工的保真性，而是在于印刷的标准。印刷机准确还原绘图师作品的能力出现较晚。使用摄影方法的廉价印刷从 20 世纪初就开始使用，但是色彩配准直到近期一直存在问题。就连弗洛霍克也饱受"印刷机毛边"之苦。莱文顿对自己作品的还原问题十分介意，他会举例指出哪些地方的颜色饱和度不够或者白平衡不对。他最开心的业务往来是与英国野生动物出版社的安德鲁·布兰森，他们携起手来通常都能够把问题解决得差不多。搭档间的这份默契在杰瑞米·托马斯和理查德·莱文顿惊艳出品的《不列颠与爱尔兰蝴蝶志》中体现到了极致，该书首次出版于 2010 年（尽管有些图的前身要追溯到多林·金德斯利出版的一本书里）。我觉得这是有史以来出版过的最棒的野外指南，一本堪称"完美"的蝴蝶书。

　　我怀疑我们是否还能再看到这样的神作。理查德·莱文顿仍然按照先辈的方式画蝴蝶。他的显微镜比弗洛霍克的好，弗洛霍克估计有一台维多利亚时代的黄铜显微镜，但是莱文顿用的是一样的铅笔、颜料和纸张。弗洛霍克和莱文顿的工笔画技巧已经不再时兴了，必要的解剖学知识也是如此。他们的后辈们很有可能会在电脑上将真实的和经过处理的图像进行合成来模拟现实——正如莱文顿本人在他给马恩岛设计的邮票上做的一样。我觉得后人是难以跟上他的脚步了。或者说，没人会去跟随他的脚步。

天　空　一　瞬

　　要画一只自然姿态下的活蝴蝶，完全如人眼所见的那一种，需要一套特殊的技巧。现代的蝴蝶艺术家们试图向我们展示瞥见蝴蝶时那白驹过隙一瞬间，眼睛所看到的景象；或者是这一瞬过后脑海中萦绕的印象；又或者，是一只蝴蝶掩映在一丛杂乱的植物之间；以及满眼的绿色阴影中的一抹亮色。要想成功地将蝴蝶画成如肉眼所见般——而不是相机镜头里的——靠的是将所画图像与脑海里的那张匹配在一起。在试图去捕捉这种短暂的相触的画面感的画家中，有三位较为突出：大卫·梅热斯、戈登·贝宁菲尔德和理查德·特拉特。

　　大卫·梅热斯（David Measures, 1937—2011）常被人称为第一位画出真实活蝴蝶的画家（这种说法忽略了三代以前就做过这件事的 F. W. 弗洛霍克）。梅热斯追求的不是相片式的真实，而是用铅笔快速地划上一阵，抹上水彩，试着去抓住一只蝴蝶的外观要点，这种速写就是他想要的画。他会通过一连串的小画稿来构建对于蝴蝶及其习性的一种印象，从多个角度展现它的飞行姿态或者它合起翅膀停落着的样子。梅热斯在野外工作中用的是最简单的装备：一本绘画簿或是一张纸夹在板子上，还有一小盒颜料。有时他甚至连笔刷都懒得用，只是简单地用手指上色，用唾沫和指甲来处理细节。末了他利用铅笔的记录完成了这张速写。这些东西不见得是你想要挂在壁炉上方的那种名贵画作，但是它们有一种别具一格的真实感，对活蝴蝶记录的真实性与任何野外指南相当。他用画笔描绘下了英国本土最后的嘎霏灰蝶，就在它们灭绝之前的一年；它们看起来就像水墨画中一滴滴跃动着的墨汁，当你看到一只活生生的嘎霾灰蝶时，就会意识到他所传达的那种印象多么生动传神。这些画面不在于蝴蝶本身，而是在于眼睛对它的感受。[1]

大卫·梅热斯的朋友朱利安·斯伯丁称他为"蝴蝶界的奥特朋"。1973 年，当他在 BBC 系列节目《贝拉米的不列颠》（*Bellamy's Britain*）中题为"大卫的草地"的一期中担当主讲人后，他的工作第一次进入了更为广泛的公众视野。三年后他出版了一本文选《夏日的艳丽翅膀》（*Bright Wings of Summer*），这更像是一本自然日记，每幅画都记录了时间和日期。梅热斯从小就热爱自然，而他的作品也反映了他对自然的感受："我的心里有块磁铁，"他写道，"被野性自由中微妙的意念光环、野外天地中畅快通透的身心交融，以及我一到楼房里就会想念的那种丰富的多样性和微妙之处所吸引。""身心交融"这样的说法实在生动；他尽力将自然融入他的艺术——再确切点说，是让自然引领他的艺术。他热爱这样的时刻，当一只蝴蝶变得"与你的存在水乳交融，似乎是容许了一种信任的存在，这使得双方都参与其中，以各自的方式发挥着作用，自由自在，和谐共存"。他是怎样地投入，将自己的注意力都集中在捕捉那些稍纵即逝的瞬间上，才会完全无视路人，以至于有一次被错当成了稻草人。

就在大卫·梅热斯发展他的写意画风的同时，另一位画家则在用水彩画着"完成度"更高的蝴蝶生态画。戈登·贝宁菲尔德（Gorden Beningfield, 1936—1998）和梅热斯一样，从孩提时起就是一位狂热的

---

1. 出自 Julian Spalding, 2011 年 11 月 12 日在《卫报》中为大卫·梅热斯所作的讣告。

自然爱好者，但他所受的培养是成为一名基督教会画师，专精于玻璃版画。他在电视上找了一份兼职，为 20 世纪 70 和 80 年代的各种乡野节目出力，其中《一人一狗》出人意料地受欢迎。贝宁菲尔德热衷于参加户外活动，从牵狗出巡到射猎和钓鱼都有参与。他的模样也有范儿，举止轻松从容，戴顶布面的鸭舌帽，蓄着络腮胡，说话带着赫特福德人那种软软的儿化音。很多人记得他作为多塞特路旁边的巡回画师时的拮据，那时他穿着粗花呢的夹克和擦得锃亮的大头皮鞋，将画架和颜料用皮带捆在背上，寻找着能让他想起托马斯·哈代小说里的那种景色。[1]贝宁菲尔德逐渐熟稔于柔美的巧克力盒画，画老英格兰风光、乡间景色和森林村庄。他甚至画了他本人的图像自传《画家与他的作品》(*The Artist and His work*)。

贝宁菲尔德热爱蝴蝶。实际上它们是他的初恋。孩童时他就开始采集蝴蝶，而成年以后，他决定试着画蝴蝶。1978 年，他的部分蝴蝶画被搜集起来，结集出版为《贝氏蝴蝶集》(*Beningfield's Butterflies*)一书，立刻成为畅销书中的黑马。长久以来，我们看惯了插图上的蝴蝶、博物馆展出的蝴蝶，但贝宁菲尔德呈现给我们的是庭院和乡间的蝴蝶：一只将军红蛱蝶趴在腐烂的苹果上吸取汁液；一只硫黄钩粉蝶藏身于常春藤的叶子中不见踪迹；一只白钩蛱蝶身处于秋天的落叶之中，落叶与它那恰巧长成残破的翅膀相呼应。贝宁菲尔德的画提醒我们蝴蝶有多么渺小。他把它们画成星星点点的亮色，置身于由草叶、花朵和树叶

---

1. Robert Gooden (ed., revised edn, 1981)，*Beningfield's Butterflies.* Penguin Books, Harmondsworth. 丹尼斯·弗内尔为贝宁菲尔德所写的讣告，*Independent,* 1998 年 5 月 29 日。

交织而成的微型世界中。《贝氏蝴蝶集》里的画在新书发布那天开始展览，等到展览结束的时候被抢售一空，供不应求。事实上，最后一批是被超额认购最终抽签卖掉的。"蝴蝶画没什么市场。"一位有名的画廊老板曾这么告诉他。但实际上是有的，至少这种蝴蝶画——漂亮、通俗易懂、忠于自然——是有的。尽管如今贝宁菲尔德不再时髦了，他的蝴蝶画仍然是人们愿意挂在墙上的那种艺术品。

邮局注意到了他并委托他画一套蝴蝶邮票，这件事在当时比放在现在引人瞩目。1981 年 5 月上市的贝宁菲尔德邮票四件套，与他的画属于同一种风格，柔美的绿色背景中嵌着优雅的图案。这套邮票获得了大众的认可，但我却没那么感冒。孔雀蛱蝶绷着翅膀的姿态画错了，而且贝氏画的荨麻蛱蝶看着足有蝙蝠那么大，作为迷你画来讲，它们虽漂亮却也稀松平常。理查德·莱文顿也为邮局画过蝴蝶，最引人关注的是 2013 年 7 月的一套十张的邮票。他的图如人们所期待的一样好，可是因为邮局坚持使用纯白色的背景，蝴蝶们只好飞翔在一片虚无的背景之中，陪伴它们的只有从画面左侧漫不经心地看过来的女王头像了。蝴蝶主题的邮票极受欢迎，但真正画得好看的寥寥无几，因为版式受限太多了。它们出现在车仔茶包的卡片上倒是看着能强点儿。

最终，贝宁菲尔德转向了其他题材，因为他实在太博学多才，没法老把自己拴在一件事情上。如今他在自然画方面的接班人就是理查德·特拉特（Richard Tratt, 1953—　）。像贝宁菲尔德一样，他把蝴蝶画成实物近似大小，用的画布则要大得多。说实话，特拉特的画更像是带有蝴蝶的风景画，而不是蝴蝶的肖像画。他不像贝宁菲尔德和梅热斯那样使用水彩，而是更喜欢用油料作画。他用稀释过的颜料将笔下的

　　　　　　　　　　　　　　彩虹尘埃：与那些蝴蝶相遇

蝴蝶画得明晰而精准，在一片开阔的景致中取食、歇息和飞翔。不同于那些通常在画室中完成的昆虫画，他的风景画往往是在室外画的，以便捕捉光照和季节对于植被持续不断的影响。特拉特同样痴迷于蝴蝶，不是因为画它们必定会很有市场，而是单纯地因为喜欢蝴蝶。他从十几岁起就开始画蝴蝶，每天没日没夜地画，也不管晴天多云，还是阴沉的暴风雨。他最喜欢的主题就是破晓之后不久的汉普郡丘陵后面的太阳光芒之下，蝴蝶在草丛中醒来。他喜爱盛夏的气味与色彩，"媒墨角兰和野百里香在空气中芳香四溢，而蓝盆花和矢车菊混合着完美的颜色铺满了山坡。""生活中没有什么比这更美好了。"理查德·特拉特总结道，"该开始画下一幅画了。"[1]

蝴蝶画不太屈从于市场导向的压力，反而更多地由画家的偏好和情绪而定。所有这些伟大的绘图师的驱动力——从乔治王时代的大师到 F. W. 弗洛霍克，再到我们这个时代的大卫·梅热斯和理查德·莱文顿，似乎不是出于商业目的，而是源于对蝴蝶的一份热爱。但越来越多的人从鲜活的蝴蝶身上汲取到乐趣以及失去它们时的那种伤感，甚至悲凉逐渐等同。1980 年嘎霾灰蝶在英国灭绝的消息上了新闻头条，其他任何一种昆虫的消失都不会产生如此大的影响。许多人都感受到这个事件的力量和它可怕的结局。警钟正在为很多其他蝴蝶敲响。经济的增长和发展让前几辈人曾经从中感受到的那种快乐渐渐蒙上了一层隐忧。恐惧吧，为了蝴蝶的未来，也为人类给自己创造的这个荒芜的世界。

---

1. Richard Tratt（2005），*Butterfly Landscapes: A celebration of British butterflies painted in natural habitat.* Langford Press, Peterborough.

第十一章　尾声：嘎霾灰蝶及其他掉队者

当我想去看最正宗的英国本土嘎霾灰蝶时已经太晚了。到了70年代中叶，达特姆尔高原的一条荫蔽的峡谷中仅存的那处产地里，每年只能产出几十只嘎霾灰蝶。到1978年，连续两年的干旱后接着又是一夏天的大雨，这种蝴蝶数量降到如此之低，让人们感到有必要用罩网将栖息地封闭起来，以此保证这些蝴蝶可以相互遇到。但这不管用。留给它们的只有最后一个惨淡的季度，之后就再也没有嘎霾灰蝶了。这个物种于1980年在英国宣告灭绝。它的身影曾经遍及英格兰南部，从廷塔杰尔到彼得伯勒。现在则是哪儿也找不到了。

然而嘎霾灰蝶作为一种幻象又徘徊了一两年。新闻上出现了一个神秘人，脸上挂着微笑，眼里闪着光芒。"不，它没有真正灭绝。"他坚持道。他知道一个秘密栖息地，别人都不知道，而且他永远不会透露它的位置。有人信他吗？就绝迹的鸟类——比如新西兰的恐鸟——而言，马

彩虹尘埃：与那些蝴蝶相遇

克·科克尔认为我们似乎有一种抓紧一根救命稻草的内在需求，"来推迟或者避免它们灭绝的悲凉结局"。[1] 所以可能有些人会信吧。

不像其他绝迹的蝴蝶，这个种类在具有环保意识的年代里遭到了忽视。说实话，嘎霾灰蝶灭绝后比活着的时候更加有名。失去可能是英国最引人注目的一种蝴蝶——唯一一种采用了杜鹃鸟的生活方式在蚁穴中寄居的蝴蝶——成为了自然保护事业的分水岭。它标志着重新引进一个绝迹物种的观念从无关紧要变成了一项严肃的提议。嘎霾灰蝶的情况属于"屋漏偏逢连夜雨"，在数量降至史上最低的时候遇上了一连串恶劣的天气。这个时间也是赶得太不巧了，它们要是能再幸存几年，我们很可能就能拯救它们。后来发现，这完全是栖息地的问题。杰瑞米·托马斯（Jeremy Thomas）研究过这种蝴蝶的生态学，可惜发现得太迟了，它最需要的是被太阳晒热了的矮草地，上面要有足量的野生百里香和它们寄居所需的那种蚂蚁。但是它们以前的栖息地现在都长满了杂草和灌木，这种情形保管是个灾难。

在大卫·西姆科（David Simax）的帮助下，托马斯搞到了一张许可证，可以从瑞典南部采集嘎霾灰蝶的卵和幼虫并把它们放生到英格兰西南部适合的栖息地。这些斯堪的纳维亚来的嘎霾灰蝶似乎接受了它们的新环境，而且慢慢地，它们开始繁殖了。如今这种蝴蝶又一次在波尔登和科茨沃尔德站稳了脚跟，其他地方也有一些外围种群。这样，你可能会说，我们做出了补救，嘎霾灰蝶又重新回到了英国。重新引进它的计划成为了一系列雄心勃勃的"重新引进"项目中的先驱，这些项目

---

1. Mark Cocker（2013）, *Birds and People*. Jonathan Cape, London, pp. 27-28.

见证了红鸢、灰鹤和白尾海雕的回归，而且在不久的将来，还会确保河狸与猞猁的重现。

2012 年的夏天是我有生以来的记忆中最阴冷的一个夏天。但是如果连我们人类在这段时间里都想要躺倒在床上，想想这对蝴蝶们来说意味着什么。在这沉着有力的雨点敲击之下，它们在何时何地能够找到机会去羽化，去寻找配偶，完成它们的产卵指标，以此来将它们的基因传到下一代去呢？而随着寒冷的气温减慢了它们的发育速度，它们的幼虫还能避开捕食者和寄生虫，成功地羽化为成虫吗？

可是无论如何，它们做到了。2013 年的春季同样寒冷潮湿，但是当迟到了的夏日艳阳出现在 6 月下旬的时候，蝴蝶做出了响应。其中一些完成了一场藐视天地的表演。我记得自己揉揉眼睛，惊讶地看着汉普郡丘陵上的银斑豹蛱蝶和大理石白眼蝶在蓟的花头上攒动，隐线蛱蝶和绿豹蛱蝶聚集在林下的黑莓丛中。蝴蝶的种群动态在很大程度上是很神秘的，但是一定有某种看不见的核查和平衡系统，帮助它们渡过恶劣的天气，迎来那些晴朗的日子。只要还有足够的栖息地来维持种群，它们似乎就能过得去。

随着这个突如其来的不同寻常的夏天，我开始了一场寻找重新引进的嘎霾灰蝶的朝圣之旅。最容易去的地点是波尔登丘陵之中的科勒德山，就在萨默赛特的斯特里特附近。这个地方有自己的网站 [1] 和地方志，

---

1. 嘎霾灰蝶日记：ntlargeblue.wordpress.com.

彩虹尘埃：与那些蝴蝶相遇

还有一块友好的大招牌，迎接你来到所期待的嘎霾灰蝶天堂。

我来到这里的当天很温暖，几乎没有什么风：对蝴蝶来说很完美，或者说我是这么认为的。然而我在嘎霾灰蝶出没的高峰季节里从山的这头翻到那头，一只也没有看见。我觉得自己一定是来得太早了——因为那年的夏天来得特别迟——或许我爬错山了。我看见两个老成的小伙子弯下腰来，明显是在窥视着什么东西，于是赶紧凑过去。"看见了没？"我充满期待地问道。"啊没有，我们觉着它们或许是在午休。"他们告诉我，这天气啊，对嘎霾灰蝶来说暂时有点热。当然了，去年则是太冷了，它们压根就没有出现。

"到底有没有个它们喜欢的温度啊？"我问。那个戴着眼镜和草帽的哥们儿礼貌性地答复了我的问题。"呃，它们不是啥时候都出来。要是早点儿来您估计就能看见个把的了。大中午的人家都是很低调的。"我说我听说它们在大早晨是不出来的，或者说不到太阳把地面晒热了是不会出来的。"啊，要是您九点左右来，也许就能看见一两只了。"他看看表说道。那会儿都快到中午十二点了。"要不跟我来吧？"他提议道。"咱们可以从坡底上到顶上去。"

罗杰·史密斯，我这位友善的新朋友原来是位志愿护林员，他靠清点蝴蝶卵的数量来监测重新引进蝴蝶的进度。尽管这些卵只有针帽儿大小，而且藏在百里香的嫩枝下面，实际上还是要比蝴蝶好找。罗杰也认同这种蝴蝶相当让人摸不透。它在其中的一些引进地点里安顿下来，但是在另一些地点就不行，其中原因并不总是那么清楚。所有地点都有 *Myrmica sabuleti* 这种黑蚂蚁，嘎霾灰蝶的幼虫就在它们的巢穴里完成发育，而且这些地方也都长着足量的百里香和朝向太阳的适宜它们生活的矮草地。好消息是，这些蝴蝶证明了它们能够自己照顾自己。一位决绝的勇士已经飞越了一片相当大的林子，在另一头的山顶草甸上产下自己的卵。

最终我们还是看到了一只嘎霾灰蝶：这是一只雄蝶，只有一只。它在地面附近闪展腾挪着，一度还决心要和另一只比它大得多的草地灵眼蝶干上一架。在那几秒之间，我注意到了嘎霾灰蝶的翅膀颜色看起来有多深——是那种蓝黑墨水的颜色——深到足以解释为什么它有一个旧名字叫暗灰蝶。它体形也比我预想的要小些，没比银蓝眼灰蝶大。转瞬之间，那只蝴蝶翅膀一扇，反射出一道耀眼的光芒，就消失了。"我不确定这到底算不算数。"我很唐突地说了句冒犯之言。

这时候我们中已经有几个人开始山坡四处搜查，紧盯着地面寻找那些忽隐忽现的墨蓝色的闪光点。我们找到的第二只嘎霾灰蝶是只雌虫，比活蹦乱跳的雄虫要怠惰些，鸽子灰色的下表面缀着较大的斑点，靠近身体的部分呈现出精致的、银光闪闪的蓝色。惊鸿一瞥之间，它停在了一棵百里香的花头上，在花蕾下面蜷曲着自己风琴褶似的身体，试探来试探去。但是很明显，它并不喜欢这株植物，因为很快它就停下来，将身子一绷，然后倏然一掠——这个词可能就是为嘎霾灰蝶量身定做的——它就不见。"产卵了没有？"卵的样子像长了刺的瓷瓶，微微地透着蓝色。我看了看说："没有。"除了对环境温度和出没时间段有要求之外，嘎霾灰蝶在产卵方面也很讲究。我开始得到这样一种印象，这些从前属于瑞典的蝴蝶并不真心喜欢英国。

我既为终于一睹它的真容而感到兴奋，又为只看到两只而稍稍有些失望。就在要走的时候，我看见一个大汗淋漓的胖子，扛着一台装在三脚架上的相机。他从兰开郡一路赶来。我们的眼神碰到一起。"我会看见的，是吧？"他喘着粗气说。我告诉他我刚刚花了三个小时去寻找它，在很多人的帮助之下，不多不少看到两只。但是，我明智地补充道，等气温降下来它可能会活跃些。"哦……啊。"我能看出来他本来想得更好的。我希望他拍到想要的照片了，毕竟回到罗奇代尔可是挺远呢。

假使嘎霾灰蝶能够重回英国，又能有多"英国"呢？这个物种在我们国家灭绝的类型是被描述为一个与众不同的族系：*Maculinea arion eutypon*，如果你信这个的话，就意味着我国这个与众不同的类型已经一去不返了。它永远也无法重新被引进回来。馆藏的标本也显示我们国家的嘎霾灰蝶比多数蝴蝶更富有多样性。科茨沃尔德的那些个体都是统一的深色，而至于雌虫，有时候会像瑞士阿尔卑斯山种群那样布满深褐色鳞片。北安普顿郡的嘎霾灰蝶也是深色的，而康沃尔和北德文的则比较浅，更接近瑞典的那种"铁青色"。很显然遗传上的隔离使这种蝴蝶产生了很多截然不同的亚种，每一种都严格地适应着特定的分布区域。很显然，历经数百年进化形成的这种针对不同地域条件的遗传适应性对这些蝴蝶不再奏效了。来自瑞典的这些相同类型的蝴蝶必须找到适合自己的生活方式，如果它们能的话。

嘎霾灰蝶的重新引进常被形容为我们这个时代里最伟大的自然保护成功案例之一。某种程度上来说是这样的，那些使之成为可能的人值得我们为他们的决心和才能记上一大功。但如果少了持之以恒的关注和照看，这种成功能否坚持下去还很难说。科勒德山之行留给我的印象是，这是一种异常挑剔的蝴蝶，只有条件恰到好处的时候才会出没：温度要对，时间要对，可能心情还得好。在中欧地区它们的核心领地里，嘎霾灰蝶完全不是这么害羞的（体形也更大）。它可能是全英国受到最为密切的研究和监测的一种蝴蝶了——而且也最贵。一切能为它做的事情都已经做了。但你仍会觉得这是一种外国蝴蝶，还没有完全适应英国的水土。与此同时，一队队热忱的志愿者还将继续种百里香、数卵，尽力将自然保护主义者们所谓的"牧场政权"做好，希望某天嘎霾灰蝶的种群要比现今安置得更好。我觉得我们还是把十指交叉起来吧。

曲 终 幕 落

灭绝是大自然的遗言，一字一句说的都是终结。这个星球上的一切生命形式终有一天会灭绝。一个物种的生命之书里没有出人意料的结局：永远都是一样的。它们每一个都处在《麦克白》里面可怜的戏子的位置上，"春风得意时在舞台上耀武扬威浑身是戏，随后就销声匿迹了"。当环境无法再供养一个物种时，灭绝就会发生。更能快速适应环境改变的生命形式就会取而代之；生命还将延续，于是从整体来说，生物多样性就得以维持住了。偶然情况下，一次大灭绝会抹去地球上大部分生命。大家都知道的，最近一次真正的大灭绝发生在6500万年前，当时一块巨大的太空陨石撞击了地球，造成了一次毁天灭地的大爆炸，这就是恐龙、翼龙、菊石，还有其他很多生物的终结。我们可能正在经历又一次这样的灾难性事件，这次的罪魁祸首不是陨石，而是人类活动。人类已经是这个星球上出现过的最厉害的生命毁灭者了，不幸的是我们几乎还没开始动手。消灭物种好像是人类的使命，不管我们最终是否要将自己也消灭：处决者受刑。

尽管如此，我们并不会以"生命毁灭者"这个称号为荣。实际上，物种灭绝让我们感觉很糟糕，其中的挫败感就像挨了一记耳光。幸好我们的记忆很短暂，只有受过良好教育的英国昆虫学家才会记起那些失去的快乐，比如橙点伪蜻，在我们污染了它赖以生存的河流时被消灭了；或者素毒蛾，全英国都想要在仅存的一点野地里种胡萝卜，导致它们成了受害者。幸好英国的多数昆虫具有极强的适应力。与生活在初级生境（如热带雨林）的物种不同，我们的生存环境是来适应人类的。在一片被规划来用于生产我们人类所需的东西（比如树林和木材、牛奶和牛肉、牧草和干草）的大地上，各种昆虫都找到了生存之道，甚至是繁荣之道。多数昆虫似乎在这个重塑的、半自然半人造的世界中自己找到了一个生态位。其中例外的是那些由于生境遭到破坏而毁灭殆尽的种类，比如那些只能生活在未干涸的沼泽中的物种，或者像嘎霾灰蝶这样依靠一整套协调一致的环境的物种。

面对灭绝，蝴蝶可能比其他多数昆虫更为敏感脆弱，尤其是在像英伦诸岛这样寒冷、潮湿，天气变化无常的地方。[1] 全国性的灭绝是英国的终极生态悲剧。我们在过去两个世纪失去了至少 500 个物种。然而塞翁失马焉知非福。蝴蝶的灭绝催生了 20 世纪最伟大的思想之一：自然保护。

火　蝴　蝶

第一种灭绝的英国蝴蝶是橙灰蝶。我国的橙灰蝶是一个庞大且独

---

1. Jeremy Thomas（2004），'Comparative losses of British butterflies, birds and plants and the global extinction crisis'. *Science*, 1879—1881.

特的族系，名叫 *Lycaena dispar*，亚种为 *dispar*（*dispar* 这个名字意为"不同"，指的是这种蝴蝶两性之间的对比：鲜艳闪亮的为雄性，颜色较深且有斑点的为雌性）。在进化的巧妙安排之下，林肯郡和东安格利亚地区沼泽地与世隔绝的空地诞生了一种蝴蝶中的"瑰宝"。它的俗称叫作"火蝴蝶"，翅膀映射着火焰一样的光芒，好像一枚旋转着的硬币。

它的美丽以及稀有，使得这种蝴蝶分外惹人垂涎。19 世纪 20 年代出现的铁路网使得伦敦的收藏者们可以买张往返火车票去到剑桥郡的霍姆或者拉姆西，与这种蝴蝶所生活的沼泽腹地近得出奇。一场生机盎然的贸易在总是乐意挣上几先令外快的沼泽地乡民，与南边来的（如他们所料的）富有的收藏者们之间就此展开。他们将生长在坝上的高高的水酸模上的绿毛虫像摘黑莓一样捡走，放在火柴盒里，一个卖上六便士。但正如往常一样，赚钱的还是中间商。其中一位花九便士从一个老太太手里买了二十几只低龄幼虫，把它们养大之后，羽化出来的蝴蝶每只卖到一先令。蝴蝶本身则似乎很难抓。尽管它们胆子大，而且愿意"攻击任何靠近的昆虫"，也同样善于躲避网子，而且你一旦失手，火蝴蝶几乎不会给你第二次机会。干这个活同样也很容易滑倒，你得一手拿着杆子，一手拿着网，在堤坝上绕来绕去，或者是穿过锋利如刀、沾满露水的草丛去追捕蝴蝶。[1]

许多责怪收藏者的人却忽略了明显的事实：沼泽湿地存在的时候，总是有足够的橙灰蝶供人采集，这形成了一种可持续性的收获；但是从

---

1. Michael A. Salmon（2001），*The Aurelian Legacy*. Harley Books, Colchester, pp. 278-285. 嘎霆灰蝶已在全世界范围内逐渐失势。来自荷兰的嘎霆灰蝶幼虫一打现价大约 12.5 英镑。

土地干涸那一刻起，蝴蝶就消失了，连带着其他依赖水和野外环境的昆虫一同消失，不管它们有没有被收藏者采集。如今，橙灰蝶曾经出没的多数地方都变成旱田了，狭窄的田埂穿行在其中歪歪扭扭地延伸到地平线处孤零零的农舍。很久以前，沼泽中的水分被蒸汽泵抽走，然后注入到堤坝和水路织成的一张错综复杂的网络中，将不需要的水冲到沃什湾里。火蝴蝶毫无机会生存下来。

可能有些出人意料的是，蝴蝶爱好者们对这项损失处之泰然。当时关于蝴蝶的权威图书是由教士弗朗西斯·奥彭·莫里斯（Francis Orpen Morris）所著，这是一位自然保护主义的先锋人物。他发起抵制猎狐和活体解剖的活动，据说还发明了鸟食台。但是到了关于橙灰蝶的问题上，他发现要想否认大型排水工程的好处是不可能的。它的逝去是个遗憾，这是当然，但是我们爱莫能助。"科学，"他在自己众多打着"博物学"幌子的布道文的一篇中写道，"其诸多成就之一，在于真正地获得了一个有价值的巨大胜利——这片曾经盛产热病和疟疾的土地，现在罕见地向手捧沉甸甸的金黄稻谷的英格兰低地人民屈服了。"换句话说，食物肯定是永远优先于蝴蝶的。没有哪个忠诚爱国的子民应该"在如此彪炳史册的巨大进步面前有所抱怨"，莫里斯继续说。而如果他能够以基督徒的坚忍意志接受这项损失，余者也都应如此。

俊美的黄绿翠凤蝶（*Papilio elephenor*）是一种深色的大型凤蝶，闪烁着粉色和蓝色的亮光（好笑的是，却没有黄色），出现在印度东北部地区。一度被认为全球性灭绝的它，在近一个世纪以后被发现在过去的栖息地中好端端地活着。[1]如果像凤蝶这样巨大且醒目的蝴蝶都能避开人类长达一百年，对于住在大森林里成百上千种小得多的蝴蝶来说又该多么容易。

我们不知道自从人类开始开发地球上的荒野地区至今，有多少种蝴蝶已经灭绝了。可能有几百种，甚至成千上万种。但如果是这样的话，那它们一定是在任何人能够记录下来之前已经消失了。少有的得到充分证实的案例之一就是加利福尼亚甜灰蝶（*Glaucopsyche xerces*）。它相当于北美洲的嘎霆灰蝶，而且和英国的这种蝴蝶一样，它也是灭绝以后才出的名。以在温泉关大战斯巴达勇士的波斯国王（Xerces 是人们较为熟悉的"Xerxes"的法语拼法）为名的它，是一种蹦蹦跳跳的小型蝴蝶，它的颜色正映衬着加利福尼亚州晴朗的天空。纳博科夫将一个近似的种类形容为"晴空般的天真"。它的幼虫只吃旧金山湾当地产的银羽扇豆，这种花最好的一片群落正好长在规划为城市建设的一块土地上，这对它们来说简直是厄运。到了 1943 年，再也没有天然的沙丘，没有羽扇豆，也没有加利福尼亚甜灰蝶了。有些人觉得最后的致命一击来自一种新来的蚂蚁的入侵，它们取代了这种蝴蝶所依赖的那种蚂蚁。仅存的加利福尼亚甜灰蝶，就是位于金门公园科学院的馆藏之中那三个抽屉里的插针蝴蝶标本。再也没有人能够欣赏到曾在太平洋白色的沙滩上跳动着的、张着翅膀停落在羽扇豆那蓝色的刺上的这种四处飞溅的活"天青石"了。

然而加利福尼亚甜灰蝶的名字却在甜灰蝶学会之中得以延续。该

---

1. 信息来自论坛：www.InsectNet.com.

学会于 1971 年在美国成立，用它那清脆而又振奋人心的口号，"利用科学家的知识和公民们的热忱"，为全世界的昆虫奔走呼号。[1] 和嘎霾灰蝶一样，加利福尼亚甜灰蝶成了濒危昆虫们的护身符。一个关于失去的悲伤故事从此摇身一变化为希望：成为另一种稀有蝴蝶，丛林卡灰蝶（*Callophrys dumetorum*）的希望。类似于英国的卡灰蝶，长着褐色的前缘和漂亮的绿色后翅，它们仅仅分布在旧金山地区现存的一块块支离破碎的灌木林地里。如今，在明白了栖息地碎片化就是唱响了一个物种的末日之歌后，这个城市的市民大军一直忙于在路边和"街道公园"里种植这种蝴蝶的食料植物——荞麦和百脉根。作为为了保护蝴蝶而在大城市里都能有所作为的一件事例，旧金山的"蝴蝶走廊"名声渐响。[2] 在城市丛林的腹地中提供一个野外的生态位——维吉尔的城中之林理念——如甜灰蝶学会所认同的，是旧金山伟大的一个侧面。考虑到前车之鉴，它希望试着做出补救。文明当中必须有自然保护的一席之地，因为没了它，我们就只是地球的破坏者而已。

一出正在马德拉岛上演的关于进化的讽刺剧

也许加利福尼亚甜灰蝶只是不走运而已。它是加州的一种本地蝴蝶，生活范围很小，在大山的屏障后与世隔绝。而多数蝴蝶的分布范围要大得多，所以在某处找到避难所的概率也远远比这大。最脆弱的就

---

1. www.xerces.com.
2. Josiah Clark（2009），'A Helping Hand for the Hairstreak'. *BayNature*, baynature. org/articles.

是那些在孤岛上演化出来的、没有别处可去的物种。这就是发生在已知唯一一种从地球上消失了的欧洲蝴蝶身上的故事。讽刺的是，它是欧洲（"菜"）粉蝶的近亲，而后者可能是世界上最常见的一种蝴蝶。它仅分布在马德拉岛上，因此名叫马德拉大菜粉蝶（*Pieris wollastoni*）。与欧洲粉蝶不同的是，这个种类的幼虫不吃卷心菜，而是吃岛上的天然小月桂林里生长的野生水芹。它到底为什么灭绝——关于马德拉大菜粉蝶最后一次可靠的记载是在 1977 年——并不确定。一个可能的原因是引进的菜粉蝶带到岛上的病毒造成了感染。马德拉大菜粉蝶很有可能并不是一个进化彻底的物种，因为它与欧洲粉蝶的区别仅体现在小的细节方面，尤其是后翅上表面充满了黄色。然而不管它是什么，它都很有趣，但现在却不见了。

下一个行将离去的可能是祖氏豆灰蝶，它的分布局限在内华达山脉，西班牙南部的一片独立的山区里，一个小种群就在那里的山顶上挣扎求生。[1] 只要人类的干预再多一步，比如修个新的滑雪场或者停车场，或者整体温度稍稍一上升，它就有可能消失了：成为一份不断增长的物种灭绝名单上新增的小数据。就在它的身后，还排着一条长长的濒危蝴蝶大队。欧洲的 482 种蝴蝶中，将近百分之十的生存境况尚不可知，而整整三分之一的欧洲物种正在衰退。

可怜的老萨福克

栖息地越狭小，物种就越容易灭亡。新加坡高度城市化的岛屿上已

---

1. www.iucnredlist.org/details/701/0.

经失去了至少四分之一的常驻蝴蝶。相反地，面积更大且只有半城市化的不列颠岛仅失去了百分之十。这可能听上去还能容忍，直到再靠近一些，看一下郡县的水平。那里损失的比例要大得多。举个例子，萨福克已经失去了整整三分之一的蝴蝶。约翰·康斯特布尔画的田园风景画里有金凤蝶、大龟纹蛱蝶、紫闪蛱蝶、多数的灰蝶，线灰蝶中只缺一种，豹蛱蝶中只缺两种。画中的多数蝴蝶在那以后消失了，并且总体来说回归的机会很渺茫。即使是适应力强的锦葵花弄蝶——一种对环境要求很少的蝴蝶——也遇上了麻烦。

其原因在于精耕细作的农业手段改变了萨福克的景观地貌，从伴有足量的树篱、森林和开花草甸的混合农场，转变为类似大牧场的地方——小麦和大麦的单一化种植。在此过程中，沼泽被抽干了，草地被翻种或者犁开，老林子被伐倒或替换成速成的外国松柏。其他的好地方被道路和房屋建设所毁坏。萨福克最有名的昆虫学家克劳德·莫利预见了它的来临。即使早在20世纪20年代，他就"确信这个郡的蝴蝶将要灭绝……我不是说这里再也不会有蝴蝶了，而是你能看到的只有常见的几种——粉蝶眼蝶，还有灰蝶——高速公路和树篱上的 plebs"（说清楚一点，拉丁语词 plebs 意为"人民"；plebian 意为"人民的"）。[1]有趣的巧合是，萨福克罕见的幸存者当中真有一种"平民"。它就是 *Plebejus argus*（"长着很多眼睛的小个平民"），更为人所知的名字是豆灰蝶。它倔强地飞翔在赛兹韦尔核电站的阴影中，你可以说，这代表

---

1. 被引用于：H. Mendel, S. H. Piotrowski（1986），*Butterflies of Suffolk: An atlas and history.* Suffolk Naturalists' Society, Ipswich.

着一种胜利：平民胜过了那些境遇要惨得多的蝴蝶中的王公贵族们。

蝴蝶珠宝、活图表和树栖的龟纹蛱蝶

重重谜团围绕着三种命运更为悲惨的蝴蝶：灭绝的英国酷眼灰蝶、灭绝的绢粉蝶，还有下落不明的大龟纹蛱蝶。没人预测过它们的消亡，而事情发生时也没人能理解。就好像英国所有的蝴蝶名字都被放在一顶写着"灭绝"的帽子里摇啊摇，随机抽签就抽中了这三种。如果这里面有什么教训的话，那就是灭绝通常来得出其不意。大自然里满是这些事情。而当结局到来的时候它可能很快，犹如晴天霹雳一般。

如今可能只有珠宝商才知道"mazarine"是个什么。它是一种深蓝色的宝石，属于蓝宝石的一种，在过去常常被戴在贵妇人的脖子上。酷眼灰蝶是一块活宝石，是英国一种颜色较深的灰蝶，下表面是阴沉的灰色。两百年前它稀疏地分布在整个英格兰南部和威尔士。博物馆里真正的英格兰酷眼灰蝶并不多见，所以即使在那时可能也不好找。它是一种生活在潮湿的车轴草地上的蝴蝶。其中一块这样的草地实际上是一片自然保护区。收藏者们付钱给农场主，劝说他为了造福蝴蝶而保护这片土地——当然也是为了那些想要来抓它的人。但即便如此，酷眼灰蝶还是在那里以及其他地方灭绝了。最后记录的标本不是采集者而是蜘蛛抓到的。1905 年 9 月，克肖上校正在位于北威尔士兰贝德罗格的家附近散步，这时他发现一只皱巴巴的蝴蝶在金雀花丛中的蛛网上挣扎。他解救了它，将奄奄一息的蝴蝶放在火柴盒里，带回了家。它现在仍然保存完好，标签上记录着整个悲伤的故事（蜘蛛也会加速蝴蝶的灭绝：

20 世纪 50 年代金凤蝶在威肯沼泽的消亡就怪它们一份）。

托马斯·查普曼，酷眼灰蝶消失的见证者，认为这归因于耕作技术的改变。只要干草还是用铡刀手动铡的，就会有足够的避难所供这种蝴蝶来养育后代。但是马拉的割草机取代了铡刀，一鼓作气清除了所有的车轴草、卵和幼虫。杰瑞米·托马斯指出这种蝴蝶可能是依靠蚂蚁来保卫它的幼虫的。[1] 依靠另一种昆虫是一项高风险的策略，正如嘎霾灰蝶所展示的那样。也许维多利亚时代晚期英格兰的潮湿夏季也在打破平衡中发挥了作用。我们很可能永远不会知道了。

绢粉蝶灭绝得稍晚一点，是在 20 世纪早期。这种蝴蝶要比酷眼灰蝶有名得多。所有早期的书里面都有它的图。画家伊利扎·阿尔宾显然饲养过它，因为他的刻版里展示的不只是蝴蝶和幼虫，还有它的一种寄生虫——一只微小的蝇子。绢粉蝶不像其他任何欧洲蝴蝶，它深色的翅脉在纯白色的背景中分外突出，就像硫酸纸上画的一张图表一样。你可以想象所有蝴蝶的老祖宗就长得有些像这个样子。如今你只能到欧洲大陆去看这种英国的蝴蝶观察者们曾经可以看到的东西了：清新的白蝴蝶挤在地面渗液上吸取盐分，或者停栖在花枝上的公共休息处里，好像一簇半透明的大种子。它是一种非常友善的蝴蝶，纳博科夫将一群绢粉蝶在水坑边喝水的景象比作"小小的纸公鸡，又像是一场左倾右斜的帆船会"。[2]

---

1. Jeremy Thomas，Richard Lewington（2010），*The Butterflies of Britain and Ireland.* British Wildlife Publishing, Gillingham, pp. 145–147.
2. Vladimir Nabokov, 'Father's Butterflies', in Bryan Boyd and Robert M. Pyle（eds 2001），*Nabokov's Butterflies.* Penguin.

19世纪时，绢粉蝶出现在英格兰南部（从肯特到新森林地区）和西部（从科茨沃尔德到南威尔士）。有些年景里它们很常见，余下时则很稀少。有时它们的数量庞大，采集者们一网子扫过去就有不少，真是乐坏了。这些蝴蝶尤其喜欢滨菊（又叫牛眼菊），它是一种人人都司空见惯的蝴蝶，直到突如其来的那一天，它不复存在了。绝望中的人们开始尝试释放人工饲养的蝴蝶（绢粉蝶很好养）。不知是否因为世纪之交时的适度恢复，还是衰微的种群又做出了一次努力，这不好说。不论如何，这种恢复并没有持续下来，事实上这种蝴蝶于20世纪20年代早期在英国灭绝了。余下的个别个体此后被人看到过，但是噩兆在于，再也没有幼虫了——这种蝴蝶的幼虫是很容易发现的。很可能1923年以后的大多数甚至全部记录都来自于人为释放，比如工业级数量的绢粉蝶被L.休·纽曼引入到查特韦尔的温斯顿·丘吉尔的花园里，结果全然徒劳无功，因为它们没活下来。[1]这次没人怪收藏者们了。有些人怪罪野鸡，其他人则埋怨19世纪70到80年代潮湿的夏季天气。据说，老熟的幼虫着了凉，死在了那年潮湿的9月。它的消失同时很可能永远是个谜了。

于是我们失去了绢粉蝶，接着我们又失去了大龟纹蛱蝶。很多人不情愿承认这一点——灭绝这种事总是很难承认的——况且还有一<u>丝</u>希望尚存，这种总是捉摸不定的蝴蝶也许仍然出现在什么地方，可能是在怀特岛，那里有一系列目击报道惹得人心猿意马。英国的两种龟纹蛱蝶中较大、较稀有的这种，是又一个为人熟知的种类：一种俊美的黄褐色

---

1. L. Hugh Newman（1967），*Living with Butterflies.* John Baker, London, pp. 198-202.

蝴蝶，大小和翅膀的宽度与孔雀蛱蝶等同，长有黑色、黄色和蓝色的斑点和条纹。它会造访庭院，有时会在棚子里或者柴堆的缝隙里休眠。它那强有力的、展翅腾空飞行方式使得这种蝴蝶很难捕捉。扫网的时机一旦找不准，就等于拱手放它飞上树梢。一些收藏者用榆树枝饲养它；大龟纹蛱蝶也曾一度被称为榆树蝶。当然，英格兰那高大的榆树的灭绝对它也没什么好处。

大龟纹蛱蝶活过了 19 世纪晚期阴雨连绵的天气，在爱德华七世时代的英格兰那温暖和煦的夏天里繁盛起来。值得注意的是，因为 20 世纪大半段时间内占统治地位的权威野外指南——索思的《英伦诸岛蝴蝶志》，就是那时候写的。根据索思所言，这种蝴蝶"在伦敦周边诸郡多多少少都很常见"，尤其是在"两边种树的小路或者林缘地带"。20 世纪 40 年代晚期又出现了一个数量相对充足的短暂阶段，但之后它的分布范围就收缩了，多数目击都来自于东安格利亚。我们没办法说清大龟纹蛱蝶到底是何时加入到"作古"蝴蝶的名单里的，但是 1949 年似乎标志着人们最后一次顺理成章地看到它。

说法照旧很多，但是并无定论。也许，作为一种主要生活在林地的蝴蝶，大龟纹蛱蝶成为了战后的英国越来越密的林荫的受害者。或许它饱受一种寄生性蝇类的摧残，就像近些年的荨麻蛱蝶一样；也可能祸患非止一端，而是不利环境的缓慢积累迫使其数量慢慢减少，直到种群再也无法维持下去。我们毫不知情，因为没人及时发现问题，也没人去调查事情的原委。

这种事还会再发生吗？如果我们能帮上忙就不会。大龟纹蛱蝶灭绝的时候，昆虫生态学的研究——也就是研究昆虫与其环境之间的关系——还处在起步阶段。没有一种英国蝴蝶受到过生态学上的研究。今天的蝴蝶生态学已经逐渐确立了学科地位，在全世界来说都是，蝴蝶的动态和环境需求得到了更为深入的理解。也许今天我们就会明白该为萎缩的酷眼灰蝶和大龟纹蛱蝶种群做些什么了，还能搜集起足够的资源来挽救一块足够大的湿地，拯救嘎霾灰蝶。可是人们对于物种灭绝的恐惧并未消散，如果这种恐惧还未成为现实的话。不久前人们在灿福蛱蝶和勃艮第红斑蚬蝶身上押宝，看谁作为下一个将要逝去的种类。再倒退十年，则是在阿多尼斯蓝眼灰蝶和银点弄蝶之间抉择不定。如今可能得是庆网蛱蝶了。明天，谁又晓得呢？一打蝴蝶放在这里，任何一种都可能灭绝。挑战在于想出避免它的办法。关于英国剩下的那些野地纷争不断，而很多蝴蝶适应的是那些并不具备商业价值的景观。对于它们来说，这是要么保护要么放任不管的问题。下一章讲的是，我们是如何学会拯救蝴蝶的。

第十二章　赭眼蝶：如何保护一种蝴蝶

博物学家们写下"云雾"般的灰蝶或者"暴风雪"般的蛾子还指望有人会信的时代早已过去了。现代科技驱动下的农业生产没有给蝴蝶的栖息地留下多少空间，在英国，对生存条件比较挑剔的那些蝴蝶已经被驱赶到了边缘地带——主要是占土地面积不到百分之十，作为科学兴趣特设点（SSSI）或者自然保护区被施以保护措施的那些地方。但是相比过去，我们对于蝴蝶的种数和它们与其环境之间的关系了解得更多。我们有全国性的分布图，大约每五年更新一次，而且对于某些地方还有更精细的地图。我们通过一个遍布全国的"蝴蝶样带"网络，由地方上的志愿者沿着固定路线计数，以此获取它们的数量信息。针对个别种类已经出现了细致的生态学研究。而且现在还有了一家成功的慈善机构，致力于保护英国的蝴蝶和蛾子——蝴蝶保护基金会，总部在多塞特，我国蝴蝶最丰富的郡，在整个英国都有分支代理机构。

蝴蝶很受欢迎，很可能是前所未有地受欢迎。2013 年约有 4 万人参与了一年一度的蝴蝶大清点活动，一项伸手"触摸自然的脉搏"的全国性调查。[1] 蝴蝶保护基金会现在有 2 万名会员——比除了英国皇家鸟类保护协会（RSPB）以外的任何野生动物专项慈善机构都要多。我刚开始对蝴蝶感兴趣是在五十年前，那时一切都不一样。没有蝴蝶学会，没有蝴蝶清点活动，只有一两种蝴蝶相关的书。如今不光有几十种书，还有网站、论坛、博客和电影，甚至还有"蝴蝶节"，吸引着发烧友们造访欧洲内外最棒的蝴蝶产地。蝴蝶不再只是一项爱好，对于一些人来说还是一门生意。

当然了，任何一门生意的基本任务就是确保拥有足够的本钱。利益也许在增长，但蝴蝶们却很不幸。用蝴蝶保护基金会最近的一份报告中的话说，它们是"最受威胁的野生动物类群之一，尽管保护所用的开销还在增长"。[2] 过半（54%）的英国蝴蝶种类正在下降——这个比例会增长到三分之二，假如把数量的下降和分布地的萎缩都算进去的话〔另一方面，英国蝴蝶三分之一（31%）的种类成功地推翻了预言，事实上在今天比在二十年前更常见了〕。[3] 如果蝴蝶在全世界都以在英国这样的速度消失——以及考虑到人口迅速增加带来的压力，它们很可能确

---

1. 关于蝴蝶大清点，请访问 www.bigbutterflycount.org，并跟随链接查询详细内容。

2. 作为 2001 年出版的 Millenium Atlas 的补充内容，蝴蝶保护基金会在 2005 年和 2011 年做了英国蝴蝶现状的报告，最近一次报告是在 2015 年 12 月。可以从网站 butterfly-conservation.org/1643/the-state-of-britains-butterflies 下载。

3. Richard Fox et al.（2006），*The State of Britain's Butterflies in Britain and Ireland,* 可以在蝴蝶保护基金会的网站下载，或者从 Pisces Publications, Newbury 购买相关出版物。

实如此——那我们面临的就是昆虫的彻底崩盘。[1]

在一个生态环境完美的世界，也就是我定义为没有人类的世界里，蝴蝶们才能够生活得很好，它们千百万年间向来如此。但是人类的活动已经将大自然扭曲得面目全非，几乎没有什么东西还是纯天然的了。在英国，那些分布较广的蝴蝶已经适应了人造的栖息环境，比如花园或者铁路沿线，或者棕色地带[2]，这些地方的丛林中生长着从国外引进的醉鱼草及花蜜充足的花朵，十分受欢迎。但其他蝴蝶仍然多多少少被束缚在零散的野外栖息地里，比如未经开垦的山丘和荒地，还有低矮林地和天然海岸线。英国最小的蝴蝶——枯灰蝶——极少离开它出生的那片疗伤绒毛花方圆几百米的范围。在当地绝迹了三十年的枯灰蝶像《蝴蝶》杂志表述的那样"归来"，回到艾尔郡的海岸时，它是从一百多英里以外的一个捐献地被引进来的。[3]显然没有比那更近的、适合的捐献地了。

我们喜爱蝴蝶，希望保证它们能存活下来。怎样着手去做呢？自然保护区给出了一个答案：它们为野生动植物提供了一个理论上的庇护所，在这里它们至少可以远离拖拉机和推土机。不幸的是，自然保护区在蝴蝶保育方面的事迹并不光彩。许多稀有的蝴蝶在本应是它们庇护所的地方绝迹了——这让那些设立庇护所的人颇为沮丧。我们缺乏那

---

1. J. A. Thomas（2004），'Comparative losses of British butterflies, birds and plants and the global extinction crisis'. *Science*, 303, 1879–1881. 一份针对过去四十年间的调查分析指出，英国 71% 的蝴蝶物种在那段时间里有所减少，相比之下，鸟类有 54%，植物有 28%。"世界上别的地方可没有哪个数据库能够达到这样的精准和规模。"Thomas 评价道。

2. 指城中旧房被清除后可盖新房的区域。——编者注

3. 'Coast-to-coast'. *Butterfly*, 114, Autumn 2013, p. 4.

种建立和维持小规模的蝴蝶栖境的管理手段。阿多尼斯蓝眼灰蝶若没有羊或者兔子来为它"修剪"草地、焐热土壤，就无法存在；黄蜜蛱蝶在茂密树林的树荫下无法生存；金堇蛱蝶则似乎需要经过精细调整的牧场。

自然保护理论赋予了蝴蝶一种新的文化意义。过去的几代人仰慕它，想要了解它们的生活，为它们作画，把它们插上针收藏起来。如今，人类在倾慕它们的美丽的同时，倾向于将它们视作脆弱的象征，视作我们称为自然保护区的重症病房里的生态受害者，大概吧。蝴蝶的保护工作在人口严重超标、农业开发过度的英国是一项挑战。这项挑战所需的第一样东西是知识。这个框里的勾，已经圆圆满满地打上了：投入到蝴蝶，尤其是英国蝴蝶的研究中的资源，很有可能比地球上任何其他类群的昆虫都要多（所有这些研究的目的，当然是要保护它们，与传统的想要除掉蚜虫或者蚊子之类害虫的商业科学正好相反）。"决心"一项我们很可能也能打上钩。许多人对保护蝴蝶十分关注。同样，还有可用的资源，即使不像过去经济比较景气的时候那么多，但是足以向着为英国极度濒危的种类提供真正安全的避难所的目标前进一段了。

但是蝴蝶的栖息地正在以一种无法控制的速度消失。自然景观太过碎片化，无法作为大块、安全的避难所，而管理较小的蝴蝶栖息地又经常问题重重。仅仅维持现状可能就要做出多得吓人的计划和体力劳动。你可以将其比作健身房里的一台跑步机：你也许在跑，也许上气不接下气，但就是没有前进。看护野外景观就是这样。草原可能会变成灌丛，再变成林地。自然保护主义者可能希望它保持为天然草原（这比天然林地要少见多了）。要想达到目的，需要农民、牛、羊、割草机、谷仓、篱笆、志愿者、计划，以及重中之重——钱。

直到 20 世纪 70 年代，我们对于英国蝴蝶的知识相比维多利亚女王统治时期都没有多大进步。一本接一本的书籍重复着同一套关于分布、生命周期、食料植物和"偏差个体"的旧知识，但是关于蝴蝶如何在野外生存、如何调控它们的数量以及它们如何与其他物种和周围环境相互作用，则知之甚少。我们所知不多是因为很少有人观察活着的蝴蝶。这大概是你能对采集者们提出的最公正的指责了：他们都忙着追逐标本，没空耐心地观察、去试着理解蝴蝶正在干什么。

在那以后我们取得了很大进展。马丁·沃伦，蝴蝶保护基金会的负责人，以这个故事视为接连不断的突破，开端便是 1963 年蕾切尔·卡森的《寂静的春天》的出版。[1] 作为对公众对 DDT 这样的农药的副作用产生的焦虑的回应，一个研究这些毒药对野生动物所产生的作用的研究站应运而生。这就是著名的僧侣林实验站，位于亨廷登附近，以附近的林子为名——这片林子，恰好是少有的专门设立来保护蝴蝶的自然保护区之一。尽管蝴蝶保护工作起初并没有明确地作为僧侣林议程的一部分，一些生态学家开始对它们感兴趣也是自然而然的事。

其中的约翰·希斯是位热心的野外昆虫学家，负责进行生物学记录。他组织了第一次针对蝴蝶的系统调查，结果就是在 1984 年诞生了

---

1. 马丁·沃伦的"突破性"历史尚未撰写完成，但是以系列演讲的形式在蝴蝶保护基金会的各分支机构里出现。所以这里的提法是"个人通讯"。

第一本蝴蝶地图集。[1]这首次揭示了许多蝴蝶的处境有多么糟糕。我仍然记得看到地图上那么多开口圆圈时的震撼，那标注的是蝴蝶曾经繁盛兴旺现在却不复存在的地区。只要去趟僧侣林，就能看到鲜活的例子。曾经在那里出没的 41 种蝴蝶之中，有 11 种已经消失了，包括很多此保护区意图保护的种类。如果这都能够发生在一个国家级自然保护区——这片土地上最高级的保护环境，普通耕地或者商业林里的蝴蝶又能有什么机会呢？

僧侣林实验站率先推行的另一个思路就是"蝴蝶样带"。多少是出于爱好，厄尼·波拉德（Ernie Pollard）研究了金凤蝶和隐线蛱蝶。正是他弄明白了金凤蝶为何不再出没于威肯沼泽：湿地有一部分干涸了，导致其幼虫的食料植物前胡长得不那么茂盛了。结果导致被捕食率上升，数量减少，直到种群无法再维持下去。简单的想法往往最有效，蝴蝶样带就很简单。植物学家曾经选择了一条固定的线路来监测野花，这条线路就叫作样带。波拉德推理出针对蝴蝶可以采用同样的方法来计数和记录，只须把样带换作一条小径作为固定路线，这样走上短短一两个小时，就可以把蝴蝶数出来了。每隔一阵有规律地重复这项工作，你就可以获得一组简单的数据，用来与其他的样带比较，还可以逐年比较。任何有能力鉴别蝴蝶的人都可以参与，这项策划简直就是给那些不再收藏蝴蝶但是却积极地想要参与一项有组织的记录方案的业余博物学家们量身定做的。后来波拉德的思路逐渐成熟，发展成为了英国

---

1. J. Heath, E. Pollard, J. A. Thomas（1984），*Atlas of Butterflies in Britain and Ireland*. Viking, Harmondsworth.

彩虹尘埃：与那些蝴蝶相遇

蝴蝶监测计划。这项计划大获成功，每周 25 万人次去探访整个不列颠和北爱尔兰的 1500 个监测点，行程总计 50 万公里。自 1976 年开始以来，[1] 蝴蝶样带里已经记录了超过 1600 万只蝴蝶。

第三项突破可以叫作"杰瑞米·托马斯的到来"。他是第一个在博士论文里研究英国蝴蝶生态学的人，其所作所为实际上开创了这门如今蓬勃兴旺的学科。托马斯所选的研究对象是刺李洒灰蝶和线灰蝶：两种神秘的蝴蝶，因为难以观察而臭名昭著，极少为人所知。它们共享着同一种食料植物——黑刺李，但是托马斯能够揭示它们生存策略的明显差异。线灰蝶是两者中分布较广的那种，以较低密度出现在英格兰南部和威尔士的大部，在黑刺李树篱和树林附近的灌丛上产卵；另一方面，刺李洒灰蝶则更喜欢沿着林缘生长的那些长得较大的老黑刺李，尤其是长在黏土地上成材林里的灌丛边缘的那些。这项发现一定程度上解释了刺李洒灰蝶那令人好奇的受限的分布范围，为何多多少少局限在牛津与彼得伯勒之间浓厚的中部地区黏土带中。[2] 这种蝴蝶完全有能力生活在别处，正如它被引进到萨里的一片林子里，并在那里繁盛起来所证明的那样。但是它靠自己就不太可能找到这样的林子，因为它是英国最不好动的物种之一，鲜少离开它出生的那片小树林去远方游荡。感

---

1. 有关英国蝴蝶监测计划（UKBMS）的信息可访问 www.ukbms.org，并跟随各链接浏览。这项计划以生态与水文学中心（CEH）、蝴蝶保护基金会和自然保护联合委员会（JNCC）合作的形式开展。

2. 尽管托马斯的博士论文尚未发表，基于此所做的报道也是保密的，但关于他的发现还是有一份很好的总结，可以在 Jeremy Thomas，Richard Lewington（2010），*The Butterflies of Britain and Ireland.* British Wildlife Publishing, Gillingham. 的刺李洒灰蝶段落找到。

谢杰瑞米·托马斯的工作，我们知道可以做些什么能够帮助刺李洒灰蝶了，而且这一度非常简单：保护它的栖息地。由于保存林地的灌丛相对容易，在我国所有珍稀种类中，刺李洒灰蝶是数量下降最少的一种。它甚至在僧侣林都活下来了。

受杰瑞米·托马斯的启发，其他人也选择了蝴蝶作为博士研究课题。马丁·沃伦本人的学位论文是关于小粉蝶——另一种濒危的林地蝴蝶的，而紧接着他又对黄蜜蛱蝶同样做了深入的研究。这同样使得保育工作更为有效。我仍然记得自己第一次遇到这种鲜艳的小型豹蛱蝶是在坎特伯雷附近的布林森林。我以为自己在做梦。它们看上去有几百只，在一片阳光和煦、挤满了这种蝴蝶幼虫的食料植物山罗花那黄色的花头的林间空地上方滑翔着，飞舞着，停落着。自然保护之于黄蜜蛱蝶来得正是时候。它属于林地蝴蝶，可纠结的是又需要足够的阳光；它从前会"跟随着伐木者"修剪栗树枝来搭建木栅栏的脚步。是伐木者们创造了这种蝴蝶所需的开放环境，而当肯特的伐木行业开始衰落，伐木工的减少就威胁到了它。自然保护志愿者们扮演起了樵夫的角色，而在他们砍刀的挥动之下，黄蜜蛱蝶在肯特和埃塞克斯的几片林子里再度兴旺了起来，在英格兰西部更多的田野之中也是如此。

这样的研究给出了知识层面上的基本原则，自然保护方面的决定就可以围绕着它来做。例如，基斯·波特在金堇蛱蝶身上做得细致入微的工作，表明幼虫的需求相比蝴蝶的更值得关注［这也让人想起美国喜剧演员乔治·卡特林（George Catlin）的那句评语，"活都是毛虫干的，脸都是蝴蝶露的"]。[1]幼虫是蝴蝶的生命周期中最脆弱的阶段。它必须尽快成长，以此来躲避众多的捕食者。用人类的眼光来看，它们需要健康成长——充满能量和生机，来达成它们能吃多快吃多快的唯一目标。为此，毛虫必须保持温暖，它靠的是狂吃一阵，再晒一阵太阳，如此反复。我以前养蝴蝶的时候在一些豹蛱蝶身上遭受过巨大的损失，最可能的原因就是我的笼子不够暖和；我那挨了冻的可怜毛虫被剥夺了它们日常晒太阳的权利。这在野外也是一样的：毛虫在茂密、潮湿的植被或者沾满露水的高草丛里是暖和不起来的。它们需要全光照下的干燥枯叶。这种情况会在土地被轻度放牧的时候出现，就金堇蛱蝶来说，它更喜欢耐受力较强的牛马品种。在遥远的过去，也许这种工作是由欧洲野牛以及其他已经绝迹的大型野生动物来做的。波特的工作说明你应该对低龄幼虫的需求给予等同于乃至超过蝴蝶成虫的关注。

第五项突破在于发现了蝴蝶对产卵的位置非常挑剔。这不仅仅关乎找到适合的植物，还要求草皮的高度必须合适，植被也必须够开阔，且阳光充足。对于蝴蝶来说，还必须"闻"着对味儿。你看着一只雌性蝴蝶仔细地探查一片叶子或者一个花苞，开始卷起腹部产卵，然后又改了主意，飞到别处去寻找更好的植物。它似乎能够检测到像氨基酸之类健康幼虫成长发育所必需的化学物质是否存在。举个例子，紫闪蛱蝶似乎更偏好新鲜嫩绿的柳树叶子，而不是较老、也许不太好闻的那

---

1. 关于金堇蛱蝶的保护，已有大量且仍在增加的文献记录。Keith Porter 在 *Oikos*（1997）中记述了他对其幼虫晒太阳行为的观察。关于这种问题多多的蝴蝶有一份更易获取的记载，可以在 Thomas 和 Lewington，如前文所引，以及 Nigel Bourne et al.（2013），in *British Wildlife* 中一份关于得了些"教训"的记载。

些。温度也很重要。那些吃禾草的，比如赭眼蝶和银点弄蝶，不是随便找一棵老草，而是选择土壤能够透出来的、开放的矮草地；采集者们过去常说，弄蝶啊，找来找去全是徒劳，直到你能在草丛中看见白垩质的卵石才行。

马丁·沃伦最新的一项突破具有较高的技术含量。它涉及"集合种群"的概念，即相互之间有所作用并因此构成一个更大单元的一部分的分离种群——与一群不同名字的村庄构成更大的伯明翰城市圈并无二致。单个的"村庄"牺牲得起；必须要不惜一切代价保护的则是高一级的集合种群，是那座蝴蝶"城市"。将这个思路琢磨得最彻底的是芬兰生态学家伊卡·汉斯基（Ilkka Hanki），他将庆网蛱蝶作为自己在芬兰阿兰德群岛上的研究对象。通过他的一长串数据，汉斯基证明了单个种群会在一片农业景观中来来去去，但是只要一块领地与另一块之间还有某种相互作用、某种迁移，整个大种群就有自我恢复的能力。它能够适时地重新占据失去的领地。[1]汉斯基的工作在那些规划自然保护策略的人当中产生了巨大的影响。不光是蝴蝶保护基金会旗帜鲜明地支持它，这个观点如今已经纳入拯救生物多样性的政府政策核心之中了。

就个人而言，我还要加上一项突破：马丁·沃伦本人。他是自然保护委员会的首席蝴蝶专家（自保委是自然英格兰的前身，是政府建立的

---

1. 关于集合种群已经存在大量且不断增加的文献记录。汉斯基关于庆网蛱蝶的原始文章为 Hanski, I（1994），A Practical model of metapopulation dynamics. *J. Animal Ecology*, 63, 151-62. 另参见 Hanski, I（2003）Biology of extinctions in butterfly metapopulations. In: *Butterflies—ecology and evolution taking flight*（C. L. Bloggs, W. B. Watt 和 P. R. Ehrlich 主编），pp. 577-602. University of Chicago Press, Chicago。

野生生物和自然保护方面的顾问机构）。他的学识和雄辩能力对于自然保护区针对蝴蝶和其他昆虫的管理方式大有裨益。在自然保护的舞台上，蝴蝶从龙套变成了主角，尤其是在白垩草原和荒地上。1993 年，马丁加入了当时规模还很小的慈善基金会——蝴蝶保护基金会，作为它的第一任自然保护理事，现在则是首席执行官。他还是一位欧洲蝴蝶方面的权威，以及一份关于气候变暖对于蝴蝶可能产生的影响的评估报告——《气候危机地图集》的共同作者。2007 年，他获得了皇家昆虫学会为昆虫保护设立的"沼泽奖"，还被票选为英国十大最具影响力的自然保护人士之一。在他的领导下，蝴蝶保护基金会由小变大，成长为一家年营业额达三百万英镑的重要野生动物慈善基金会，还成为了一支由全职自然保护者组成的优秀团队、一支志愿者大军（他们的工作估值每年多达一千万英镑），并发行着业内最好的杂志。蝴蝶保护基金会照管多达六十种珍稀蝴蝶和蛾子相关的"行动计划"，同时举办蝴蝶科学领域的国际大会。简而言之，马丁是英国蝴蝶们所拥有的最出色的大使。而且我确定，这与他作为天底下最和善的人之一不无关联。

我们对于蝴蝶的了解越多，似乎它们的境遇就变得越严苛；换句话说，懂得越多，事情越难。2013 年是推进蝴蝶事业的一个好年份，可是筹资却并不顺利。保护珍稀的蝴蝶成本极高——占到了慈善基金预算的三分之二，即便如此，也不足以达到将蝴蝶数量大致维持在现有水平所需花费的十分之一。自然保护组织靠着政府（环境、食品暨农村事务部）的救济来实施那些雄心勃勃的计划，结果每当政府削减该部门的经费，预算都会捉襟见肘——而且最近这已经成为每年例行的克扣了。

　　为了一个珍稀物种的利益而经营一块土地，这实施起来可能会十分棘手。比如说北德文的一个保护区，尽管那里是一片因野生动物的多样性而广受关注的地方，它的"明星"物种还是珠缘宝蛱蝶。这种蝴蝶能否存活就是衡量经营成败的标准。拯救它和它那稍为常见的表亲——塞勒涅宝蛱蝶——是第一要务。蝴蝶保护基金会与德文野生动物信托组织共同承担着这份重担。它们的目标是将被灌木丛侵占的山谷恢复如初，重拾往日的荣光，变回那片混生着成材林的草原和荒地。这需要做大量的工作。它所涉及的所有砍伐、焚烧、耙地和绞盘的工作得要几页纸才能描述完。不如思索下从一篇关于这项正在进行中的恢复工作的冗长文章里摘取的这段话的含义吧：

> 多数砍下来的材料（蕨和荆豆）都被耙走并移除……尽管在某些区域留下了蕨用以遮光……耙走的材料被堆成堆。一些砍下的灌木被焚烧掉，约有10%的树桩做了处理。此外，一些长蕨的区段在夏季每月都被砍伐，以便营造开放区域供其他蝴蝶使用……侵入到草原区域的蕨也在夏季被砍伐。蕨和荆豆生长区的砍伐高度为10厘米，绝不允许它们长得更高……[1]

　　这还只是蕨类而已。任何时刻你都有可能看到一台拖拉机被很巧

---

1. 参见 Brereton et al.（2012），in *British Wildlife.* 在一个更宏大的背景下，蝴蝶保护基金会关于珠缘宝蛱蝶设有一项行动计划，具体见于：www.butterfly-conservation.org/files/pearl-bordered-fritillary-action-plan.doc.

彩虹尘埃：与那些蝴蝶相遇

妙地用在丘陵地带，拖着一个加装的耙草器或除草机，也可能听着电锯的轰鸣声或绞盘的呜呜声淹没了鸟鸣。你可能看到三四匹埃克斯穆尔马通过吃些荆豆、啃些硬草间接地为蝴蝶做着一点事情；也可能注意到在林中空地里伴随着灌丛被烧毁而升腾出来的烟雾，或是被刻意燎过的草地，来促使林地的豹蛱蝶们生存所依赖的堇菜快速生长。所有这些活动需要两名全职工作人员（护林员和助手），辅以志愿者工作组的帮助，冬夏无休。部分经费来自林业委员会，另一些来自垃圾填埋委员会基金，其余的来自德文野生动物信托组织。豹蛱蝶们的定殖进度是以平方码为单位标在地图上的。

像这样的项目依靠的是当地志愿者们的高度投入和热忱。每一处有男男女女忙着砍树、割草、烧荒以维持蝴蝶生境的地方，都代表着它自身对于英国蝴蝶的未来的小小贡献。但是你没法不去想，这是否真的是长期的解决之道。有这么多可以做的事情是很美好的，然而如此之多的必要工作也是令人望而却步的。管理一个自然保护区的工作量可能不低于一个小型乡下庄园，而这一切只是为了一种蝴蝶。而且必须没有间断地全年无休，如果你不想冒着面对灌木、树莓和杂草不可避免地卷土重来而失去一种蝴蝶。这也只能是那些有足够的钱和志愿者来完成这项工作的特定地方的解决办法。

有些人会说，如果这片大地真的已经无法满足某些蝴蝶的生活需要了，那么任由它们自然地灭绝才是更为坦率的做法，假如那就是它们的命运的话。你可能会说，它们属于昨日的景观，属于托马斯·哈迪的石南荒地或是约翰·康斯特布尔笔下边缘生满榆树的草甸。也许下一代人对逝去的珠缘宝蛱蝶和勃艮第红斑蚬蝶的怀念，不会比我们对几乎已经被遗忘的绢粉蝶和酷眼灰蝶的更多。答案当然是，若没有同情心，我们所做的土地管理工作会失去生物多样性中很显著的一部分，而不仅仅是蝴蝶。但即使自然保护方面的各个慈善基金组织也开始认定，自然保护区——蝴蝶贫民窟——几乎就是一个绝望者的委员会、一条照章办事的死胡同，提供的是短期的权宜之计，而非长远的解决方案。

将自然保护区与乡野其余地方分隔开的那堵墙全然是人为的。有人可能会说，这是过去的解决方案，不管用；也有人说这堵墙应该被推倒。希望反而存在于集合种群的新思路中。如果有足够的乡野能够被人们以适度友好的方式对蝴蝶进行管理，并且可能以某种方式相互连接起来，那么蝴蝶和其他野生生物就可能凭借它们本身的资源生存下来，而不是依靠昂贵且终归是徒劳的行动计划。但这可是个大写加粗的"如果"。

这里面水很深。在这个财政紧缩、气候变化的新世界里，有什么是真正能够办得成的还真说不定。新千年伊始时，蝴蝶保护基金会提出了一项防止我国的蝴蝶进一步衰减的十大要点计划。[1] 这项计划希望欧盟的通行农业政策能够做出改革，将生产上的经费转移到环境友好型农业上来。它敦促政府在资助像保护稀有蝴蝶和蛾子的物种行动计划这样的自然保护项目上更加慷慨些。它还追求更为严格的物种保护，对于重要的蝴蝶栖居点给予更好的保护以及制定促进生物多样性的利好政策。五年以后，蝴蝶保护基金会对于其中进展大加赞赏：十项农业改革中的六项、可持续性发展计划十项中的七项，还有十项政府资助中的

---

1. 蝴蝶保护基金会拯救英国蝴蝶的十大要点计划见于：Fox et al.（2006），pp. 104-106.

五项都批准了。今天，由于一个委身于财政支出大幅削减的政府之下，许多人都认为这些赞赏显得过于大度了。2010 年度，欧盟设立的保护蝴蝶的目标显然没有实现——也因此，欧盟顺理成章地给自己定了下一个目标，尽管至今没有什么迹象表明事情到了 2020 年会有任何好转（可能制定目标的目的在于激励人心——遥想些憧憬，而不是做些脚踏实地的预测）。与此同时，自然保护者们不得不减少对中央资助的依赖。管理生态环境那套昂贵的老办法不再适用了。

如果我们再失去一两种蝴蝶——比如说两种边缘有珠斑的豹蛱蝶，事情看起来会怎么样呢？我们会对此有何感想呢？在自然保护行业中穷极一生跟跟跄跄地逆流而上之后，我对于人类支持野生生物，对抗人口、房屋、公路和竭泽而渔式的农业那愈发汹涌的洪流般能力变得宿命论起来。我赞同《独立报》的记者麦克·麦卡锡，他在自己四十年新闻报道生涯的告别之作中总结道：人类的宿命就是毁灭自然。但即使是麦克也承认，我们可以依靠更为绿色的政策来推延那命中注定的一天。自然保护得靠希望才能蓬勃发展，就像植物需要水一样，因为没有希望，似乎甚至连尝试一下的意义都没有。当代的语言很喜欢激励人心；每一种可怕的环境都被矫饰为一项"挑战"，每种不可能都带着"有希望"的字眼。但是自然保护者们同样学会了务实的态度，他们通常愿意接受，甚至是赞美一杯半满甚至是四分之一满的水——聊胜于无嘛。甚至 HS$_2$ 高速铁路，对于某些人来说也是一个贯通米德兰以及伦敦周边各郡沿线的"复野化"的机会。在一个温暖的夏日走在山丘上，身边有着无数天堂般色彩的蝴蝶——罗伯特·弗罗斯特笔下的"天空的雪花纷然而下"[1]——在芳香四溢的草地上起舞，谁又不会感到乐观呢？

没有蝴蝶，大自然很可能也就这么维持下去。不像蜜蜂，它们并非至关重要的传粉者；[2]不像蛾子，它们很可能并不扮演鸟类（或蝙蝠）的食物的重要角色；不像蚯蚓，它们并非孜孜不倦的回收者。它们已被证实作为科学上有用的"模式生命体"，尤其是在进化和遗传研究上面，但是没有它们，其他的生命体也就这么过。这个星球对于蝴蝶的"需要"并不多于它对鲸鱼、老鹰或者报春花的需要——抑或是对人类的需要，就此而论的话。但是我们人类需要蝴蝶吗？蝴蝶保护基金会认为我们需要：它们"用魔法幻化出阳光的模样，幻化出开满鲜花的草地那般温暖和色彩，幻化出充满了生命的夏日花园"。它们使我们想起"大自然的精华，或是代表着自由、美丽与和平"。也许从这个意义上来讲，它们也能帮助我们成为稍微和善一点的人。它们当然会帮助我们"推销"自然的观念，作为一种绿色的生活方式，作为一处和平的港湾，作为某种宝贵而值得坚守的东西。

等到事态严重的时候，我们很难为蝴蝶在经济方面为其破例，我们不需要它们；而且从事物的自然规律而言，它们也不需要我们。但是我们仍然在乎它们，因为人类就是这样的。

---

1. Robert Frost, 'Blue Butterfly Day', in *Complete Poems of Robert Frost* (1949). Henry Holt, New York.

2. 参见蝴蝶保护基金会的网站并点击 'Why butterflies matter' 相关链接。

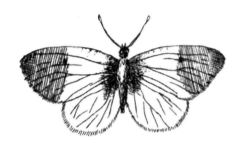

第十三章　告别：红襟粉蝶，黎明的女儿

　　英国取给蝴蝶的英文名字是，或者说应该是，一种骄傲感的来源，但是一些法语的名字同样富有创意：比如 Souci（万寿菊）取给了红点豆粉蝶，还有 Robert-le-diable（恶魔罗伯特）取给了颜色发红、边缘参差不齐的白钩蛱蝶。红襟粉蝶的法语名字叫 Aurora，意为黎明的女儿。他们在它明艳的圆斑上看到的是初升的太阳，清新美丽，在地平线上放射着光芒。这可能让人很惊讶，英国人居然没抓住这项典故，因为给蝴蝶取名字的都是在神话和经典中浸淫已久的业余诗人。我们确实曾经给它取过一个更好的名字——林女蝶，或者叫林中女士蝶。可惜翅膀的颜色犹如一轮红日喷薄而出的不是什么女士，这个种类的雄性才长这样（雌性相对不那么显眼，翅膀上没有橙色的尖儿），况且它更多地生活在潮湿的草地和路边上，而不是林子里。但至少 *Anthocharis cardamines* 这个学名，算是给红襟粉蝶取到点子上了。*Anthocharis* 的

意思是花朵般的优美，还有什么能够更好地形容这种美丽而善舞的蝴蝶，就在它在树篱间巡弋，"在每一个草丛和灌丛中搜寻配偶"的时候呢？[1]

红襟粉蝶在另一种意义上代表着黎明。它是在春季出没的第一种蝴蝶，当你看见一只时，还会再看见几只，走运的话会相继有几十只，这时你就会知道冬天已经过去，春天的鲜花和绿色终于又回到了我们身边。它为我们迎来了一个新的开始，大自然开始苏醒了。

2013年的夏季，归根结底，对蝴蝶们来说是一个好年景。有些姗姗来迟，春季寒冷潮湿，初夏则令人失望。蝴蝶的数量比起从4月到8月雨下个不停的上一年还要少。但是，到了6月的末尾，天空放晴，天气预报里所说的"亚速尔高压"终于走了。2013年的7月成为了过去100年间第三温暖的月份，比平均值高了差不多2.5摄氏度。我们享受了六个星期的艳阳。等到结束时，它成为了七年间最好的一个夏天，也是新世纪中最好的之一。

蝴蝶们也做出了响应。硫黄钩粉蝶和孔雀蛱蝶们在花园里的醉鱼草上大快朵颐。过去十年中数量很低的荨麻蛱蝶，突然恢复生机。欧洲粉蝶和菜粉蝶也以近年罕见的数量出没。北诺福克的海岸上，有人目击了一团白色蝴蝶"云"从海上飞来，数量据估计约有4万只。还有的人走在苏塞克斯的蝴蝶样带上数"闪烁的"银蓝眼灰蝶，最后不得不放弃计数，因为它们简直有"亿万之众"。紫闪蛱蝶在已经消失数十年的

---

1. Jeremy Thomas and Richard Lewington（2010），*The Butterflies of Britain and Ireland.* British Wildlife Publishing, Gillingham, p. 77.

地方再次被人看见了。而且这一年对于十分稀有的、迁飞性的亮灰蝶而言也是有史以来最好的一年。即便有，也是常以个位数被记录的它，在从德文到肯特的南海岸上被很多人看见了，大多是在花园里。9月份出现了诞生于英国的亮灰蝶世代，这几乎是史上的第一次。这种漂亮的蝴蝶，翅膀是由光泽、带斑和眼斑构成的和谐统一的整体，更有一对精巧的、胡须般的"尾巴"区别于其他品种，也许它正在加入将军红蛱蝶和小红蛱蝶的行列，成为定期繁殖的迁飞蝴蝶。这是一种宣言：气候正在变暖，南方正在北移。

2013年夏末，惊喜交加的蝴蝶盛会一直延续到了9月，而且似乎让很多人精神一振。从像马丁·沃伦和马修·奥茨这样的蝴蝶观察者的博客和推特里就能感受到。五六月份的时候本来还有些沮丧，可随着温暖天气的到来，他们所更新的消息转成了感恩的内容。"这样的天气对灵魂有好处。"马修·奥茨发推特说，"天堂已经决定降临人间了。"接着他又引用了拉斯金的诗，唤起了"大自然的诗篇……升华着我们体内的灵魂"。[1]

2014年的夏天同样令人振奋，但是方式不同。尽管实际数量难以与前一年相比，但是两种令人惊艳的蝴蝶在非常规时间的出现还是提示人们情况发生了进一步的改变。迁徙性的大陆类型金凤蝶今年飞抵南海岸，数量之大是自从1945年的炎热夏天以来前所未有的。其中一些产下卵，孵化为长着喜庆条纹的幼虫，在花园和废弃场所以茴香为

---

1. 关于紫闪蛱蝶最有趣的蝴蝶网站必然是马修·奥茨为"追紫一族"所创建的"The Purple Empire"了，参见 apaturairis.blogspot.com. 蝴蝶保护基金会的网站上有一篇马丁·沃伦、理查德·福克斯等人写的博客，参见网站：butterfly-conservation. org/news-and-blog/.

食。它们中有些幸存下来，化为蝶蛹，这些蛹有的在第二年春天羽化，成为"英籍"的金凤蝶。和亮灰蝶一样，大陆类型的金凤蝶可能正处在英国化的进程之中。花园里若有只金凤蝶，那感觉就像放假了一样。也许不久以后我们都能看见它们了。

这一年值得一提的还有一个完全让人意想不到的种类——朱蛱蝶。这是另一种色彩艳丽、翅膀强健的蝴蝶，非常近似于绝迹的大龟纹蛱蝶，但是又以浅色的足和前翅近端部的一枚白斑而有所区别。迄今为止几乎未见于西欧，更别提被隔离于这么远的英国。2014 年 7 月，少数几只朱蛱蝶到达了英国东部的海岸线。在德文、泰恩赛德和西米德兰也有人看见了单个的朱蛱蝶。它们当中的幸存者将努力尝试休眠，就像 9 月份在诺福克一家人的电视柜里被目击到的那只睡着的个体一样。[1] 如果一切顺利的话，它们会在来年春天再次出现。一直以来朱蛱蝶行踪不定，近年来在芬兰和瑞典大量出现，最近又进一步向西，出现在荷兰。我们是否能在北海沿岸看到更多零散的朱蛱蝶，它们中的一些是否能够产卵并且定殖下来，都有待观察。其中会有一种诗意的公正：失去了一种大龟纹蛱蝶，我们还能得到另一种，而且全靠它自己的努力。

然而大龟纹蛱蝶还有希望。它的数量似乎在海峡群岛攀升起来，而且在怀特岛上有在春季观察到破破烂烂的龟纹蛱蝶的记录，这说明它们已在那儿越过冬了。如果它们和我们一起过了冬，估计在沿岛杂生

---

1. 如理查德·福克斯和 Nick Bowles 的报道，见于：'Wildlife Reports'（2014）. *British Wildlife,* 26（2），pp. 124-127.

着很多榆树的树篱中及一些未被探索到的地方还会有卵。这种绝迹的蝴蝶还有可能回归。

因此，我们在失去蝴蝶的同时，也在得到它们。多少个世纪以来，以稳定性著称的英国野生生物，其稳定性已经消失了，或许将永不复存在。在我们即将面临的气候危机中，某些种类，比如金凤蝶、亮灰蝶，还可能包括两种较大的龟纹蛱蝶，也许能够受益。尤其是对于那些生活在南部和东部海岸的种类来说，前面还有更多的惊喜，多多少少地弥补一下英国的常驻蝶正在遭受的损失。我们将学着在新环境中生活，将它们融入到我们对大自然的意识当中。心中那只触动我们的情感、让我们的知觉变得敏感的蝴蝶将会继续存在，不论砖块、沥青碎石和混凝土如何像癌症一样扩散。

我动笔的时候是初秋——一个温暖而干燥的9月，就是现在还被称为"印度的夏天[1]"的那种，即使人们关于印度气候的殖民记忆早已淡去。这完全达到了济慈笔下"雾气弥漫，瓜果飘香的季节"的标准，蜜蜂们将它们的携粉刷挂满了"秋季才开放的花朵"的产物。当我在一个静谧而温暖的傍晚走在小路上时，常春藤和薄荷的芳香萦绕在空气里。它将你紧紧攫住，就像香水一样；你突然意识到，这不仅仅是一种香味儿，更是一种引诱剂。可以短暂地窥探一下蝴蝶那看不见的、充满化学信号的世界，用米瑞亚姆·罗斯柴尔德的话说，它"让夜晚的空气，有时还有晴朗下午的微风中，充满了强烈的性刺激和无法压抑的欲望"。[2]

---

1. 指秋天时短暂的风和日丽的天气。——编者注
2. Miriam Rothschild（1991），'Silk'，in *Butterfly Cooing like a Dove*. Doubleday, London, p. 67.

我越过一丛丛爬满墙壁的浓密的常春藤，硫黄钩粉蝶就将在藤条深处密不透风的荫蔽中过冬。我溜达进村里的酒吧，坐在凸窗边——一位维多利亚时代的玻璃匠在它那雕着山雀和麻雀的边缘上加了些奇形怪状的蝴蝶。我看着酒保拔出一瓶新葡萄酒的塞子，用的是一个以蝴蝶命名的开瓶器——Valezina，雌性绿豹蛱蝶的暗色变形——这是由过去的一位收藏家爱德华·巴格韦尔·普里福伊发现的，就是他第一次揭示了嘎霾灰蝶的秘密。

美国数学家爱德华·洛伦兹（Edward Lorenz），宣称世界一端的蝴蝶扇动翅膀，可以引起世界另一端的一场飓风，他管这叫蝴蝶效应。我从没理解过它，也不真正地相信。但我确实相信，同样是扇动翅膀，至少可以在人类的灵魂中拂起一阵微风。让它吹吧。让它吹得树冠沙沙响，吹得草叶弯了腰，吹得水面泛起涟漪。让吹向内心的微风提醒无论身在何处的我们这些世俗的人类：大自然的伟力与奇迹无处不在。

彩虹尘埃：与那些蝴蝶相遇

附录：英国的蝴蝶

通常介绍蝴蝶是按照"科"来排的，开头是原始的、像蛾子一样的弄蝶，结尾则是"眼蝶"。反之，为了与本书以人为本的着眼点一致，我更喜欢以最常见也最为人熟知的种类开头，以最稀有的种类结尾。这些简单的勾勒不求全面，但是在每种蝴蝶个性特点的段落里，我加入了关于季节、幼虫食料植物和分布方面的细节。

常见的蝴蝶

欧洲粉蝶（Large White），*Pieris brassicae*

这种通常被人们称为卷心菜粉蝶的蝴蝶，与人类的居住地联系最为紧密。园丁与私人菜园主对它们黄色水瓶形的卵，还有一群群忙着钻蛀、啃食芸薹和旱金莲叶子的饥饿的、毛茸茸的、黄黑相间的幼虫，都再熟悉不过了。幼虫从它们的食料植物里摄取芥子油，这使它们在鸟和老鼠的嘴里尝起来很难吃。但是这种防御对寄生物没什么用处，而许多卷心菜粉蝶的幼虫最终便成为了寄生蝇和寄生蜂类的活晚餐。欧洲粉蝶是一种漫游型的蝴蝶，能够轻易横跨海峡，而且几乎在哪里都能发现。将那种可以理解的反感搁在一边的话，这种蝴蝶还是很吸引人的，有着由黑色和灰色的鳞片包边和点缀着的白色大翅膀，浅黄色的下表面还缀着精致的黑斑。

菜粉蝶（Small White），*Pieris rapae*

欧洲粉蝶的近亲，体形较小，主要取食芸薹，但是它纯绿色的幼虫更喜欢独居，伪装更出色，因此并没有那么为人所熟悉。它同样是一种非常常见的蝴蝶，夏末时节里数量会激增。在 2013 年的蝴蝶大清点中，欧洲粉蝶和菜粉蝶是英国所有蝴蝶中数量最多的两种。除体形的不同，菜粉蝶前翅上模糊的斑点和黑色较浅的翅尖，也可作为区分点。体形较小的春季一代是纯白色的；夏季型则覆着一层黑色鳞片。

荨麻蛱蝶（Small Tortoiseshell），*Aglais urticae*

橙色、黄色与黑色相间的可爱的荨麻蛱蝶不仅仅是英国最为多彩的庭院蝴蝶，同样也是最为常见的。它最爱的花朵中包括醉鱼草、番杏科和紫菀。这种蝴蝶还会进入房屋，找个阴暗、安静的角落夏眠（一种夏季睡眠的行为），或者在更晚些的时候休眠。在春季最早的暖和天出蛰，通常看起来褪了色、破烂不堪的荨麻蛱蝶，是最长寿的蝴蝶之一。它也是英国的四种幼虫在向阳处取食荨麻的蝴蝶之一。

孔雀蛱蝶（Peacock），*Inachis io*

孔雀蛱蝶，旧名孔雀尾蝶，每个翅膀上都嵌着一组独特的流光溢彩的"眼睛"。和荨麻蛱蝶一样，它是花园中的常客，尤其喜爱醉鱼草。它那浑身是刺的黑色幼虫取食荨麻，长到老熟之后非常容易被观察到。

孔雀蛱蝶也是一种长寿的蝴蝶，它们7月下旬羽化，在凉爽、阴暗的地方休眠越冬，到了来年春天再次出蛰。它也是少有的能够发出人能够听见的噪声的蝴蝶之一——在振动翅膀的时候发出一种窸窸窣窣的沙沙声。

将军红蛱蝶（Red Admiral），*Vanessa atalanta*

将军红蛱蝶是全世界最著名的蝴蝶之一。它并非在英国定居，而是一种长距离迁飞的蝴蝶。每一年，它那红光闪动的美艳翅膀都会驱动着这种蝴蝶从地中海来到欧洲北部，在荨麻上产卵，产生英国诞生的全新一代。近年来，有少数的将军红蛱蝶通过休眠活过了冬天。因此人们几乎可以在全年的任何时间看到这种蝴蝶——即使是1月温和的晴天也可以。它们在夏末最为常见，此时这种蝴蝶会被花园和果园中腐烂的水果，还有醉鱼草和紫菀吸引过去。像所有的迁飞蝴蝶一样，将军红蛱蝶有些年份就比其他时候常见些。

白钩蛱蝶（Comma），*Polygonia c-album*

白钩蛱蝶很容易通过翅膀参差不齐的边缘、深色下表面上小小的白色"逗号"或者"C"型斑被辨认出来。没有哪种蝴蝶休息时会比它看起来更像一片烂叶子了。白钩蛱蝶是蝴蝶中的一个励志故事，事实上它在今天要比在维多利亚时代更为常见，分布更广。它一生有两代：亮橙色型的那一代出现在仲夏，颜色较深的另一代则晚些时候出现以便越冬。和前面三种蝴蝶一样，白钩蛱蝶在荨麻上产卵，尽管幼虫也会取食啤酒花和榆树。和它们不一样的是，白钩蛱蝶很少大量出现，但是向阳地带的一丛熟透了的悬钩子肯定能吸引过来几只。

硫黄钩粉蝶（Brimstone），*Gonepteryx rhamni*

这种鲜艳的黄色蝴蝶是人们熟识的一位报春使者，因为它们常沿着路边飞来飞去地寻找配偶。较为活跃的雄性是硫黄色的；体形稍大的雌性颜色较浅，飞行中可能会被错当作欧洲粉蝶。硫黄钩粉蝶是花园的常客，会被粉色或者紫色的花朵所吸引。它只在药鼠李或者它的近亲欧鼠李上产卵。这种蝴蝶在7月下旬从蛹中羽化出来，活动时间在一个月左右，然后在常春藤丛中休眠。它在早春出蛰，通常此时状况良好，只有在这时它才会交配和产卵。

红襟粉蝶（Orange-tip），*Anthocharis cardamines*

作为另一种为人熟知的春季蝴蝶，红襟粉蝶是路边和潮湿草地上的一群不安分的居民。只有雄性才有鲜艳的橙色翅尖；行踪较为不定的雌性外表近似于菜粉蝶，但是下表面有绿色的鳞片——这种颜色在蝴蝶进食或休息时是一种很有效的伪装。它将橙色、水瓶状的卵产在树篱中的葱芥和草甸碎米荠上，两者都有长长的种荚，瘦小的绿色毛虫吃的就是这些。

暗脉菜粉蝶（Green-veined White），*Pieris napi*

暗脉菜粉蝶是一种备受非议的蝴蝶。虽然与欧洲粉蝶和菜粉蝶关系很近，并且种名叫作 *napi*——源自于 *napus*，也就是芜菁或者欧洲油菜，它却很少表现出对于作物的兴趣。和欧洲粉蝶和菜粉蝶一样的是，这是一种常见的花园访客，但是却在潮湿的地方或者林中马道边生长的、像草甸碎米荠和豆瓣菜这样的野菜上产卵。它的名字来源于翅膀下表面显著加深的翅脉；绿色的显现实际上是黑色鳞片在黄背景中产生的一种光学幻象。暗脉菜粉蝶在一年中连续繁殖几代。它的秘密之一是成功的交配策略——雌性很淫乱，雄性则很慷慨。他们在传递精子的同时，还附赠一团蛋白质及一丝柠檬香气的"爱之尘"。它是英国分布最广的蝴蝶之一。

琉璃灰蝶（Holly Blue），*Celastrina argiolus*

英国的十二种灰蝶中，多数栖息在野外的山丘和开满花朵的河岸上。只有一种在庭院中很常见，那就是琉璃灰蝶——一种漂亮的蓝灰色蝴蝶，下表面是白色的。它一年两代，在春季出没一次，夏末再出现一次，常常沿着常春藤覆盖的墙壁或者差不多一人高的树篱出现。它那肥胖、笨拙的幼虫吃的不是叶子，而是在春季吃冬青果子，夏季吃常春藤的芽。不像其他的庭院蝴蝶，琉璃灰蝶很少访花；它反而更喜欢吮吸进食中的蚜虫在叶子上留下的黏稠的"蜜露"。

草地灵眼蝶（Meadow Brown），*Maniola jurtina*

这是眼蝶中分布最广的一种，这个亚科多数都是颜色黯淡的蝴蝶，幼虫吃的是野草。草地灵眼蝶是仲夏的草甸上最为典型的一种眼蝶，长着泥土色调的翅膀，前翅顶角上的一枚眼斑为它平添了一丝生气。曾经，人们几乎在每一片高草里面都可以期望找到草地灵眼蝶。如今，像许多种蝴蝶一样，它已经被过度的农垦排挤到了边缘地带，但是你仍然可以在整个英国的崎岖河岸和山丘，在废弃的采石场和田间地头上找到它。草地灵眼蝶受到过深入的研究，因为它的翅面图案在基因的影响下可以发生变化。与多数蝴蝶不一样的是，它在阴天也会出没；也许褐色的翅膀能帮助蝴蝶保持温暖吧。

提托诺斯火眼蝶（Gatekeeper or Hedge Brown），*Pyronia tithonus*

比草地灵眼蝶体形更小、颜色更鲜艳的提托诺斯火眼蝶，喜欢沿着草场外围长有很多黑树莓的厚树篱飞行。千里光和牛眼菊是它最爱的花朵。它会造访花园，作为最晚出现的种类之一，可谓是夏末的标志性蝴蝶。它会带着翅膀度过 8 月，在其他多数眼蝶都变得轻薄破烂的时候，它仍然保持鲜活。

阿芬眼蝶（Ringlet），*Aphantopus hyperantus*

这是英国颜色最黯淡的蝴蝶，上表面是深巧克力色，下表面上却藏着一份惊喜：中间有一条有白点的、漂亮的小环斑排列成的曲线。这是一种安静的蝴蝶，比多数种类都更耐受潮湿和阴暗，甚至能在小雨中飞行。阿芬眼蝶取食鸭茅和短柄草这类粗质、丛生的草类，很好地适应了景观的变化，比如新种植的树或者被灌木入侵的草场。它在英格兰分布很广，在苏格兰低地分布较为偏狭，但是正在扩张。它那标志性的环斑变化各异，从杏仁形的大"眼睛"，到无环的小斑点，各不相同。

潘非珍眼蝶（Small Heath），*Coenonympha pamphilus*

作为眼蝶中体形最小的一员，这种硬币大小的蝴蝶很容易通过它淡金褐色的体色来辨识。这个曾经在英国草原和荒地上最常见的种类，已经在很多地方消亡了。它的幼虫以生长整齐的禾草类为食，这些草往往在常规性放牧停止或者灌木丛迫近时会被排挤出去。潘非珍眼蝶飞得很低，你会经常看见它贴着地面上下翻飞，或者停在小路上。它出没的季节出奇地长，从 5 月一直持续到 9 月。

林地带眼蝶（Speckled Wood），*Pararge aegeria*

这是英国的林地眼蝶。身着浅褐色或者介于黄色与深褐色之间的图案，林地带眼蝶在冠层投射下的斑驳光影中伪装得颇为巧妙。作为一种好战的昆虫，它会在落满叶子的林间空地上为保护自己的一隅之地对抗一切进犯者。和部分其他的眼蝶一样，它也在扩张自己的分布范围，如今在英国的多数低地区域中适合的地方都可以找到，甚至还会造访花园。不追击入侵者的时候，林地带眼蝶常常被人看见在一片叶子上晒太阳，或者在林地，尤其是黑树莓林的边缘吸食花朵。它的发生期很长，连续产生数代，从 5 月持续到 9 月，甚至更晚。

有斑豹弄蝶（Small Skipper），*Thymelicus sylvestris*

高草丛是这种最常见的弄蝶的家园。它呈金褐色、雄性前翅上带着一条短线状的"性别标签"，采用那种名副其实的冲刺式的、盘旋式的、蹿跳式的飞行方式；有斑豹弄蝶甚至能够斜向飞行。像其他的一些"金色弄蝶"一样，它用一种独特的方式晒太阳：后翅平展，前翅保持一定的角度。与英国八种弄蝶中的多数一样，有斑豹弄蝶在草地上，通常是绒毛草上产卵。7 月份，它会在英格兰低地和威尔士的多数地方出现，并且正在缓慢地向北推进。

埃塞克斯豹弄蝶（Essex Skipper），*Thymelicus lineola*

多数蝴蝶通过观察翅膀就很容易鉴别，但是埃塞克斯豹弄蝶，由于与有斑豹弄蝶十分相似，需要近距离地观察。唯一一个分辨它们的准确方法在于触角尖端的颜色：埃塞克斯豹弄蝶的触角尖端是黑色的，好像蘸了墨水似的，而有斑豹弄蝶的则是浅褐色的。埃塞克斯豹弄蝶首次被发现是在埃塞克斯郡，但是现在遍布于英格兰大部分低地的粗草场。

小赭弄蝶（Large Skipper），*Ochlodes venata*

小赭弄蝶其实并没有比有斑豹弄蝶大多少，但是它翅膀上引人注目的浅褐色和深褐色的杂驳图案却看上去相当不同。新羽化的个体在飞行中看上去近乎金色。雄性小赭弄蝶在保卫它们的领地——一丛高草或者阳光充足的树篱边缘——的时候，看上去很有乐趣，它们会从叶片上或者草尖上精挑细选出的栖身处一跃而出，绕圆圈飞行一周后回到原地。这是一种生活在开放林地和长满灌木的河岸的蝴蝶，在6月和7月上旬出没。与多数弄蝶不一样的是，它会造访庭院。

普通蓝眼灰蝶（Common Blue），*Polyommatus icarus*

尽管"蝶"如其名，这曾是灰蝶中最常见的一种，但普通蓝眼灰蝶现在却不再常见了。它那体形短胖的幼虫取食百脉根，这差不多就注定了你会在哪里发现这种蝴蝶：阳光充足的山丘、河岸、海岸悬崖和沙丘、湿草甸，还有铁路的路堑。只有雄性才是清爽的闪蓝色（通常有一层淡紫色的渲染）；较为暗淡的雌性是褐色的，带有多变的橙色斑点和深蓝色的线纹。在南方，这种蝴蝶的发生期很长，从 5 月中旬持续到夏末。

红灰蝶（Small Copper），*Lycaena phlaeas*

这种火焰般的小蝴蝶喜欢干燥、花朵茂盛的地方，比如山丘和荒地。你很少能看见五六只或更多的红灰蝶待在一起，除非夏末有时在花园里。红灰蝶在酸模上产卵，但是成虫更喜欢像千里光和飞蓬这样低矮的菊类花朵。红灰蝶中一个常见的类型是后翅上生有炫彩的蓝色斑点：这是昆虫的珠宝。它的身影遍布英格兰低地的大部分地区，每年发生两代，发生期很长，从 5 月一直持续到 9 月，中间有很短的一个空当。

小红蛱蝶（Painted Lady），*Cynthia*（or *Vanessa*）*cardui*

和它的近亲将军红蛱蝶一样，小红蛱蝶也是一种有名的长距离迁飞蝴蝶，在全世界都能找到。一般来说它比将军红蛱蝶少见得多，但是大约每十年，这种蝴蝶会赶上一次真正的高峰季节，就像 1996 年和 2009 年那样。小红蛱蝶常与孔雀蛱蝶和荨麻蛱蝶共享同一株醉鱼草的花朵，直挺挺地绷着那对有着黑色尖端的浅褐色的有力的翅膀，来吸收阳光。它多刺的幼虫吃的是蓟。初夏光临英国的蝴蝶，多数都是在遥远的摩洛哥沙漠边缘从蛹中羽化出来的。与作为如此伟大的旅行家相称的是，小红蛱蝶飞得迅速而且笔直，可一旦落在了蓟的花头或者醉鱼草上，它就会完全沉浸其中，你可以靠得很近。

区域性较强的蝴蝶

我们将要介绍的下一个群体是那些不常造访庭院的蝴蝶，它们更多是野外所特有的，不论是草原、林地，还是其他的自然栖息地。孩提时的我将它们视为"假日蝴蝶"，因为我一般在那时候才能看到它们，在乡间步道、自行车道，或是在海边上。

红点豆粉蝶（Clouded Yellow），*Colias croceus*

这是英国习见的第三种迁飞蝴蝶，也是最后一种，一种活泼的黄色蝴蝶，飞起来迅速而有力。在多数年份里，红点豆粉蝶在南部沿海或是英格兰南部的丘陵地带最为常见。年景好的时候——1983 年和 2000 年尤其好——它们的足迹深入遥远的内陆，几乎在哪里都会出现。它们飞行的时候看起来就像打了鸡血的金基尼一样。可惜很难清晰地看到它那黑色镶边的翅膀，因为红点豆粉蝶歇息时永远都紧闭着翅膀。有一部分雌性是奶油白或者浅灰色的。它们会从 7 月开始造访英国，暖和的天气持续多久，它们就会停留多久。这种蝴蝶在野豌豆上产卵；过去，被人作为草料种植的车轴草和紫花苜蓿地是出了名地能够吸引它们。最近，蝴蝶成虫成功地在南部沿海的遮蔽场所进行休眠，只待早春现身了。

珠弄蝶（Dingy Skipper），*Erynnis tages*

我一直为珠弄蝶感到惋惜，它被习惯性地描述为英国颜色最黯淡的蝴蝶。刚羽化时的它其实相当漂亮，长着织纹式发灰的翅膀，带有深色和白色斑点构成错综复杂的花纹。不幸的是这些很快就会褪去，翅膀随着老化变成了脏兮兮的灰褐色。珠弄蝶在晚春出没。你可能看见它从你脚边飞起，一蹿而走，结果只是停在了小径的不远处。它喜欢温暖、有遮蔽、有着足够的食料植物百脉根的地方。

银蓝眼灰蝶（Chalkhill Blue），*Polyommatus*（*or Lysandra*）*coridon*

银蓝眼灰蝶的名字来自于它的栖息地：英格兰东部和南部白垩土和软石灰岩质的山丘。它那闪着银光的蓝色翅膀正是英格兰天空的颜色，翅膀还有着深色的近边缘和格纹的下边缘，下表面上分散着眼状的斑点。短胖的绿色幼虫只吃马蹄豆（Horseshoe Vetch, *Hippocrepis comosa*），但是这种蝴蝶却喜欢在夏末从多种多样的花中取食，包括蓟、矢车菊和蓝盆花。收藏家们曾经欣赏银蓝眼灰蝶不同寻常、多种多样的遗传类型，他们就像对待稀有的古董一样，孜孜不倦地将这些精心列入名录。

阿多尼斯蓝眼灰蝶（Adonis Blue），*Polyommatus bellargus*

尽管要比银蓝眼灰蝶稀少，阿多尼斯蓝眼灰蝶却往往在栖息地很常见。它是灰蝶中最为鲜艳的一种，耀眼的纯蓝色像蓝宝石一般。阿多尼斯蓝眼灰蝶与它的近亲银蓝眼灰蝶享有同样的栖息地和食料植物，但是却通过在不同时间产卵来避免竞争。相比银蓝眼灰蝶的一年一代，阿多尼斯蓝眼灰蝶则是一年产生两代，5 月一次，8 月再来一次。它偏好朝南的、被太阳晒热了的山脚，那里的草地被兔子或者牛羊啃得很短。

枯灰蝶（Small Blue），*Cupido minimus*

这是英国体形最小的蝴蝶，不比拇指甲大，因为又黑又小，所以很容易被忽视。枯灰蝶也是蝴蝶中活动范围最狭小的，很少会离开温暖、有遮蔽的河岸上它出生的那丛疗伤绒毛花（kidney vetch, *Anthyllis vulneraria*），去远处游荡。5月下旬和6月在南方广泛分布的枯灰蝶到了北方分布的区域就狭小得多，属于苏格兰最为稀有的蝴蝶之一。在欧洲大陆，你常常可以碰见它们几十只聚在小路边渗出的水旁吸水，用它们小小的舌头在泥土中刺探着。但是到了英国，它们似乎更喜欢新鲜的兔子屎！

红边小灰蝶（Brown Argus），*Aricia agestis*

这种灰蝶其实是褐色的，尽管刚羽化出来的它有一层在飞行时显出银色或是蓝色的光泽。红边小灰蝶在英国南半部崎岖而多花的草原上分布广泛。它曾经被认为是另一种丘陵地带的蝴蝶，但是通过将幼虫食料植物的选择范围从半日花扩大到牻牛儿苗和老鹳草，它也会定殖在采石场以及其他废弃场所里。中部地区再往北，红边小灰蝶就被它的近亲北红边小灰蝶取代了。

北红边小灰蝶（Northern Brown Argus），*Aricia artaxerxes*

这种北方的蝴蝶直到20世纪才得以与红边小灰蝶清楚地加以区别。多数个体在前翅上有一个白点，但是除此之外它们与自己的南方表亲十分相似，并且也有类似的习性，包括同样的幼虫食料植物——半日花。北红边小灰蝶在六七月出没于英格兰北部和苏格兰东部有荫蔽的山脚下。在达拉谟，那些白点很模糊或者消失了的个体，被称为"伊登堡白眼灰蝶"。

大理石白眼蝶（Marbled White），*Melanargia galathea*

尽管有着这样的名字，大理石白眼蝶却不是真正的粉蝶，而是一种眼蝶。和其他的眼蝶一样，它的幼虫吃禾草，成虫则在 7 月出没于开放而多草的地带，尤其是白垩土和石灰岩的山脚。它那明亮的、如棋盘一样的格纹，是不会被认错的。这种有毒的蝴蝶，比起其他较为适口的眼蝶，不怕为自己吸引来更多的目光。这是又一种正在逐渐向北扩张领地的蝴蝶。大理石白眼蝶的飞行方式是懒洋洋的、一圈一圈的，常常张着翅膀，停落在一枝它最爱的花朵，比如蓝盆花或者矢车菊上。很少有蝴蝶如此容易让人接近和拍照。

卡灰蝶（Green Hairstreak），*Callophrys rubi*

这是英国唯一一种真正拥有绿色翅膀的蝴蝶，尽管绿色局限在下表面。长得不起眼、很容易被忽视的它，常以较小的数量出现在范围极宽的栖息地里，从白垩土的山丘到开放的林地和荒地，原因在于它那绿黄相间、引人注目的幼虫的食料植物分布范围广泛：公地和荒地上的荆豆、山丘上的车轴草、沼泽里的越橘、树林里的黑树莓都可以。春末的卡灰蝶让人赏心悦目，在闪展腾挪的飞行过程中闪烁着绿色和褐色的光，或是紧闭着翅膀停在那里，展示着绿色的下表面。你的手要是出汗了的话，它立刻就会落上来，用细细的舌头刺探你的皮肤。

栎翠灰蝶（Purple Hairstreak），*Neozephyrus quercus*

英国其余的四种线灰蝶都生活在林地或林缘，成虫期的大部分时间都在高高的树冠层里度过。栎翠灰蝶在橡树的小枝上产卵，在除苏格兰北部以外的整个不列颠的条件适宜的林子里都能发现它。这种小个子、暗色、闪着紫光的蝴蝶飞起来飘忽不定，用双筒望远镜观察才更容易跟得上它们的节奏。和其他线灰蝶一样，通过寻找小小的、白色的卵或者褐色的幼虫而不是成虫来定位它，往往更为容易。

离纹洒灰蝶（White-letter Hairstreak），*Satyrium w-album*

神龙见首不见尾的离纹洒灰蝶，名字来自于后翅下表面上歪歪扭扭的"W"形纹。幼虫只吃树林和树篱里的榆树或者无毛榆。幸运的是，不论榆树生病与否，这种蝴蝶在英格兰尤其是中部地区都生活得不错。这种蝴蝶可以借助双筒望远镜观察到，看它们围着一棵开花的榆树闪现或是爬行。假如走运，还可以在离地面较近的地方看到一两只正在从黑树莓的花朵里吮吸着花蜜。

线灰蝶（Brown Hairstreak），*Thecla betulae*

线灰蝶甚至比离纹洒灰蝶还要难得一见，这是一种生活在树冠上的蝴蝶——通常是在橡树或者桦树上——在8月份炎热的天气里偶尔会停落下来吸食花朵。引人注目的雌性线灰蝶那黯淡翅膀上缀着金褐色的斑纹，会在黑刺李树篱上产卵。它稀有的一大原因可能是有人习惯用连枷去打这样的树篱，造成越冬卵多数受损。

银斑豹蛱蝶（Dark Green Fritillary），*Argynnis aglaja*

英国有九种鲜艳的橙色或者褐色的、点缀着黑色斑点的蝴蝶，人称豹蛱蝶。其中体形第二大并且总体最常见的是银斑豹蛱蝶，名字来自于嵌着银色"珍珠"的美丽的绿色后翅（不过绿色的色调并不"暗"，而是春天的那种嫩绿色）。这种优雅的、飞得很快的蝴蝶在7月里遍布英国大部分地区开满花的草地上，尽管还是在山丘上和海岸沿线最常遇到。和几种英国豹蛱蝶一样，它在堇菜上产卵——主要是硬毛堇菜——但是成虫更偏爱蓟的花头。

绿豹蛱蝶（Silver-washed Fritillary），*Argynnis paphia*

豹蛱蝶中体形最大的是这种外表端庄的蝴蝶，有着金褐色的翅膀，浅绿色的下表面上稀稀拉拉地分布着银色。它飞行的时候忽高忽低，一会儿扇着翅膀，一会儿开始滑翔，看起来让人愉快，尤其是当求偶时，雄虫将气味倾泻而出，表演起飞行特技来，这是仲夏的树林那暗绿色的阴影中最令人印象深刻的景象。这种蝴蝶在树皮上产卵，但是低龄的幼虫会爬到地面来取食林间的堇菜。绿豹蛱蝶比其他豹蛱蝶更能够耐受荫蔽，也许这正是它的优势。它仍然可以于7月在英格兰西南部多数较大的林子里以及其他的局部地区现身。记性好的人也许能想起1976那个炎热的年份里它们巨大的发生量。这种事情还有可能再次发生。

隐线蛱蝶（White Admiral），*Limenitis camilla*

有时候会与绿豹蛱蝶共享同一丛黑树莓的就是这种同样优雅的蝴蝶。掠过树木的轮廓，它那滑翔式的飞行看起来毫不费力。这种蝴蝶休息的时候同样引人注目，它的深褐底儿上朴素的白色条纹与下表面的浅褐色和蓝绿色形成了鲜明的对比。尽管通常只能在6月下旬和7月看见一两只，隐线蛱蝶还是相当广泛地分布在英格兰东部和南部的森林里。其多刺的绿色幼虫在密林的昏暗光线中取食忍冬。

美希眼蝶（Grayling），*Hipparchia semele*

作为所有眼蝶中体形最大的一种，美希眼蝶生活在温暖干燥的地方，尤其是荒地和海岸边有荫蔽的地方。经常可以夏末看到在你眼前升起，不久后又停落在小路不远处。它那发灰的后翅在沙石路面和岩石上形成了一种有效的伪装，而且这种蝴蝶可以调整翅膀的角度，这样就不会有影子了。它很少访花，除非是铃花石南（Bell Heather, *Erica cinerea*），但是却愿意在含盐的水坑里，甚至是篱笆桩上黏糊糊的树脂上喝水。浅褐色的幼虫以剪股颖为食，而且在蝴蝶中不同寻常的是，它会在地下为自己造一个蛹室。

赭眼蝶（Wall or Wall Brown），*Lasiommata megera*

赭眼蝶曾经是一种在英格兰和威尔士都十分常见的蝴蝶，出现在阳光充足的山脚、河岸，甚至是花园里。但是它经历了一场突如其来的并且仍然搞不清楚的大衰退，如今常见的地方只有海边、白垩土的陡坡，还有北方工业区的矸石山。这里长有大量叶片茂盛的羊茅，正是它细小的绿色幼虫赖以为生的食料植物。这种蝴蝶喜欢在大晴天的裸地上晒太阳，通常是在步道上面。合上翅膀的它，你绝对不会认错——那种花纹确实像一面砖墙——但是飞行中的赭眼蝶可能会被错当成白钩蛱蝶，甚至是豹蛱蝶。

豆灰蝶（Silver-studded Blue），*Plebejus argus*

美希眼蝶喜欢的那种干燥的荒地同样也是这种漂亮的灰蝶的家园，豆灰蝶的名字来自于后翅下表面上针帽大小的一簇簇光泽炫目的鳞片。尽管在出没地非常常见，豆灰蝶还是多少局限在英国南半部的荒地和海边的岬角，于7月和8月上旬出没。幼虫取食荆豆等荒地植物，由蚂蚁照看，蚂蚁会将蛹带到地下的巢穴中进行保管。

锦葵花弄蝶（Grizzled Skipper），*Pyrgus malvae*

作为最小的弄蝶，同时也是英国第二小的蝴蝶，锦葵花弄蝶是一种身披格纹、貌似蛾子的蝴蝶，飞行的时候翅膀会变成灰蒙蒙的一片。这是一种好斗的小昆虫，在空中与雄性对手进行搏斗，争夺自己心仪的那片碎土地或河岸。尽管数量衰减了很多，锦葵花弄蝶还是在英格兰与南威尔士的局部地区出现，尤其是在有一半林子的采石场和土地碎裂的河岸，那里长着它的幼虫的食料植物——野草莓。

你可能必须长途跋涉才能看到的蝴蝶……

紫闪蛱蝶（Purple Emperor），*Apatura iris*

观察紫闪蛱蝶已经成为了一项时髦的追求。7月上旬里，很多人踏上旅途，去到东米德兰及其南边已知的分布地，在那里有相当大的机会能看到一只。这是一种华美的蝴蝶，巨大、黑暗而又强壮，翅膀下面闪烁着一条白色带斑。只有雄性才带有紫色的炫光；体形稍大且较为少见的雌性是纯深褐色和白色的。这种蝴蝶大半辈子都在树冠顶上度过，但是有时会落到下面的小水坑里喝水，或是被什么引诱下来，比如腐烂的香蕉皮，再或者去到柳树丛中产卵。紫闪蛱蝶还会被新鲜粪便、腐烂的兔尸，甚至闪光的汽车顶棚所吸引——但是花朵却不行。它那长角的幼虫取食长在橡树阴影中的柳树。就像你第一次看见鲸鱼或者老鹰一样，你是永远也不会忘了紫闪蛱蝶的。

金凤蝶 (Swallowtail)，*Papilio machaon*

你永远不会忘记自己见过的第一只金凤蝶。五六月份里，它们用长着老虎斑纹和优美尾突的翅膀拍打出慵懒的节拍，威严地掠过诺福克郡的芦苇梢。这是英国体形最大的非迁徙性蝴蝶，是一个名为 *britannicus* 的特有族系，比平常个体的斑纹颜色要深。英国的金凤蝶是一种适应性极度专化的蝴蝶，由于食料植物前胡的稀少而被束缚在诺福克湖区和附近的海岸上，尽管被抓去的那些长着喜庆条纹的幼虫很乐于接受胡萝卜的枝叶。这种蝴蝶经常在水面上飞行，但是却更偏爱开放的苇塘和潮湿多花的草地。金凤蝶中颜色较浅的大陆类型正在以越来越多的数量造访英国，也许很快就会成为南海岸的定居者。

珠缘宝蛱蝶 (Pearl-bordered Fritillary)，*Boloria euphrosyne*

这种春季出没的美丽的豹蛱蝶，因后翅下面的一排银色斑点而得名，它一度在整个英国的开放林地中都很常见。不幸的是，它遭受了一场灾难性的大衰减，现在多半局限在英格兰西部，还有威尔士和苏格兰的部分地区。原因可能很复杂，但是众多的森林中越来越大面积的阴影以及其幼虫的食料植物堇菜的减少，很可能是主要的原因。它现存的很多栖息地以自然保护区为主。

塞勒涅宝蛱蝶（Small Pearl-bordered Fritillary），*Boloria selene*

塞勒涅宝蛱蝶要比它的近亲珠缘宝蛱蝶晚出现几个星期，也正因此，在后者蝶老珠黄的时候它通常还很鲜嫩。但是你需要好好看一眼"珍珠"的排列以及下表面的斑点来辨别。塞勒涅宝蛱蝶没有它的近亲那么依赖于林地，它出没于潮湿的草原及其幼虫的食料植物沼泽堇菜（Marsh Violet，*Viola palustris*）可以生长的任何地方。如今它在英格兰成了一种西部的种类，但是在苏格兰则分布更广。

浓褐豹蛱蝶（High Brown Fritillary），*Argynnis adippe*

这也曾经是遍布英格兰低地和威尔士林间空地的一种相当常见的蝴蝶。但是如今，浓褐豹蛱蝶变得很稀有，集中在英格兰西部和南威尔士的六个区域内，生活在森林附近有荫蔽的开放环境里。英国茂密的森林里过于凉爽，无法供养这种喜暖的蝴蝶，还有它同样喜暖、爱晒太阳的幼虫。后者取食生长在欧洲蕨的干叶子之间的堇菜，但是飞得很快的成虫则会访花，尤其是黑树莓。

金堇蛱蝶（Marsh Fritillary），*Euphydryas aurinia*

这又是一种数量正在衰减的蝴蝶，现在主要在英国的西半部出现（在爱尔兰分布更广）。金堇蛱蝶有两种截然不同的生境：湿润的牧草地及威尔特郡和多塞特干燥的白垩土山丘（它的名字用在这儿就不太合适了）。这种身披漂亮的橙色、黄色和黑色花纹的蝴蝶，其数量在不同年份间随着它的寄生者的活跃程度而波动。它在6月出没，多数定殖地面积都很小，而且金堇蛱蝶越发依赖自然保护措施来维持生存了。

庆网蛱蝶（Glanville Fritillary），*Melitaea cinxia*

这种美丽的蝴蝶如今在英国只剩下了一块立锥之地。它的分布局限在怀特岛海边向阳的山坡上，尤其是断面朝海的那些黏土悬崖。这是蝴蝶界的"宝石"，下表面上交织着金黄色的点和带斑，在海景的映衬下甚至更为可爱。它那黑色、多刺的幼虫居住在车前草上的公共巢穴里，因此非常容易被发现。庆网蛱蝶的发生期较短，从5月中旬到6月上旬。

黄蜜蛱蝶（Heath Fritillary），*Mellicta athalia*

黄蜜蛱蝶一直都很稀少，局限在肯特和西南部地区的几处开放林地和有荫蔽的山谷里。这种蝴蝶在受到定期的精心修剪的、开满花朵的有空地的林中最为繁盛，花朵包括幼虫所取食的山罗花和车前草。曾经一度，它看起来存亡未卜，但幸运的是，黄蜜蛱蝶对自然保护措施适应良好，在几片林子里，它在5月下旬到6月自己的发生期中可以成为最常见的蝴蝶，有时成百只出现。

刺李洒灰蝶（Black Hairstreak），*Satyrium pruni*

刺李洒灰蝶是英国的五种线灰蝶中最稀有的，分布局限在东米德兰，夹在牛津和彼得伯勒之间。和它的远亲线灰蝶一样，它在林中和周边的黑刺李丛中产卵。这种蝴蝶出没于6月，如果你走运的话，就可能遇见它们大量地出现，吸食着黑树莓或者女贞的花朵。

苏格兰红眼蝶（Scotch Argus），*Erebia aethiops*

苏格兰红眼蝶与北红边小灰蝶并无关联，但是它的分布局限在苏格兰和湖区的两块栖居地。这是一种引人注目的深褐色蝴蝶，长有橙色的带斑和带格纹的翅膀边缘，在7月下旬和8月频繁地光顾湿润的草原和灌木丛。雄性不知疲倦地飞舞在茂密的草丛上方，而腼腆的雌性则会选择几丛麦氏草，产下它们小小的、带有斑点的卵。

山地红眼蝶（Mountain Ringlet），*Erebia epiphron*

这种小个子的眼蝶是英国唯一一种真正生活在山区的蝴蝶，在湖区和格兰扁区西部局部的山坡和山顶上出现。它出没于6月和7月上旬，取决于气候，而且只在晴天出现。它的幼虫取食干沼草（mat-grass, *Nardus stricta*），而如果夏季很短，它可能会花两年时间来发育。山地红眼蝶是在英国最不容易见到的蝴蝶之一。它也是最易受气候变化威胁的蝶类。

皇后珍眼蝶（Large Heath），*Coenonympha tullia*

暖褐色的皇后珍眼蝶是英国少有的几种湿地蝴蝶之一，出现在北威尔士和米德兰北部的泥炭沼中。它也是变化最多的蝴蝶之一，有着三种截然不同的色型，曾经一度被认为是不同的族系，甚至是不同的物种。尽管此蝶非常捉摸不定，但假如你发现自己在六七月少有的晴朗无风的天气里，正好身处在一片合适的泥淖中，还是会经常遇见它的。这种蝴蝶会被十字叶石南（cross-leaved heath, *Erica tetralix*）的花所吸引，但是身披条纹的绿色幼虫则取食羊胡子草。

小粉蝶（Wood White），*Leptidea sinapis*

小粉蝶是一种娇俏可人的蝴蝶，有着所有蝴蝶中最为缓慢懒散的飞行姿态。它出没于5月，后面会有体形稍小的下一代，主要出现在不列颠南半部的大森林或者长树的崖壁上。已知存在不超过五十个栖居点，其中有些还很小。它的幼虫取食各种野豌豆和车轴草。在爱尔兰有一个和它们关系很近的种类：神秘小粉蝶（*Leptidea juvernica*）。这种蝶分布更广，也不局限于林地。

勃艮第红斑蚬蝶（Duke of Burgundy），*Hamearis Lucina*

这种小型的褐色格纹蝴蝶是它所属的蚬蝶科在欧洲的唯一成员。和众多的林地蝴蝶一样，它经受了严重的衰减，如今主要出现在英格兰西部和南部有荫蔽、多矮树丛的石灰质草原，还有开放林地中。它的夜行性的幼虫过去主要在矮林中取食报春花（*Primula vulgaris*），但如今人们可能在开阔地的黄花九轮草上更容易找到它。勃艮第红斑蚬蝶在5月出没，如果你能够观察到五六只之多的话，那就相当不错了。

银点弄蝶（Silver-spotted Skipper），*Hesperia comma*

这种身体粗壮的蝴蝶在8月的炎热天气里贴近地面飞行，翅膀扇

　　　　　　　　　　　　　　　彩虹尘埃：与那些蝴蝶相遇

动成浅黄褐色的一团。尽管它们非常地域化，分布局限在英格兰南部，有时还是能够在白垩土山丘全朝阳的坡面上发现不少，尤其是齐整的禾草丛中夹杂着白垩土块和裸地的地方。它的幼虫再丑不过了，被杰瑞米·托马斯形容为"一条绿褐色、皱皱巴巴的蛆虫"。

阿克特翁豹弄蝶（Lulworth Skipper），*Thymelicus acteon*

顾名思义，这是一种产于多塞特的蝴蝶，分布多多少少局限在海岸上。在那里，它在长有足够的幼虫食料植物短柄草的荫蔽山谷里蓬勃地生长着。这种蝴蝶比有斑豹弄蝶颜色更深，它常与后者共同出没，雌虫前翅上有一圈迷人的金色斑点。

银弄蝶（Chequered Skipper），*Carterocephalus palaemon*

在英格兰绝迹了的银弄蝶仍然可以在苏格兰有限的地方见到，在阿盖尔的晚春时节，它们以较小的数量出现在开放的林地和有荫蔽的潮湿山脚下。它是弄蝶中最漂亮的一种，深褐的底色上布满了浅褐色的斑点，偏爱像筋骨草和蓝铃花这样的蓝色花朵。幼虫只取食紫麦氏草（*Molinia caerulea*）。

嘎霾灰蝶（Large Blue），*Maculinea arion*

英国本土的嘎霾灰蝶已经于1980年灭绝了，但是一支来自瑞典的、外貌相似的族系已经被引进过来，并且有一定成效。现在大约有二十五个栖息点，全部位于英格兰西南部，这种墨水蓝色的蝴蝶已经在那里建好栖息地。嘎霾灰蝶十分依赖一种特定蚂蚁来将它的幼虫搬到巢里，以此在地下度过剩余的发育阶段。因此，这种蝴蝶要想生存下来，需要的不仅仅是食料植物野百里香（wild thyme, *Thymus serpyllum*），还需要附近有足够的宿主蚂蚁。

大龟纹蛱蝶（Large Tortoiseshell），*Nymphalis polychloros*

尽管大龟纹蛱蝶以任何数量出现都是六十多年以前的事情了，可是怀特岛以及其他地方还是有可能存在一些小的栖息地的。这类幼虫取食榆树的蝴蝶一向都难以捉摸，尽管它有时会访问庭院，同样也有可能在某一天通过自然的方式重新定居下来。

灭绝的蝴蝶

有三种此前生活在英国的蝴蝶现在都已灭绝了，它们分别是：橙灰蝶（Large Copper, *Lycaena dispar*）、酷眼灰蝶（Mazarine Blue, *Cyaniris semiargus*），还有绢粉蝶（Black-veined White, *Aporia crataegi*）。橙灰蝶的一支荷兰族系曾经一度被成功地引进到沼泽区，但是这个栖居点不久就灭亡了。毫无疑问，将来会有更多的尝试，最有可能的是在诺福克湖区。

罕见的迁飞蝴蝶

有八种罕见的迁飞蝶被习惯性地算作英国蝴蝶。它们分别是：珠蛱蝶（Queen of Spain Fritillary, *Issoria lathonia*）、黄缘蛱蝶（Camberwell

Beauty, *Nymphalis antiopa*)、亮灰蝶（Long-tailed Blue, *Lampides boeticus*）、短尾枯灰蝶［Short-tailed or Bloxworth Blue, *Cupido*（or *Everes*）*argiades*］、云粉蝶（Bath White, *Pontia daplidice*）、淡黄豆粉蝶（Pale Clouded Yellow, *Colias hyale*）、博格豆粉蝶（Berger's Clouded Yellow, *Colias alfacariensis*），以及君主斑蝶（Monarch, *Danaus plexippus*）。在其于 2014 年夏天惊艳亮相之后，我们可能得再加上一种：朱蛱蝶（Yellow-legged Tortoiseshell, *Nymphalis xanthomelas*）。这些稀有的迁飞者中有些偶然地在此产卵，甚至繁殖出了本土的蝴蝶世代。感谢蝴蝶热线，幸运目击的概率得到了大幅提升。

致　　谢

这将是一份很短的感谢名单，因为本书主要是我一个人思考蝴蝶的产物。要说感谢我的蝴蝶缪斯们，有些太矫情了；它们并没有办法收到这种形式的致意，虽然我有一只从越冬的幼虫养到大的紫闪蛱蝶，当我递给它指尖上的一滴甜雪利酒来回报它那纯朴的美丽时，它似乎心有灵犀地表示了接受。即使这样，我还是觉得必须为将军红蛱蝶说句好话：它不经意间赋予了古往今来的作家和艺术家们灵感，同样也成功地启迪了我。我正是在看着一只鲜嫩欲滴的雌性将军蝶在一年中最后的几个暖和天里吸吮着常春藤花序里的汁液时燃起了写作本书的想法。上帝保佑你，*Vanessa atalanta*。

这个想法在一定程度上也受到了与已过世的米瑞亚姆·罗斯柴尔德（Miriam Rothschild）间对话的启发，她的文字和话语在她于2005年去世后流传不息，每当有人讨论蝴蝶的颜色和花纹时都会引起回响。我从其他同样痴迷于蝴蝶的人身上学到了很多，最突出的要数马修·奥茨、杰瑞米·托马斯和马丁·沃伦。其他的朋友也自觉不自觉地帮助过我，提供了启发性的想法或者只言片语的信息，近则上周，远则去年，特别是大卫·埃利斯顿·艾伦、约翰·F.伯顿、蒂姆·伯纳德、安德鲁·布兰森、大卫·邓巴、理查德·福克斯、鲍勃·吉本斯、亚力克·哈默、巴兹尔·哈利、杰克·哈里森、杰瑞米·迈诺特、保罗·雷文、迈克尔·萨尔蒙、马克·沙德洛、罗杰·史密斯、布莱特·韦斯特伍德、大卫·威尔逊、大卫·威斯灵顿和马克·杨。

米瑞亚姆的女儿夏洛特·莱恩帮助我梳理了关于罗斯柴尔德家族的细节，并友好地阅读和评论了我关于他们的记述。我要感谢马尔科姆·斯科布尔、朱莉·哈维、大卫·卡特和马克·帕森斯为我展示了自然历史博物馆的一些昆虫学珍品，感谢乔治·麦加文和斯黛拉·布莱克内尔在牛津大学校立博物馆为我提供了同样的服务。我要感谢菲利普·豪斯分享了一些他关于蝴蝶翅膀中隐藏的拟态和欺骗的见解，还有理查德·莱文顿花费了一整天时间带我参观他的画室，耐心地回答了我所有的问题。我还要感谢 Insectnet.com 论坛的版主们，这是关于全世界的收藏者和收藏行为的一个丰富的资料来源。

另一方面，我要感谢那些让我走上正轨的朋友们。麦克·麦卡锡有一种在数十年的新闻报道中磨砺出来的罕见才能，能够问出一针见血和显而易见的问题，还有往往为人所忽视的问题。与我合作《大英虫志》（*Bugs Britannica*）的理查德·梅比，与他进行任何对话都会让头脑飞转起来。还有某些其他的想法，来自于与我的乡下邻居约翰·诺顿在厨房餐桌上那仪式般的、冥想式的傍晚对酌，他从没有真正地随着年龄增长而失去对于大自然磅礴之力的好奇之心。

说到《彩虹尘埃》的出版，我首先要感谢我的编辑罗斯玛丽·戴维森（Rosemary Davidson），她在漫长的出版"航行"中自始至终引领着这本书的航向，并纠正着我各种各样的方向性错误。我同样感谢彭妮·霍尔阅读了整个书稿，感谢她的宝贵意见。感谢我最喜欢的野生动物画家卡丽·阿克罗伊德为这本书设计了美丽的书封，还有本书的设计师朱莉娅·康诺利选择了干净素雅的纸张。玛丽·张伯伦是让人做梦都见不到的细心又有想法的文字编辑，而安东尼·希皮斯利则是一位火眼金睛的校对者。我还要感谢兰登书屋的凯特·布兰德、萨拉·霍洛韦、米凯拉·佩德洛、娜塔莉·沃尔、罗伊娜·斯凯尔顿-华莱士、西蒙·罗兹和山崎真理。感谢自然历史博物馆的艾米丽·比奇帮助我们查找到并扫描了古代文本上的图像。

从最开始，我就想要把《彩虹尘埃》献给我亲爱的朋友艾玛和克莱尔·加内特。如果我们外出寻找蝴蝶卵和幼虫的活动，包括其他的野外恶作剧，有哪怕一点点能与她们后来前途无量的科学事业扯上关系，我都会非常骄傲的。

中英文名词对照表

A

Admirals 将军蝶
Adonis Blue 阿多尼斯蓝眼灰蝶
Adoration of the Magi《三贤来拜》
Aeneid（Virgil）《埃涅阿斯纪》（维吉尔）
Alder buckthorn 欧鼠李
All Quiet on the Western Front《西线无战事》
Alpine Clouded Yellow 阿尔卑斯山豆粉蝶
Anthocharis cardamines（Orange-tip）红襟粉蝶
Apatura ilia（Lesser Purple Emperor）柳紫闪蛱蝶
Apatura iris（Purple Emperor）紫闪蛱蝶
Artist and his Work（Beningfield）《画家与他的作品》（贝宁菲尔德）

Ash trees 梣树
Atlas of Insect Tissue（Rothschild）《昆虫组织图集》（罗斯柴尔德）
Atlas of Insect Tissue《昆虫组织图集》
Aurelian（Harris）《蛹者录》（哈里斯）
Aurelian（Nabokov）《蝶蛾人》（纳博科夫）
Aurelian Legacy《蝶蛾人的遗产》

B

Bath White 云粉蝶/巴思白蝶
Baton Blue 塞灰蝶
Bell Heather 铃花石南
Bellamy's Britain《贝拉米的不列颠》
Beningfield's Butterflies《贝氏蝴蝶集》
Bent Grasses 剪股颖
Berger's Clouded Yellow 博格豆粉蝶

Bilberries 越橘

Bird's-foot Trefoil 百脉根

Birdwings 鸟翼蝶

Black Ant（*Myrmica sabuleti*）黑蚂蚁

Black Hairstreak 刺李洒灰蝶

Blackberries 树莓/黑莓

Blackthorn bushes 黑刺李

Black-veined White 绢粉蝶

Bloxworth Blue 短尾枯灰蝶

Bluebells 蓝铃花

Blues 灰蝶

Boloria dia 女神珍蛱蝶

Bracken 蕨

Bramble Green Hairstreak 丛林卡灰蝶

Brambles 树莓

Brassicas 芸薹

Bright Wings of Summer（Measures）《夏日的艳丽翅膀》（梅热斯）

Brimstone 硫黄钩粉蝶

British Butterflies and their Transformations（Westwood）《英国蝴蝶及它们的变形》（韦斯特伍德）

British Entomology《英国昆虫学》

Brown Argus 红边小灰蝶

Brown Hairstreak 线灰蝶

Browns 眼蝶

Bubonic plague 鼠疫

Buckthorn 药鼠李

Buckwheat 荞麦

Buddleia 醉鱼草

Bugle 筋骨草

Bumblebees 熊蜂

Burnet moths 斑蛾

Butterflies of Britain and Ireland（Thomas and Lewington）《不列颠与爱尔兰蝴蝶志》（托马斯与莱文顿）

Butterflies of the British Isles（South）《英伦诸岛蝴蝶志》（索思）

Butterflies: Messages from Psyche（Howse）《蝴蝶：灵魂的来信》（豪斯）

Butterfly Collector's Vade Mecum（Jermyn）《蝴蝶收藏者随身指南》（杰尔明）

Butterfly Isles（Barkham）《蝴蝶小岛》（巴克汉姆）

C

Cabbage White 卷心菜粉蝶

Cadenus and Vanessa（Swift）《坎狄纳斯和文莎》（斯威夫特）

Camberwell Beauty 黄缘蛱蝶/坎伯维尔美人蝶

Cardiac Glycosides 强心苷

Cardoons 刺苞菜蓟

Cassowaries 食火鸡

Castle Eden Argus 伊登堡白眼灰蝶

Chalkhill Blue 银蓝眼灰蝶

Charlton Brimstone 查尔顿硫黄钩粉蝶

Charlton's blistered Butterfly 查尔顿氏泡蝶

Chequered Skipper 银弄蝶

Chronicles（Froissart）《编年史》（傅华萨）

Cinnabar Moth 朱砂蛾

CITES（Convention on International Trade in Endangered Species）《濒危野生动植物种国际贸易公约》

Climate Risk Atlas《气候危机地图集》

Clouded Yellow 红点豆粉蝶

Cloudy Hog 云雾猪蝶

Clover 车轴草

Cock's-foot Grass 鸭茅

Colias hyale（Pale Clouded Yellow）淡黄豆粉蝶

Collector（Fowles）《收藏家》（福尔斯）

Collector's Items（Salway）《收藏家刑具谱》（沙尔韦）

Collie Dogs 柯利牧羊犬

Comma 白钩蛱蝶

Common Blue 普通蓝眼灰蝶

Complete Book of British Butterflies（Frohawk）《英国蝴蝶全书》（弗洛霍克）

Continental Swallowtail 金凤蝶大陆类型

Cotton-grass 羊胡子草

Cow parsley 欧芹

Cow wheat 山罗花

Cowslip 报春花

Cranesbills 老鹳草

Cresses 十字花科植物

Cross-leaved heath 十字叶石南

Cryptic Wood White 神秘小粉蝶

D

Dame's Violet 欧亚香花芥

Danaus chrysippus（Plain Tiger）桦斑蝶

Dark Blue 暗灰蝶

Dark Green Fritillary 银斑豹蛱蝶

DDT（Dichlorodiphenyltrichloroethane）二氯二苯三氯乙烷

Dear Lord Rothschild（Rothschild）《亲爱的罗斯柴尔德大人》（罗斯柴尔德）

Death of the Moth and Other Essays（Woolf）《飞蛾之死及其他》（伍尔芙）

Death's-head Hawkmoth 鬼脸天蛾

Deergrass 百脉根

Diana the huntress 女猎神黛安娜

Dingy Skipper 珠弄蝶

Diptera（two-winged flies）双翅目

Duke of Burgundy 勃艮第红斑蚬蝶

Duke of York Fritillary 约克公爵豹蛱蝶

Dullidge Fritillary' 达利奇豹蛱蝶

E

Edusa（Clouded Yellow）红点豆粉蝶

Elm Trees 榆树

Emperor Moth 天蚕蛾

English Moths and Butterflies（Wilkes）《英国蝶蛾志》（威尔克斯）

Entomologist《昆虫学家》

Entomologist's Annual《昆虫学家年报》

Entomologist's Monthly Magazine《昆虫学家月刊》

Entomologist's Weekly Intelligencer《昆虫学家每周消息》

Erebia 红眼蝶属

Essex Skipper 埃塞克斯豹弄蝶
European Crane 灰鹤
European Swallowtail 欧洲金凤蝶
Eyed Hawkmoth 目天蛾

F

Fall of the Rebel Angels（Bruegel the Elder）
《叛逆天使的堕落》（勃鲁盖尔长老）
False Brome Grass 短柄草
Fire Butterfly 火蝴蝶
Fleabane 飞蓬
Fleas, Flukes and Cuckoos（Rothschild）
《跳蚤、吸虫与杜鹃》（罗斯柴尔德）
Flukes 吸虫
Fox hunting 猎狐
Fritillaries 豹蛱蝶

G

Garden of Earthly Delights（Bosch）《快乐
花园》（波希）
Garden Tiger-moth 豹灯蛾
Garlic Mustard 葱芥
Gatekeeper 提托诺斯火眼蝶
Glanville Fritillary 庆网蛱蝶
Glaucopsyche xerces（Xerces Blue）加利福
尼亚甜灰蝶
Golden Hog 金猪蝶
Goldfinches 金翅雀
Gorse 金雀花
Graphium swallowtails 青凤蝶属的凤蝶

Grayling 美希眼蝶
Greasey Fritillary 油腻豹蛱蝶
Great Argus 大阿尔戈斯蝶
Green Hairstreak 卡灰蝶
Greenflies 蚜虫
Green-veined White 暗脉菜粉蝶
Grizzled Skipper 锦葵花弄蝶

H

Hairstreaks 线灰蝶
Hairy violet 硬毛堇菜
Handley's brown Butterfly 汉德利的褐色
蝴蝶
Hastings Book of Hours《黑斯廷斯祈祷
书》
Hawkmoths 天蛾
Heath Fritillary 黄蜜蛱蝶
Heather 石南属植物
Heliconids 釉蛱蝶
High Brown Fritillary 浓褐豹蛱蝶
History of Insects（Ray）《昆虫历史》（雷）
Hogs 猪蝶
Holiday Butterflies 假日蝴蝶
Holly Blue 琉璃灰蝶
Honeysuckle 忍冬
Hops 啤酒花
Horseshoe Vetch 马蹄豆
Hoverflies 食蚜蝇

I

Inachis io（Peacock）孔雀蛱蝶

Inchi 油藤

Independent《独立报》

Io 伊娥

Ivy 常春藤

J

Juniper 刺柏

K

Kidney vetch 疗伤绒毛花

Knapweed 矢车菊

L

Lady of the Butterflies（Mountain）《蝴蝶女士》（芒廷）

Lady of the Woods 林中女士蝶

Lady's smock 草甸碎米荠

Ladybirds 瓢虫

Large（Cabbage）White 欧洲（卷心菜）粉蝶

Large Blue 嘎霾灰蝶

Large Copper 橙灰蝶

Large Heath 皇后珍眼蝶

Large Skipper 小赭弄蝶

Large Tortoiseshell 大龟纹蛱蝶

Large White 欧洲粉蝶

Lavender 薰衣草

Lemon Verbena 柠檬马鞭草

Lepidoptera（scaly-wings）鳞翅目

Lepidoptera Britannica（Haworth）《不列

颠鳞翅目昆虫全书》（霍沃斯）

Lobsters and Fruit（Davidszoon）《龙虾与果实》（戴维森）

Lolita（Nabokov）《洛丽塔》（纳博科夫）

Long-tailed Blue 亮灰蝶

Love Among the Butterflies《蝶丛之恋》

Lucerne 紫花苜蓿

Lulworth Skipper 阿克特翁豹弄蝶

Lupin 羽扇豆

Luttrell Psalter《勒特雷尔圣诗集》

Lynx 猞猁

M

Macbeth（Shakespeare）《麦克白》（莎士比亚）

Maculinea arion eutypon（English Large Blue）英国嘎霾灰蝶

Madeira Large White 马德拉大菜粉蝶

Madonna and Child with Two Butterflies（Seghers）《圣母子与两只蝴蝶》（赛赫尔斯）

Maggots 蛆

Maniola（Meadow Brown）草地灵眼蝶

Marbled White 大理石白眼蝶

Marjoram 媒墨角兰

Marsh Fritillary 金堇蛱蝶

Marsh Violet 沼泽堇菜

Mat-Grass 干沼草

Mazarine Blue 酷眼灰蝶

Meadow Brown 草地灵眼蝶

Merveille du Jour 白日奇观蛾

典》

P

Painted Lady 小红蛱蝶

Pale Clouded Yellow 淡黄豆粉蝶

Pale Fire（Nabokov）《微暗的火》（纳博科夫）

Pallas's Fritillary 老豹蛱蝶

Papilio elephenor（Yellow-crested Spangle）黄绿翠凤蝶

Papilios of Great Britain（Lewin）《大不列颠蝶类志》（卢因）

Papillon（Charrière）《蝴蝶》（夏里埃尔）

Parasitic Flies 寄生蝇

Parasitic Worms 寄生性蠕虫

Peacock 孔雀蛱蝶

Peacock's-eye 孔雀眼蝶

Pearl Skipper 珍珠弄蝶

Pearl-bordered Fritillary 珠缘宝蛱蝶

Pease-Blossom 豌豆花夜蛾

Pheasants 野鸡

Pieris wollastoni（Madeira Large White）马德拉大菜粉蝶

Pinion-spotted Pug 齿轮斑尺蛾

Plain Tiger 桦斑蝶

Plantain 车前草

Plebejus zullichi（Zullich's Blue）祖氏豆灰蝶

Popular British Entomology（Catlow）《英国流行昆虫学》（凯特罗）

Portland Moth 波特兰夜蛾

Primrose 报春花

Prison Courtyard（Van Gogh）《狱中庭院》（凡·高）

Privet blossom 女贞

Purple Hairstreak 栎翠灰蝶

Purple Moor-grass 麦氏草

Puss Moth 黑带二尾舟蛾

Q

Queen Alexandra's Birdwing 亚历山大鸟翼蝶

Queen of Spain Fritillary 珠蛱蝶

R

Ragwort 千里光

Ramblings of a Sportsman-Naturalist（BB Watkins-Pitchford）《一场博物学家与运动员的漫谈》（BB.沃特金斯-皮奇福德）

Red Admiral 将军红蛱蝶

Red Kite 红鸢

Red Valerian 红缬草

Reed Tussock Moth 素毒蛾

Rhubarb 大黄

Ribwort Plantain 车前草

Ringlet 阿芬眼蝶

Robert-le-diable（Comma）恶魔罗伯特（白钩蛱蝶）

Rockrose 半日花

Romance of Alexander《亚历山大罗曼史》

Rothschild's Birdwing 罗斯柴尔德氏鸟翼蝶

Rothschild's Reserves《罗斯柴尔德的保护区》

Royal William 威廉王室蝶

S

Sad Brown 伤感褐

Sallow Bushes 柳树

Scabious 蓝盆花

Scarce Tortoiseshell 朱蛱蝶

Scotch Argus 苏格兰红眼蝶

Scottish Chequered Skipper 苏格兰银弄蝶

Sense of Wonder《万物皆奇迹》

Short-tailed Blue 短尾枯灰蝶

Silent Spring《寂静的春天》

Silk moths 蚕蛾

Silkworms 蚕

Silver Lupin 银羽扇豆

Silver-spotted Skipper 银点弄蝶

Silver-studded Blue 豆灰蝶

Silver-washed Fritillary 绿豹蛱蝶

Skippers 弄蝶

Skylarks 云雀

Small Blue 枯灰蝶

Small Copper 红灰蝶

Small Heath 潘非珍眼蝶

Small Pearl-bordered Fritillary 塞勒涅宝蛱蝶

Small Skipper 有斑豹弄蝶

Small Tortoiseshell 荨麻蛱蝶

Small White 菜粉蝶

Sorrel 酸模

Speak, Memory（Nabokov）《说吧，记忆》

（纳博科夫）

Speckled Wood 林地带眼蝶

Spiders 蜘蛛

Spotted Skipper 斑点弄蝶

Spurge Hawkmoth 大戟白眉天蛾

Stinging nettles 荨麻

Storksbills 牻牛儿苗

Strawberries 草莓

Surinam 苏里南

Swallowtails 凤蝶

T

Theatre of Insects（Moffet）《昆虫剧场》

（莫菲特）

Thistles 蓟

Thyme 百里香

Tiger-moths 灯蛾

Tobacco plants 烟草

Tor-grass 短柄草

Tortoiseshells 龟纹蛱蝶

Trefoils 车轴草

Two-winged flies（Diptera）双翅飞虫（双翅目）

U

Underwing Moths 裳夜蛾

Universal Spectator《放眼大观》

V

Vanessa atalanta（Red Admiral）*Vanessa*

彩虹尘埃：与那些蝴蝶相遇

atalanta 将军红蛱蝶

Vapourer 蒸气蛾

Varieties of British Butterflies（Frohawk）
《英国蝴蝶变种集》（弗洛霍克）

Vernon's Half-mourner 维氏半哀蝶

Vetches 野豌豆

Violets 堇菜/紫罗兰

W

Wall Brown 赭眼蝶

Wallflowers 桂竹香

Water Bugs 负子蝽

Watercress 豆瓣菜

Weaver's Fritillary 女神珍蛱蝶

What Has Nature Ever Done for Us?
（Juniper）《自然究竟为我们做过什么？》
（朱尼珀）

White Admiral 隐线蛱蝶

White-letter Hairstreak 离纹洒灰蝶

Whites 粉蝶

White-tailed Eagle 白尾海雕

Who's Who《人物词典》

Wild Flowers 野花

Wild Strawberry 野草莓

Wild Thyme 野生百里香

Wildlife in Trust（Sands）《荒野信托》（桑兹）

Wisdom of God（Ray）《上帝的智慧》（雷）

Wizard of Oz《绿野仙踪》

Wonderland of Knowledge《知识乐园》

Wood Lady 林女蝶

Wood Leopard 梨豹蠹蛾

Wood White 小粉蝶

Wych-elm 无毛榆

X

Xerces Blue 加利福尼亚甜灰蝶

Y

Yellow-crested Spangle 黄绿翠凤蝶

Yellow-legged Tortoiseshell 朱蛱蝶

Yorkshire fog grass 绒毛草

Z

Zullich's Blue 祖氏豆灰蝶

参考文献

Allan, P. B. M. (2nd edn 1947), *A Moth Hunter's Gossip*. Watkins & Doncaster, London.

Allen, David Elliston (1976), *The Naturalist in Britain: A social history*. Allen Lane, London.

Allen, David Elliston (2010), *Books and Naturalists*. Collins New Naturalist, London.

Asher, Jim et al. (2001), *The Millennium Atlas of Butterflies in Britain and Ireland*. Oxford University Press, Oxford.

Attenborough, David et al. (2007), *Amazing Rare Things: The art of natural history in the age of discovery*. Royal Collection Publications, London.

Bourne, Nigel et al. (2013), 'Conserving the Marsh Fritillary across the UK: lessons for landscape-scale conservation'. *British Wildlife* 24 (6), 408-17.

Boyd, Brian and Pyle, Robert Michael (eds. 2000), *Nabokov's Butterflies: Unpublished and uncollected writings*. Allen Lane, London.

Brereton, Tom, Pilkington, Gary and Roy, David (2012), 'Conserving Violet-feeding Fritillary Butterflies at Marshland Nature Reserve'. *British Wildlife* 24 (1), 1-8.

Bristowe, W. S. (1967), 'The Life of a Distinguished Woman Naturalist, Eleanor Glanville (circa 1654-1709)'. *Entomologists Gazette*, 18, 202-11.

Butterflies Under Threat Team [BUTT] (1986), *The Management of Chalk Downland for Butterflies*. Focus on Nature Conservation Series, No. 17. Nature Conservancy Council, Peterborough.

Butterfly Conservation (2010), *The 2010 Target and Beyond for Lepidoptera*. 6th International Symposium. Butterfly Conservation.

Butterfly Conservation (2011), *The State of the UK's Butterflies 2011*. Online report, butterfly-conservation.org/files/soukb2011.

Chatfield, June (1987), *F. W. Frohawk: His life and work*. The Crowood Press, Ramsbury.

Conniff, Richard (2010), *The Species Seekers: Heroes, fools and the mad pursuit of life on earth*. Norton, London.

Curtis, Robin (2014), 'The Glanville Fritillary: A disappearing gem?' *British Wildlife*, 25 (6), 405 - 12.

Davies, Malcolm and Kathirithamby, Jeyaraney (1986), *Greek Insects*. Duckworth, London.

Dunbar, David (2010), *British Butterflies: A history in books*. The British Library, London.

Emmet, A. M. (1989), 'The vernacular Names and Early History of British Butterflies'. In Heath, John and Emmet, A. Maitland (eds) (1989), *The Moths and Butterflies of Great Britain and Ireland*. Volume 7, *Hesperiidae–Nymphalidae. The Butterflies*. Harley Books, Colchester, pp. 7 - 21.

Emmet, A. Maitland (1991), *The Scientific Names of the British Lepidoptera: Their history and meaning*. Harley Books, Colchester.

Finkelstein, Irving F. (1985), 'Death, Damnation and Resurrection: Butterflies as symbols in Western art'. Bulletin, *Amateur Entomologists' Society*, 44, 123 - 132.

Fitton, Mike and Gilbert, Pamela (1994), 'Insect Collections'. In MacGregor, Arthur, *Sir Hans Sloane*. British Museum Press, London, pp. 112 - 22.

Ford, R. L. E. (1952), *The Observer's Book of Larger Moths*. Warne, London.

Fox, Richard et al. (2006), *The State of Butterflies in Britain and Ireland*. Pisces Publications for Butterfly Conservation.

Frohawk, F. W. (1934), *The Complete Book of British Butterflies*. Ward, Lock and Co., London.

Hanski, I.; Kussaeri, M. and Nieninen, M. (1994), 'Metapopulation Structure and Migration in the Butterfly'. *Melitaea cinxia. Ecology*, 75, 747 - 62.

Harmer, Alec (2013), 'Like Father, Like Son: the "Lost" Entomological Paintings of John Harris (1767 - 1832) and the Remarkable Harris legacy'. *Antenna, Bulletin of the Royal Entomological Society*, 37 (1), 4 - 19.

Heath, J.; Pollard, E. and Thomas, J. A. (1984), *Atlas of Butterflies in Britain and Ireland*. Viking, Harmondsworth.

Heslop, I. R. P.; Hyde, G. E. and Stockley, R. E. (1964), *Notes and Views on the Purple Emperor*. Southern Publishing Company, Brighton.

Hill, Les; Randle, Zoe; Fox, Richard and Parsons, Mark (2010), *Provisional Atlas of the UK's Larger Moths*. Butterfly Conservation, Wareham, Dorset.

Howse, Philip (2010), *Butterflies: Messages from Psyche*. Papadakis, Winterbourne, Berks.

Howse, Philip (2014), *Seeing Butterflies: New perspectives on colour, patterns and mimicry*. Papadakis, Winterbourne, Berks.

Impelluso, Lucia (2004), *Nature and its Symbols*. J. Paul Getty Museum, Los Angeles.

Johnson, Kristin (2012), *Ordering Life: Karl Jordan and the naturalist tradition*. Johns Hopkins University, Baltimore.

MacGregor, Arthur (ed. 1994), *Sir Hans Sloane: Collector, scientist,antiquary, founding father of the British Museum*. British Museum Press, London.

Marren, Peter (1998a), 'A Short History of Butterfly-collecting in Britain' . *British Wildlife*, 9, 362‑70.

Marren, Peter (1998b), 'The English Names of Moths'. *British Wildlife*, 10, 29‑38.

Marren, Peter (2004), 'The English Names of Butterflies'. *British Wildlife*, 15, 401‑8.

Marren, Peter and Mabey, Richard (2010), *Bugs Britannica*. Chatto & Windus, London.

Matthews, Patrick (ed. 1957), *The Pursuit of Moths and Butterflies*. Chatto & Windus, London.

Mays, Robert (ed. 1986), *The Aurelian or The Natural History of English Insects, Namely Moths and Butterflies. Together with the Plants on which they Feed* by Moses Harris. Facsimile edition. Country Life Books, London.

Mendel, H. and Piotrowski, S. H. (1986), *Butterflies of Suffolk: An atlas and history*. Suffolk Naturalists' Society, Ipswich.

Newman, L. Hugh (1967), *Living with Butterflies*. John Baker, London.

Oates, Matthew (2005), 'Extreme Butterfly-collecting: A biography of I. R. P. Heslop' . *British Wildlife* 16 (3) 164‑71.

Porter, K. (1997), 'Basking Behaviour in Larvae of the Butterfly, *Euphydryas aurinia'. Oikos*, 308‑12.

Raven, C. E. (2nd edn 1950), *John Ray, Naturalist: His life and works*. Cambridge University Press, Cambridge.

Rothschild, Miriam (1983), *Dear Lord Rothschild: Birds, butterflies and history*. Balaban Publishers, Rehovot, and ISI Press, Philadelphia.

Rothschild, Miriam (1985), 'British Aposematic Lepidoptera'. In Heath, John and

Emmet, A. Maitland (eds), *The Moths and Butterflies of Great Britain and Ireland. Volume 2, Cossidae–Heliodinidae*, pp. 9–62.

Rothschild, Miriam (1991), *Butterfly Cooing Like a Dove*. Doubleday, London.

Rothschild, Miriam and Farrell, Clive (1983), *The Butterfly Gardener*. Michael Joseph, London.

Rothschild, Miriam and Marren, Peter (1997), *Rothschild's Reserves: Time and fragile nature*. Balaban Publishers, Rehovot, and Harley Books, Colchester.

Salmon, Michael, A. (2000), *The Aurelian Legacy: British butterflies and their collectors*. Harley Books, Colchester.

Salmon, Michael A. and Edwards, Peter J. (2005), *The Aurelian's Fireside Companion: An entomological anthology*. Paphia Publishing, Lymington.

Spalding, Julian (2011), Obituary of David Measures. *Guardian*, 12 August 2011.

Sterling, Phil; Parsons, Mark and Lewington, Richard (2012), *Field Guide to the Micro Moths of Great Britain and Ireland*. British Wildlife Publishing, Gillingham.

Stokoe, W. J. (1938), *The Observer's Book of Butterflies*. Warne, London.

Thomas, J. A. (1980), 'Why Did the Large Blue Become Extinct in Britain?' *Oryx*, 15, 243–7.

Thomas, J. A. (1999), 'The Large Blue Butterfly–A Decade of Progress'. *British Wildlife*, 11, 22–7.

Thomas, J. A. et al. (2004), 'Comparative Losses of British Butterflies, Birds and Plants and the Global Extinction Crisis'. *Science*, 1879–81.

Thomas, Jeremy and Lewington, Richard (2010), *The Butterflies of Britain and Ireland*. British Wildlife Publishing, Gillingham.

Thompson, Ken (2006), *No Nettles Required: The reassuring truth about wildlife gardening*. Eden Project Books and Transworld Publishers, London.

Thomson, George (2nd edn 2012), *The Butterflies and Moths*. From *Insectorum sive Minimorum Animalium Theatrum* by Thomas Moffet. Privately published.

Tobin, Beth Fowkes (2014), *The Duchess's Shells: Natural history collecting in the age of Cook's voyages*. Yale University Press, London.

Tolman, Tom and Lewington, Richard (2008), *Collins Butterfly Guide: The most complete guide to the butterflies of Britain and Europe*. Collins, London.

Tratt, Richard (2005), *Butterfly Landscapes: A celebration of British butterflies painted in natural habitat*. Langford Press, Peterborough.

Van Emden, Helmut F. and Gurdon, J. (2006), 'Dame Miriam Rothschild 1908–2005'. *Biographies of Members of the Royal Society*, 52, 315–30.

Vane-Wright, R. I. and Hughes, H. W. D. (2005), *The Seymer Legacy: Henry Seymer and Henry Seymer Jnr of Dorset and their entomo-logical paintings*. Forrest Text, Cardigan.

Waring, Paul; Townsend, Martin and Lewington, Richard (2003), *Field Guide to the Moths of Great Britain and Ireland*. British Wildlife Publishing.

Warren, M. S. (1987), 'The Ecology and Conservation of the Heath Fritillary, *Mellicta athalia'. Journal of Applied Ecology*, 24, 467–513.

Werness, Hope B. (2006), *The Continuum Encyclopaedia of Animal Symbolism in Art*. Continuum Publishing Group, London and New York.

图书在版编目(CIP)数据

彩虹尘埃:与那些蝴蝶相遇/(英)彼得·马伦(Peter
Marren)著;罗心宇译.—北京:商务印书馆,2019
(自然文库)
ISBN 978-7-100-15784-1

Ⅰ.①彩…　Ⅱ.①彼…②罗…　Ⅲ.①蝶—普及读物
Ⅳ.①Q964-49

中国版本图书馆 CIP 数据核字(2018)第 023613 号

自然文库
彩 虹 尘 埃
与那些蝴蝶相遇
〔英〕彼得·马伦 著
罗心宇 译

商 务 印 书 馆 出 版
(北京王府井大街 36 号　邮政编码 100710)
商 务 印 书 馆 发 行
北 京 冠 中 印 刷 厂 印 刷
ISBN 978-7-100-15784-1

2019 年 1 月第 1 版　　　　开本 710×1000　1/16
2019 年 1 月北京第 1 次印刷　印张 18　插页 8
定价:58.00 元